强化计算机培训，
加快审计信息化
建设。

李金华
二三年
五月

审计署计算机审计中级培训系列教材编写委员会

主　任：石爱中（副审计长）

副主任：王智玉（审计署计算机技术中心主任）

　　　　杜林（北京信息科技大学校长）

委　员：陈太辉（审计署培训中心主任）

　　　　胡大华（审计署人事教育司副司长）

　　　　许晓革（北京信息科技大学副校长）

　　　　李　玲（审计署南京特派员办事处特派员）

　　　　刘汝焯（原审计署京津冀特派员办事处特派员）

　　　　于广军（审计署计算机技术中心副主任）

审计署计算机审计中级培训系列教材编写组

组　　长：王智玉（审计署计算机技术中心主任）

副组长：于广军（审计署计算机技术中心副主任）

　　　　杜光宇（审计署人事教育司教育职称处处长）

　　　　程建勤（审计署计算机技术中心应用技术推广处处长）

　　　　李　忱（北京信息科技大学信息管理学院院长）

　　　　万建国（审计署南京特派办计算机审计处副处长）

成　　员：吕继祥（北京信息科技大学信息管理学院教师）

　　　　车　蕾（北京信息科技大学信息管理学院教师）

　　　　王晓波（北京信息科技大学信息管理学院教师）

　　　　刘晓梅（北京信息科技大学信息管理学院教师）

　　　　宋燕林（北京信息科技大学信息管理学院教师）

　　　　赵　宇（北京信息科技大学信息管理学院教师）

　　　　乔　鹏（审计署计算机技术中心高级工程师）

　　　　李湘蓉（北京信息科技大学信息管理学院教师）

　　　　吴笑凡（审计署南京特派办计算机审计处审计师）

　　　　李春强（北京信息科技大学信息管理学院教师）

　　　　卢益清（北京信息科技大学信息管理学院教师）

　　　　张　莉（北京信息科技大学信息管理学院教师）

序

  从一定意义上讲,中国审计的根本出路在于信息化,信息化的关键在于数字化。审计信息化、数据化不只是一种理念,更是一种手段、一种方式和一种发展趋势。当前的审计信息化建设,以金审工程为依托,以创新审计方法和技术手段为基础,着力提高审计工作的技术含量和技术水平,目的是促进公共管理行为的进一步规范,促进公共管理绩效的进一步提高,维护国家经济安全,发挥审计保障国家经济社会健康运行的"免疫系统"功能。

  建立数字化审计工作模式,除了计算机和网络等物质条件外,更需要广大审计干部发挥聪明才智,积极探索符合我国审计工作实际的先进技术方法。要提高对审计信息化建设重要性、紧迫性的认识,重视信息化的工程建设,还要创造条件培养更多的高技术人才,让掌握先进技术的人员发挥更大作用。

  2001 年,审计署开始计算机审计中级培训,其目标是使参加中级培训的审计人员成为计算机审计骨干,标准是"五能",即:一能打开被审计单位数据库;二能将被审计单位的数据导出到审计人员的计算机中并转换成为审计人员可阅读的数据格式;三能使用具有查询分析功能的通用软件或审计软件来查询、分析数据;四能在审计现场搭建临时网络;五能排除常见的软硬件故障。2001 年印发了中级培训大纲,编写了中级培训教材;2007年又对中级培训大纲进行了修改。

  近 10 年来,审计署举办了 29 期集中培训,同时指导地方审计机关参照审计署的模式自行培训,组织了 42 次计算机审计中级水平考试,共有 3314 人通过了严格的考试。这些同志中的绝大多数在审计一线发挥了骨干作用,更重要的是经过强化训练,建立了信息化条件下如何开展审计的思维,建立了现代计算机技术用于审计工作的思维,提高了这些审计业务骨干的综合素养,使我们的审计工作效率得到了很大的提高,审计工作的知识含量和信息化水平也得到了很大的提高。

  计算机技术在发展,审计的手段和方式也在变革,中级培训工作也应与时俱进地革新。本着创新、继承和调整的改革原则,审计署计算中心与北京信息科技大学结合教学实践和计算机技术的新发展,对中级培训各门课程的大纲和教材的修改逐一进行了反复研究,最终确定了课程保留、调整、完善的内容,形成了《审计署计算机审计中级培训大纲(2010 版)》,重新编写了《审计署计算机审计中级培训系列教材(2010 版)》。期待更多的审计人员通过中级培训教材的学习,理论联系实际,成为计算机审计的能手。

2010 年 5 月于中央党校

前　言

　　计算机网络是当今信息化革命的基础。21 世纪的前 10 年,计算机网络的发展使人类社会发生了巨大变化,塑造出一种与农业社会和工业社会不同的社会文明形态——网络社会文明形态。随着现代通信技术、计算机网络技术以及信息产业的飞速发展,数字化、网络化和信息化正日益融入社会经济、政治活动和人们的日常生活,并对之产生了重大影响。为了应对这一形势,掌握现代网络技术已经成为工作、学习和生活的必需。

　　计算机网络技术涵盖了电子技术、计算机技术、通信技术,是信息科学中最活跃的领域。编写能够从这些技术领域中抽取必要的理论知识和应用技术知识,把握两者的比例,融合足够背景资料的计算机网络教材,即使对于专门从事网络技术教学或研究的人员,也是一大挑战。幸运的是作者在多年的网络专业课程教学中,注意到了这方面的把握,并不断予以改进、充实,以适应网络专业和非网络专业不同学生的需求,同时适应新学科、新技术、新方法、新融合不断涌现对网络科学的影响。作者将以适当的角度和切入点,展开对计算机网络技术的介绍。

　　本书以希望对网络应用技术有中等程度了解的读者为对象,以介绍计算机网络技术应用所涉及的技术、原理和解决方案为目的。因此,本书将回避网络学科研究读者所需要的数据处理原理和通信原理的理论分析,也会回避专业的网络工作者所需要的产品选型、配置命令学习与分析的内容。本书将对网络传输介质、网络分割、网络组建、网络服务器、广域网应用、互联网应用和网络管理与网络安全的原理和方法进行认真的阐述。为了体现中等深度,避免肤浅的描述,本书也将讨论信号传输的基本原理和性质、报文封装与寻址、网络协议与标准等计算机网络基础知识,以体现深入浅出的教学目标。为了使读者得到较为系统的技术知识和应用背景,本书还将介绍诸如测试标准规范、产品性能分析、某项具体技术在我国目前的现状等方面的内容。

　　本书可作为计算机网络技术的中级教材,难易程度与 CCNA 相同,根据教学目标的不同,互有取舍,也可作为有关专业技术人员学习计算机网络技术的参考书。

　　本书的第 1～7、9、10 章由赵宇编写,第 8、11 章由李春强编写。计算机网络教材之所以晦涩,是因为作者对于每个关键点的阐述都力求完整、系统与概括。为了体现对知识的理解应该从特殊到一般的客观规律,本书在原理阐述、术语定义、报文格式分析等方面更强调特殊性和本质,有可能不够全面与完整,望同行谅解。由于计算机网络技术覆盖面广且发展迅速,加之成书时间较紧,作者的学术水平有限,书中难免有错误和不妥之处,恳请同行和广大读者,特别是使用本书的教师和同学批评指正。

　　本书的编写受到了李忱同志和程建琴同志的关怀和帮助,特此表示感谢。

作　者

2010 年 5 月于北京信息科技大学

目　　录

第1章 计算机网络概述

计算机网络是将处在不同空间位置、操作相对独立、彼此间需要互相通信和资源共享的计算机、服务器、外部设备用通信线路、软硬件设备互联起来的系统。计算机网络这个术语既包括完成信息传递任务的通信线路和软硬件设备,也包括进行通信的计算机、服务器和外部设备。现代网络的概念中还包括被传递的信息和提供给网络的服务内容。

网络可以是一个由计算机、传输介质和交换机设备组成的简单组合,也可以是复杂的大型网络。从企业网络、校园网络、政府网络到互联网,全球数百万个简单的和复杂的、小型的和大型的计算机网络是数字化和信息化社会的基础,在当今信息时代它对信息的收集、传输、存储和处理都起着非常重要的作用。

计算机网络自 20 世纪 60 年代出现以来,至今已有 40 多年的历史。今天,现代计算机网络具备的尖端技术、规模与应对未来升级变化的能力,确保了无与伦比的链路覆盖与超级的灵活性。今天的网络不仅具备满足当前网络的需要,而且能应对未来各类信息化产品对带宽、联网方式无休止需求的挑战。

1.1 计算机网络的组成与分类

1.1.1 计算机网络的组成

如图 1.1 所示,计算机网络由传输介质、交换机设备、网间互联设备、转换设备、网络安全设备以及发起数据传输和接收数据的计算机、计算机化设备、各种数据服务器组成,用于计算机和计算机化设备之间跨地理位置的数据通信。

我们把发起数据传输和接收数据的计算机、服务器和各种计算机化设备称为网络系统的终端系统,而由传输介质、交换机设备、网间互联设备、转换设备、网络安全设备组成的系统称为网络系统的传输系统。

计算机、服务器等用户终端既是网络的使用者,又是网络的组成部分。计算机、服务器等用户终端中的操作系统负责把要传输的数据进行分组、封装,发送到网络中;把接收到的数据报文还原成数据,存储在终端中。同时,网络终端还承担了网络通信所需要的数据校验、出错重发、流量控制等必要的操作。

计算机、服务器等用户终端设备需要完成必要的网络传输的发起和接收任务。Windows、UNIX、Linux 等现代计算机操作系统中都有完成网络通信所需要的各种程序,是现代计算机操作系统的一个重要组成部分。使用计算机网络的手机和电子设备的嵌入式操作系统也内嵌了必要的网络通信程序。

网络终端也称网络工作站,如计算机、网络打印机等。在客户/服务器网络中,客户机

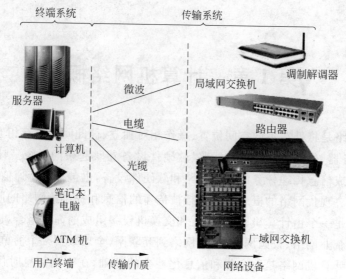

图 1.1　计算机网络的组成

是指网络终端,服务器称为服务器终端。服务器是被网络终端访问的计算机系统,是专门为客户机提供应用服务和数据服务的高性能计算机,例如大型机、小型机、UNIX 工作站和 PC 服务器。安装上服务器软件后构成的网络服务器,被分别称为大型机服务器、小型机服务器、UNIX 工作站服务器和 PC 服务器

网络服务器是计算机网络中提供信息、服务和数据共享的核心设备。网络中可共享的资源,如信息、数据库、大容量磁盘、外部设备和多媒体节目等,通过服务器提供给网络终端。服务器按照可提供的服务可分为应用服务器、文件服务器、数据库服务器、打印服务器、Web 服务器、电子邮件服务器和代理服务器等。

网络终端和网络服务器是通过网络传输介质将数据发送到网络中的。网络传输介质承担网络数据跨地域传输的任务。有四种主要的网络传输介质,分别是双绞线电缆、光纤、微波和同轴电缆(由于同轴电缆在现代网络中只起辅助作用,所以在图 1.1 中没有予以表现)。

在局域网中的主要传输介质是双绞线,这是一种不同于电话线的 8 芯电缆,具有传输 1000Mbps 的能力。局域网中另外一种重要的传输介质是光缆。光缆在局域网中大多承担干线部分的数据传输。另外,使用微波的无线局域网由于其灵活性而逐渐普及,尤其是在非政府部门的局域网中得到了越来越广泛的应用。早期的局域网中曾经使用过网络同轴电缆,从 1995 年开始,网络同轴电缆逐渐被淘汰,已经不在局域网中使用了。由于 Cable Modem 的使用,电视同轴电缆还在充当互联网连接的一种传输介质。

作为网络系统除了网络终端设备、网络传输介质之外的第三个主要组成部分,网络设备的核心任务是把网络终端传来的数据报文转发给目的地终端(在网络中分别称这两种终端为源终端和目标终端)。最有代表性的网络设备是网络交换机和网络路由器。其中,局域网交换机是把计算机连接在一起的基本网络设备,计算机之间的数据报可以通过局域网交换机转发。计算机要连接到网络中,必须首先连接到局域网交换机上。不同种类

的网络使用不同的交换机。目前绝大多数用于局域网的交换机是以太网交换机。

也可以使用被称为 Hub 的网络集线器设备来替代局域网交换机。Hub 的价格低廉,但通信效率低。由于局域网交换机价格的大幅下降,所以正式网络中已经不再使用 Hub。

通过局域网交换机与计算机终端的连接,可以组成简单的数据传输网络。将这些小的简单网络互联,可以组成规模更大、更复杂的网络。将小的简单网络互联起来的设备是路由器。

路由器是连接网络的必要设备,用于在网络之间转发数据报。路由器不仅提供同类网络之间的互相连接,还提供不同网络之间的通信,比如,局域网与广域网的连接、以太网与帧中继网络的连接等。

在网络远程连接中,调制解调器是一个重要的设备。调制解调器用于将数字信号调制成频率带宽更窄的信号,以便在远距离电缆传输中传输数字信号。在网络远程连接中,还会用到 ATM 交换机、帧中继交换机、中继器等网络设备。

如图 1.2 所示,复杂的网络系统仍然是由上述网络设备构建而成的。由图可见,计算机首先被交换机连接起来,组成小的、简单的网络。一个个小的简单网络被路由器连接在一起,最后形成规模较大的局域网络。处于不同地理位置的局域网,通过各个局域网的边界路由器互联,可组建成跨地理位置的大型广域网络。

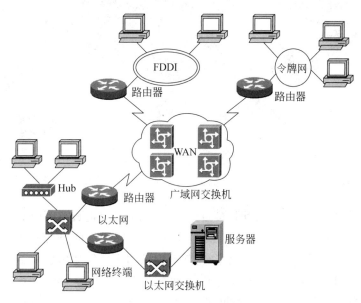

图 1.2　网络的构建

在没有条件直接布放光缆连接局域网的情况下,也可以租用通信公司的公共网络实现局域网互联。通信公司公共网络中使用的交换机称为广域网交换机。

1.1.2　计算机网络的分类

可以从不同的角度对计算机网络进行分类。学习并理解计算机网络的分类,有助于我们更好地理解计算机网络。

1）根据计算机网络覆盖的地理范围分类

按照计算机网络所覆盖的地理范围的大小进行分类，计算机网络可分为局域网、城域网和广域网。了解一个计算机网络所覆盖的地理范围的大小，可以使人们一目了然地了解该网络的规模和主要技术。

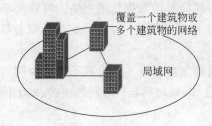

图 1.3 局域网

局域网（LAN）的覆盖范围一般在方圆几十米到几千米（见图 1.3）。一个办公室、一个办公楼、一个园区范围内的网络就是典型的例子。在企业、院校、政府部门内部建设的网络也是局域网。

当网络的覆盖范围达到一个城市的大小时，则称之为城域网。网络覆盖到多个城市甚至全球的时候，就属于广域网的范畴了（见图 1.4）。我国著名的公共广域网是 ChinaNet、ChinaPAC、ChinaFrame、ChinaDDN、CMNET 等。大型企业、院校、政府机关通过租用公共广域网的线路，可以构成自己的广域网。

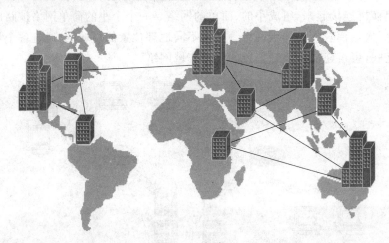

图 1.4 广域网

互联网是世界上最大的广域网，覆盖全球，完成了最大地域范围内的计算机之间的网络通信传输。CMNET 是我国正在建设的 3G 通信网络，目前已经覆盖了 31 个主要城市。由于计算机网络涵盖了数据、语音、视频等通信内容，3G 通信也采用与计算机网络完全相同的 TCP/IP 技术，且承担计算机之间的通信，所以事实上 CMNET 是一个与 ChinaNet 等网络平行的计算机广域网络。

2）根据链路传输控制技术分类

链路传输控制技术是指如何分配网络传输线路、网络交换设备资源，以避免网络通信链路资源冲突，同时为所有网络终端和服务器进行数据传输。典型的网络链路传输控制技术有总线争用技术、令牌技术、FDDI 技术、ATM 技术、帧中继技术和 ISDN 技术。对应上述技术的网络分别是以太网、令牌网、FDDI 网、ATM 网、帧中继网和 ISDN 网。

总线争用技术是以太网的标志。总线争用，顾名思义，即需要使用网络通信的计算机要抢占通信链路。如果争用链路失败,就需要等待下一次的争用,直到占得通信链路。这种技术的实现简单,介质使用效率非常高。21世纪以来,使用总线争用技术的以太网成为计算机网络中占主导地位的网络。

令牌网和FDDI网一度是以太网的挑战者。它们分配网络传输线路和网络交换设备资源的方法是在网络中下发一个令牌报文包,轮流交给网络中的计算机。需要通信的计算机只有得到令牌的时候才能发送数据。令牌网和FDDI网的思路是需要通信的计算机轮流使用网络资源,避免冲突。但是,令牌技术相对以太网技术过于复杂,在千兆以太网出现后,令牌网和FDDI网不再具有竞争力,淡出了网络技术。

ATM是英文Asynchronous Transter Mode的缩写,称为异步传输模式。ATM采用光纤作为传输介质,传输以53个字节为单位的超小数据单元(称为信元)。ATM网络的最大吸引力之一是具有特别的灵活性,用户只要通过ATM交换机建立交换虚电路,就可以提供突发性、宽频带传输的支持,适应包括多媒体在内的各种数据传输,传输速度高达622Mbps。

我国的ChinaFrame是一个使用帧中继技术的公共广域网,它是由帧中继交换机组成的,使用虚电路模式的网络。所谓虚电路,是指在通信之前需要在通信所途经的各个交换机中根据通信地址建立起数据输入端口到转发端口之间的对应关系。这样,当带有报头的数据帧到达帧中继网的交换机时,交换机就可以按照报头中的地址正确地依虚电路的方向转发数据报。帧中继网可以提供高达数Mbps的传输速度,由于其可靠的带宽保证和相对于互联网的安全性,已成为银行、大型企业和政府机关局域网互联的主要网络。

ISDN是综合业务数据网的缩写,建设的宗旨是在传统的电话线路上传输数字数据信号。ISDN通过时分多路复用技术,可以在一条电话线上同时传输多路信号。ISDN可以提供从144Kbps到30Mbps的传输带宽,但是由于其仍然属于电话技术的线路交换,租用价格较高,并没有成为计算机网络的主要通信网络。

3) 根据网络拓扑结构分类

网络拓扑结构分为物理拓扑和逻辑拓扑。物理拓扑结构描述网络中由网络终端、网络设备组成的网络节点之间的几何关系,反映出网络设备之间以及网络终端是如何连接的。

如图1.5所示,网络按照拓扑结构划分为总线形结构、环形结构、星形结构、树形结构和网状结构。

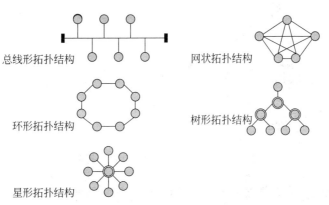

图1.5 计算机网络的拓扑结构

总线形拓扑结构是早期同轴电缆以太网的连接方式,网络中各个节点挂接到一条总线上。这种物理连接方式已经被淘汰。

星形拓扑结构是现代以太网的物理连接方式。在这种结构下,以中心网络设备为核心,与其他网络设备以星形方式连接,最外端是网络终端设备。星形拓扑结构的优势是连接路径短,易连接,易管理,传输效率高。这种结构的缺点是中心节点需要具有很高的可靠性和冗余度。

树形拓扑结构的网络层次清晰,易扩展,是目前多数校园网和企业网使用的结构。这种方法的缺点是根节点的可靠性要求很高。

环形拓扑结构的网络中,通信线路沿各个节点连接成一个闭环。数据传输经过中间节点的转发,最终可以到达目的节点。这种通信方法的最大缺点是通信效率低。

网状拓扑结构构造的网络可靠性最高。在这种结构下,每个节点都有多条链路与网络相连,高密度的冗余链路使得即使一条,甚至多条链路出现故障,网络仍然能够正常工作。网状拓扑结构的网络的缺点是成本高,结构复杂,管理维护相对困难。

1.2 计算机网络的发展

尽管电子计算机在 20 世纪 40 年代研制成功,但是 30 年后到了 80 年代初期,计算机网络仍然被认为是一个昂贵而奢侈的技术。近 20 年来,计算机网络技术取得了长足的发展,在今天,计算机网络技术已经和计算机技术本身一样精彩纷呈,普及到人们的生活和商业活动中,对社会各个领域产生了广泛而深远的影响。

1.2.1 早期的计算机通信

在个人计算机出现之前,计算机的体系架构是:一台具有计算能力的计算机主机挂接多台终端设备(见图 1.6)。终端设备没有数据处理能力,只提供键盘和显示器,用于将程序和数据输入计算机主机和从主机获得计算结果。计算机主机分时、轮流地为各个终端执行计算任务。

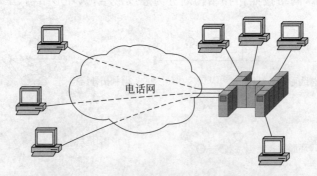

图 1.6　计算机主机与终端之间的数据传输

这种计算机主机与终端之间的数据传输,就是最早的计算机通信。

尽管有的应用中计算机主机与终端之间采用电话线路连接,距离可以达到数百千米,但是，在这种体系架构下构成的计算机终端与主机的通信网络，仅仅是为了实现人与计算机之间的对话，并不是真实意义上的计算机与计算机之间的网络通信。

1.2.2　分组交换网络

一直到 1964 年美国兰德(Rand)公司的 Baran 提出"存储转发"和 1966 年英国国家物理实验室的 Davies 提出"分组交换"的方法，独立于电话网络的、实用的计算机网络才开始了真正的发展。

分组交换的概念是将整块的待发送数据划分为一个个更小的数据段，在每个数据段前面安装上报头，构成一个个的数据分组(Packets)。每个数据分组的报头中存放有目标计算机的地址和报文包的序号，网络中的交换机根据数据的这种地址决定向哪个方向转发数据。在这样概念下由传输线路、交换设备和通信计算机建设起来的网络，被称为分组交换网络(见图 1.7)。

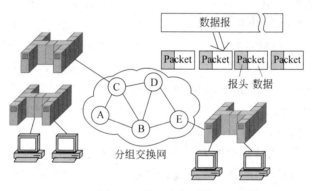

图 1.7　分组交换网络

分组交换网络的概念是计算机通信脱离电话通信线路交换模式的里程碑。在电话通信线路交换的模式下，在通信之前，需要先通过用户的呼叫(拨号)，由网络为本次通信建立线路。这种通信方式不适合计算机数据通信的突发性、密集性特点。而分组交换网络则不需要建立通信线路，数据可以随时以分组的形式发送到网络中。分组交换网络不需要建立呼叫线路的关键在于其中每个数据包(分组)的报头中都有目标主机的地址，网络交换设备根据这个地址就可以随时为单个数据包提供转发，将之沿正确的路线送往目标主机。

美国的分组交换网 ARPANET 于 1969 年 12 月投入运行，被公认为是最早的分组交换网。法国的分组交换网 CYCLADES 开通于 1973 年，同年，英国的 NPL 也开通了英国第一个分组交换网。到今天，现代计算机网络——以太网、帧中继、互联网都是分组交换网络。

1.2.3　以太网

以太网(见图 1.8)目前在全球的网络技术中占有支配地位。以太网的研究起始于 1970 年早期的夏威夷大学，目的是要解决多台计算机同时使用同一传输介质而相互之间不产生干扰的问题。夏威夷大学的研究结果奠定了以太网共享传输介质的技术基础，形成了享有盛名的 CSMA/CD 方法。

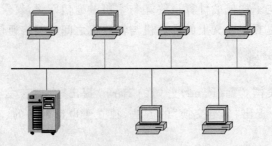

图 1.8 以太网

以太网的 CSMA/CD 方法是在一台计算机需要使用共享传输介质通信时,先侦听该共享传输介质是否已经被占用。当共享传输介质空闲的时候,计算机就可以抢用该介质进行通信。所以 CSMA/CD 方法又称为总线争用方法。

与现代以太网标准相一致的第一个局域网是由施乐公司的 Robert Metcalfe 和他的工作小组建成的。1980 年由数字设备公司、英特尔公司和施乐公司联合发布了第一个以太网标准 Ethernet。这种用同轴电缆为传输介质的简单网络技术立即受到了欢迎,20 世纪 80 年代,用 10Mbps 以太网技术构造的局域网迅速遍布全球。1985 年,电气和电子工程学会 IEEE 发布了局域网和城域网的 802 标准,其中的 802.3 是以太网技术标准。802.3 标准与 1980 年的 Ethernet 标准的差异非常小,以至同一块以太网卡可以同时发送和接收 802.3 数据帧和 Ethernet 数据帧。

20 世纪 80 年代个人计算机的大量出现和以太网的廉价,使得计算机网络不再是一个奢侈的技术。10Mbps 的网络传输速度很好地满足了当时相对较慢的个人计算机的需求。进入 90 年代以后,计算机的运行速度、需要传输的数据量越来越高,100Mbps 的以太网技术随之出现。IEEE100Mbps 以太网标准,被称为快速以太网标准。1999 年 IEEE 又发布了千兆以太网标准。

今天,现代以太网几乎成为一统天下的网络主流技术。在 1994—2010 年的 16 年中,以太网技术发生了革命性的变化,运行速率从 10Mbps 上升到 10Gbps。目前 100Gbps 的方案也正在开发之中,其标准已于近期发布。现代网络对带宽的需求,促使铜缆与光缆的技术革新,反过来促进了更高的带宽传输技术的出现。现代网络被要求拥有更高的带宽能力、更广泛的传输内涵。在经历了令牌网、FDDI 网,甚至 ATM 网络技术的挑战后,现代以太网以其高速、简单、价低、灵活、可靠、可扩展性等优异的性能特性,开始向有线电视、3G 移动通信领域快速渗透。

1.2.4 互联网

互联网是全球规模最大、应用最广的计算机网络。它是由院校、企业、政府的局域网自发地加入而发展壮大的超级网络,连接有数千万的计算机、服务器。在互联网上发布商业、学术、政府、企业的信息,以及新闻和娱乐的内容和节目,极大地改变了人们的工作和生活方式。

互联网的前身是 1969 年问世的美国 ARPANET。到了 1983 年,ARPANET 已连接有超过 300 台计算机。1984 年 ARPANET 被分解为两个网络：一个用于民用，仍然称为 ARPANET；另外一个用于军用，称为 MILNET。美国国家科学基金组织 NSF 于 1985—1990 年期间建设由主干网、地区网和校园网组成的三级网络，称为 NSFNET，并与 ARPANET 相连。到了 1990 年，NSFNET 和 ARPANET 合在一起改名为互联网。随后，互联网上计算机接入的数目与日俱增，为了进一步扩大互联网，美国政府将互联网的主干网交由非私营公司经营，并开始对互联网上的传输收费，互联网由此得到了迅猛的发展。

我国最早的互联网建设是 1994 年 4 月完成的 NCFC 与互联网的接入项目。由中国科学院主持，联合北京大学和清华大学共同完成的 NCFC（中国国家计算与网络设施）是一个在北京中关村地区建设的超级计算中心。NCFC 通过光缆将中科院中关村地区的 30 多个研究所及清华、北大两所高校连接起来，形成 NCFC 的计算机网络。到 1994 年 5 月，NCFC 已连接了 150 多个以太网，3000 多台计算机。我国的商业互联网——ChinaNet 由中国电信和中国网通始建于 1995 年。ChinaNet 通过美国 MCI 公司、Global One 公司、新加坡 Telecom 公司、日本 KDD 公司与国际互联网连接。目前，ChinaNet 骨干网网已经遍布全国 35 个省、直辖市、自治区，干线速度达到数十 Gbps，成为国际互联网的重要组成部分。

互联网已经成为世界上规模最大、增长速度最快的计算机网络，没有人能够准确说出互联网具体有多大、多快。联合国世界电信论坛会议副主席 John Roth 说："互联网带宽每 9 个月会增加一倍的容量，但成本降低一半，比晶片变革速度每 18 个月翻一番还快。"这一定律被称为新摩尔定律。摩尔定律过去用来形容半导体科技的快速变革，平均每 18 个月，晶片的容量会成长一倍，成本却减少一半。新摩尔定律展现了互联网高速发展的现实。今天，我们的互联网概念，已经不仅仅指所提供的计算机通信链路，而且还指参与其中的服务器所提供的信息和服务资源。计算机通信链路、信息和服务资源整体，这些概念一起组成了现代互联网的体系结构。

小结

网络传输介质在网络中承担传输任务，交换机、路由器等网络设备负责通信报文在各传输介质之间的转发，网络终端则是网络通信的发起者与使用者。由网络传输介质、网络设备和网络终端组成的计算机网络是当今信息化社会不可缺少的组成部分，成为企业、政府和社会活动依赖的、极为重要的技术。

本章概述了网络的分类，使读者能够对网络有一个初步了解。本章还讨论了信号传输的基本原理和性质、信号的频带宽度与电缆的频带宽度等内容，这些内容是我们学习网络的基础，在后续章节中将会反复用到。

全球有数百万个局域网和将这些局域网互联起来而形成的广域网。局域网覆盖的范围为一个建筑物或一个建筑物群，为某个企业、政府部门或社会服务部门所有。像国家金审网、北京市地税网、银联网等网络的地域覆盖范围达到整个城市、全国甚至更大，这样的网络称为广域网。最大的网络是互联网，其重要性是不言而喻的。我们将在后续章节中详细介绍本章提出的各种网络概念，形成更清晰、完整的网络知识体系。

第 2 章　网络传输介质

　　网络用传输介质将孤立的计算机和网络设备连接到一起,由网络设备为计算机之间的通信转发数据报文,进而完成数据传输功能。传输介质为计算机和网络设备之间提供链路,是网络的重要组成部分。

　　主流的计算机网络传输介质是双绞线电缆、光缆和微波。50Ω 同轴电缆在 20 世纪 90 年代初期扮演着局域网传输介质的主要角色,但是在我国,90 年代中期开始 50Ω 同轴电缆被双绞线电缆所淘汰。最近几年,随着 Cable Modem 技术的引入,大量使用 75Ω 电视同轴电缆实现互联网接入,同轴电缆又回到了计算机网络传输介质的行列。

2.1　数据传输的基本概念

2.1.1　信息、数据和信号

　　信息反映了事务、行为的客观状态。车辆的行驶信息、航班的抵达信息、客户的账务信息、企业的资信信息、地方税收的征纳信息、国家的经济信息、国土的地理信息,各种信息需要进入计算机存储与处理,需要通过网络传输与共享。

　　信息也可以用数字的形式表示。为了进行计算机存储、处理和网络传输,信息需要数据化。数字化的信息称为数据。数据是承载信息的实体,信息则是数据的内在含义或解释。一类信息用数字表示应该是连续值,如声音强度、地面温度,这类信息是连续变化的。另一类信息数据,如成绩、名次等的取值是离散的。在对信息数字化的过程中,由于计算机小数点后保留位数有限,连续取值的信息和离散取值的信息,数字化后都是离散的。

　　为了进行数据传输,数据需要使用电压信号、光信号、电磁波信号进行发送与接收。计算机将数据封装为报文,转变为信号,由传输介质(如导线)将信号传输到网络设备(如网络交换机)。网络设备将信号转换为数据报文,查看报文中报头中的地址,再将报文转换为信号发送给另外的传输介质(如另外一根导线),传输到目标计算机。目标计算机最终将信号还原成数据。上述过程见图 2.1。

图 2.1　数据与信号

2.1.2 模拟信号与数字信号

如图 2.2 所示,信号有如下三种类型:模拟信号、正弦波信号和数字信号。

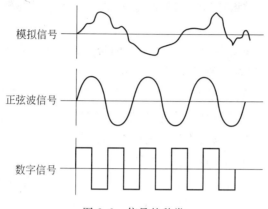

图 2.2 信号的种类

模拟信号是一种连续变化的信号。正弦波信号实际上还是模拟信号,但是由于正弦波信号是一个特殊的模拟信号,所以在这里我们把它单独作为一个信号类型。模拟信号的取值是连续的。

数字信号是一种 0、1 变化的信号。数字信号的取值是离散的。

数据既可以用模拟信号表示,又可以用数字信号表示。

计算机是一种使用数字信号的设备,因此计算机网络最直接、最高效的传输方法就是使用数字信号。在一些应用场合不得不使用模拟信号传输数据时,需要先把数字信号转换成模拟信号,待数据传送到目的地后,再转换回数字信号。

2.1.3 信号带宽与电缆带宽

不管是模拟信号还是数字信号,都是由大量频率不同的正弦波信号合成的。信号理论解释为:任何一个信号都是由无数个谐波(正弦波)组成的。数学解释为:任何一个函数都可以用傅里叶级数展开为一个常数和无穷个正弦函数。

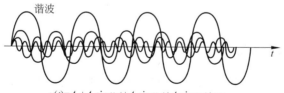

$$y(t)=A_0+A_1\sin\omega_1 t+A_2\sin\omega_2 t+A_3\sin\omega_3 t+\cdots$$

图 2.3 任意一个信号 $y(t)$,都是由不同频率 ω_i 的谐波组成的。

图 2.3 中,A_0 是信号 $y(t)$ 的直流成分。$\sin\omega_1 t$、$\sin\omega_2 t$、$\sin\omega_3 t\cdots$ 是 $y(t)$ 的谐波。A_1、A_2、$A_3\cdots$ 是各个谐波的大小(强度)。ω_1、ω_2、$\omega_3\cdots$ 是谐波的频率。随着频率的增长,谐波

的强度减弱。到了一定的频率 ω_i，其信号强度 A_i 会小到可以忽略不计。也就是说，一个信号 $y(t)$ 的有效谐波不是无穷多的，信号 $y(t)$ 可以被认为是由有限个谐波组成的，其最高频率的谐波的频率是 ω_{max}。

定义：一个信号有效谐波所占的频带宽度，称为这个信号的频带宽度，简称信号频宽或信号带宽。

模拟量电信号的频率比较低，如声音信号的带宽为 20Hz～20kHz。数字信号的频率要高很多，因为从示波器看它的图像，其变化较模拟信号要锐利得多（参见图 2.2）。数字信号的高频成分非常丰富，有效谐波的最高频率一般都达几十 MHz。

为了把信号不失真地传送到目的地，传输电缆需要把信号中所有的谐波不失真地传送过去。遗憾的是传输电缆只能传输一定频率的信号，频率过高的谐波将会急剧衰减而丢失。例如，普通电话线电缆的带宽是 2MHz，它能轻松地传输语音电信号，但是对于数字信号（几十 MHz），电话电缆就无法传输了。因此如果用电话电缆传输数字信号，就必须把它调制成模拟信号才能传输，而普通双绞线电缆的带宽高达 100MHz，所以可以直接传输数字信号。

电缆对过高频率的谐波衰减得厉害的原因是电缆自身形成的电感和电容作用，而谐波的频率越高，电缆自身形成的电感和电容对其产生的阻抗就越大。不同电缆具有不同的传输带宽。一个信号能不能不失真地使用某种类型的电缆，取决于电缆的带宽是否大于信号的带宽。

定义：电缆能够传输谐波信号的频率范围，称为该电缆的频带宽度，简称电缆频宽或电缆带宽。

使用数字信号传输的优势是抗干扰能力强，传输设备简单。缺点是需要传输电缆具有较高的带宽。使用模拟信号传输对传输介质的要求较低，但是抗干扰能力弱。

容易混淆的是，不管英语还是汉语，"带宽，Bandwidth"这个术语既被拿来描述网络电缆的频率特性，又被用于描述网络的通信速度。更容易混淆的是都用 K、M 来表示其单位。描述网络电缆的频率特性时，我们用 kHz、MHz，简称 K、M；描述网络的通信速度时，我们用 Kbps、Mbps。仍然简称 K、M。

2.2 电缆传输介质

2.2.1 主要的电缆传输介质

用于网络信号传输的主要电缆是网线和同轴电缆。网线的名称是双绞线电缆（twisted pair cable），既可用于传输模拟信号，又可用于传输数字信号。局域网络中 90% 的传输依靠双绞线电缆。同轴电缆在 20 世纪 90 年代是网络的主要传输介质，其位置到现在已经被双绞线电缆所取代。目前，同轴电缆在网络通信中只起对双绞线电缆和光缆的补充作用。

双绞线电缆分为非屏蔽双绞线（UTP）和屏蔽双绞线（STP）两大类。

1) UTP 电缆

非屏蔽双绞线是最常用的网络连接传输介质。如图 2.4 所示，UTP 电缆的最外层由 PVC 等绝缘材料包裹，内部有 4 对绝缘塑料包皮的铜线。8 根铜线每两根互相扭绞在一起，形成线对。线缆扭绞在一起的目的是相互抵消彼此之间的电磁干扰。扭绞的密度沿着电缆循环变化，可以有效地消除线对之间的串扰。每米扭绞的次数需要精确地遵循规范设计，也就是说双绞线电缆的生产、加工需要非常精密的设备和工艺。

因为非屏蔽双绞线的英文名字是 unshielded twisted-pair cable，所以我们将非屏蔽双绞线简称为 UTP 电缆。UTP 电缆的 4 对线中，有两对作为数据通信线，另外两对作为语音通信线。因此，在电话和计算机网络的综合布线中，一根 UTP 电缆可以同时提供一条计算机网络线路和两条电话通信线路。

UTP 电缆有许多优点：电缆直径细，容易弯曲，因此易于布放；价格便宜。UTP 电缆的缺点是其对电磁辐射采用简单扭绞，靠互相抵消的处理方式。因此，在抗电磁辐射方面，UTP 电缆相对同轴电缆（电视电缆和早期的 50Ω 网络电缆）处于下风。人们曾经一度认为 UTP 电缆还有一个缺点是数据传输的速度慢。但是事实上，UTP 电缆现在可以传输高达 1 000Mbps 的数据，是铜缆中传输速度最快的通信介质。

2) STP 电缆

屏蔽双绞线 shielded twisted-pair cable (STP) 结合了屏蔽、电磁抵消和线对扭绞的技术（见图 2.5）。同轴电缆和 UTP 电缆的优点，STP 电缆都具备。在以太网中，STP 可以完全消除线对之间的电磁串扰。最外层的屏蔽层可以屏蔽来自电缆外的电磁 EMI 干扰（electromagnetic interference）和无线电 RFI 干扰（radio frequence interference）。

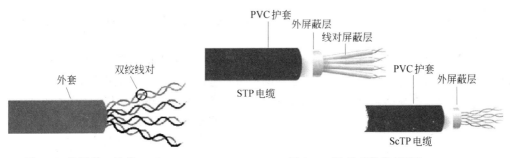

图 2.4　非屏蔽双绞线（UTP）　　　　图 2.5　屏蔽双绞线（STP）

STP 电缆的缺点主要有两点：一是价格贵；二是安装复杂。安装复杂是因为 STP 电缆的屏蔽层接地问题。电缆线对的屏蔽层和外屏蔽层都要在连接器处与连接器的屏蔽金属外壳可靠连接。交换设备、配线架也都需要良好接地。因此，STP 电缆不仅材料本身成本高，而且安装的成本也相应增加。施工成本中，收费通常是材料成本乘以百分之十几。所以，当布放屏蔽双绞线电缆时，施工费用增加是合理的。

有一种 STP 电缆的变形，称为 ScTP 电缆。ScTP 电缆把 STP 电缆中各个线对上的屏蔽层取消，只留下最外层的屏蔽层，以降低线材的成本和安装复杂程度。ScTP 电缆中线对之间串扰的克服与 UTP 电缆一样由线对的扭绞抵消来实现。ScTP 电缆的端接相对 STP 电缆要简单，这是因为免除了线对屏蔽层的接地工作。

屏蔽双绞线抗电磁辐射的能力很强,适合在工业环境和其他有严重电磁辐射干扰或无线电辐射干扰的场合布放。另外,屏蔽双绞线的外屏蔽层有效地屏蔽了线缆本身对外界的辐射。在军事、情报、使馆,以及审计署、财政部这样的政府部门,都可以使用屏蔽双绞线来有效地防止外界对线路数据的电磁侦听。对于线路周围有敏感仪器的场合,屏蔽双绞线可以避免对它们的干扰。

屏蔽双绞线电缆中,除了 4 对通信线对外,增加一条金属铜导线,用于电缆接地,可以加强双绞线的数据传输和抗干扰能力。屏蔽双绞线的端接需要可靠地接地,否则会引入更严重的噪声。这是因为屏蔽双绞线的屏蔽层此时就会像天线一样去感应周围所有的电磁信号。

2.2.2 网络电缆的频率特性

通常的双绞线电缆具有 100MHz 的频率带宽,可以覆盖数字信号的所有谐波。高端的双绞线电缆具有更高的频率响应特性,可以高达 600MHz,接近有线电视电缆的频率响应特性。几种双绞线电缆的频率响应特性如下。

5 类双绞线电缆:	100MHz
超 5 类双绞线电缆:	100MHz
6 类双绞线电缆:	250MHz
7 类双绞线电缆:	600MHz

上面所说的几类电缆,是美国的电气工业协会/电信工业协会(EIA/TIA)制定的评估标准的分类。EIA/TIA 将双绞线电缆分为多个等级,每个等级的传输速率和应用环境都不相同,标准如下。

1 类双绞线电缆(Category 1):20 世纪 80 年代初之前的电话线缆,只能用于传输语音,不用于数字信号的传输。

2 类双绞线电缆(Category 2):频带宽度为 1MHz,用于语音传输和最高传输速率 4Mbps 的数字信号传输,曾经是旧的令牌网低速传输(4Mbps)使用的电缆。

3 类双绞线电缆(Category 3):是 ANSI 和 EIA/TIA568 标准制定时的主要数字信号传输电缆,频带宽度为 1~16MHz,可以传输 10Mbps 速率的数字信号,服从 10base-T 的标准规范(第 4 章将学习),也可用于语音传输。3 类双绞线电缆目前市场较少,但仍然有售,其价格是 5 类双绞线电缆的一半。

4 类双绞线电缆(Category 4):该类电缆的频率带宽为 1~20MHz,用于语音传输和最高传输速率 16Mbps 的数据传输,主要用于基于令牌的局域网和 10base-T/100base-T 局域网。在 5 类双绞线电缆出现后,生产厂商已经不再生产该类电缆。

5 类双绞线电缆(Category 5):该类电缆的频率带宽为 1~100MHz,可以承担传输速率达到 100Mbps 的数字信号传输,满足 100base-T 的标准规范。该类电缆增加了绕线密度,外套较高质量的绝缘材料,是局域网中通用的网络传输电缆。

超 5 类双绞线电缆(Enhanced Category 5):超 5 类双绞线电缆与 5 类双绞线电缆的频率特性完全相同,也是 100MHz。但是,超 5 类双绞线电缆比 5 类双绞线电缆具有更高的衰减与串扰的比值(ACR)和信噪比(Structural Return Loss)要求,具有比 5 类电缆更小的衰减、更强的抗串扰能力和更小的时延误差,性能较普通 5 类电缆优越。只有超 5 类电缆的这些品质特性,才能保证100Mbps这样更高传输速度的数字信号要求。目前超过95％的局域网建设中使用超5类双绞线电缆。

6类双绞线电缆(Category 6):该类电缆的频率带宽达到250MHz。6类布线系统在200MHz时综合衰减串扰比(PS-ACR)应该有较大的余量,它提供2倍于超5类双绞线电缆的带宽,能满足千兆位以太网需求。

7类双绞线电缆(Category 7):是由欧洲提出的标准,是ISO类级标准最高的一类双绞线电缆。该类电缆主要是为了适应万兆位以太网技术的应用和发展。7类双绞线电缆只能使用屏蔽双绞线,频率带宽至少可达500MHz,是6类双绞线电缆和超5类双绞线电缆的2倍以上,传输速率可达10Gbps。

快速以太网的传输速度是100Mbps(million bits per second),其信号的频宽约70MHz;ATM网的传输速度是150Mbps,其信号的频宽约80MHz;千兆网的传输速度是1 000Mbps,其信号的频宽接近100MHz。因此,用5类和超5类双绞线电缆能够满足目前网络传输对频率响应特性的要求。6类双绞线电缆是一个较新级别的电缆,其频率带宽可以达到250MHz。2002年7月20日,TIA/EIA-568-B.2.1公布了6类双绞线的标准。6类双绞线除了要保证频率带宽之外还要达到更高要求,其他参数的要求也颇为严格。例如,串扰参数必须在250MHz的频率下测试。7类双绞线是欧洲提出的一种屏蔽电缆STP的标准,其计划频率带宽是600MHz。目前还没有制定出相应的测试标准。

双绞线的分类通常简写为CAT 5、CAT 5e、CAT 6和CAT 7。

2.2.3 双绞线的端接

计算机网卡、集线器、交换机、路由器等网络设备上都配置有网络接口,以便连接双绞线电缆。计算机网络设备中使用的网络接口是RJ45端口。图2.6中的交换机有16个RJ45端口,可以用来连接16台计算机。在网卡上和建筑物中的墙壁面板上也需要有这种RJ45端口,用于连接网线。RJ45端口实际上是一个可以拆卸的RJ45模块。与电话线端接使用的RJ11连接器和电话机上的RJ11端口模块接近,只是RJ11需要端接两对线,RJ45端口需要端接4对线。

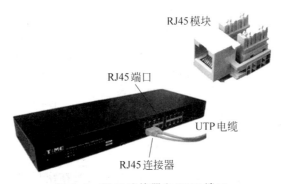

图 2.6 RJ45 连接器和 RJ45 端口

为了将UTP电缆连接到网络端口上,需要在电缆的两端安装RJ45连接器(如图2.6所示)。在100Mbps快速以太网中,网卡、集线器、交换机、路由器用双绞线连接需要两对线,一对用于发送;另一对用于接收。EIA/TIA-T568 标准规定,PC 机的网卡和路由器使用 1、2 线对用作发送端,3、6 线对用作接收端。交换机和集线器与之相反,使用 3、6 线对作为发送端,1、2 线对作为接收端。

　　计算机与交换机或集线器连接时,因为计算机网卡中的 RJ45 端口使用 1、2 接插点用作数据发送端(如图 2.7 所示),交换机的 1、2 接插点恰好用作数据接收,所以 UTP 电缆的两端在连接器的端接顺序应该完全一样。这样端接的 UTP 电缆被称为直通线。

图 2.7　直通线

　　交换机和集线器有时候为了扩充端口的数量,或者延伸网络的长度(双绞线电缆 UTP 和 STP 的最大连接长度是 100m),需要用 UTP 电缆来连接交换机和集线器。由于两端都是交换机或集线器,网络端口完全一样,即 RJ45 端口都是用 1、2 接插点作为接收,用 3、6 接插点作为发送,所以 UTP 电缆一端接 1、2 接插点的线对,需要交叉到另外一端的 3、6。线对在两端交叉端接的 UTP 电缆如图 2.8 所示,被称为交叉电缆。两台计算机网卡直接连接也需要使用交叉电缆,道理是一样的。

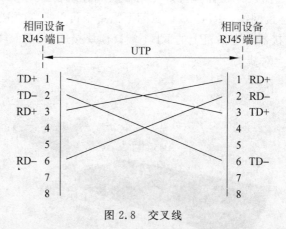

图 2.8　交叉线

　　为了便于双绞线端接时辨别线序,双绞线的每根线在出厂时都标有颜色,被称为色谱。双绞线中 8 根线的色标分别是橙色、橙色白色条纹、绿色、绿色白色条纹、蓝色、蓝色白色条纹、棕色和棕色白色条纹。表 2.1 给出了根据 TIA/EIA 568-B 标准的直通线线序排列说明。

表 2.1　直通线的线序图

	1	2	3	4	5	6	7	8
A 端	橙白	橙	绿白	蓝	蓝白	绿	棕白	棕
B 端	橙白	橙	绿白	蓝	蓝白	绿	棕白	棕

对于直通线来说，双绞线电缆两端端接的线序是一样的，色谱排列自然也一样。我们注意到所有线对中两根线是排在一起的，只有绿色线对中绿白和绿色线被分别排在 3 和 6 的位置上。这时因为按照图 2.6 的排列，需要把 4、5 位置留出来。双绞线电缆使用 1、2、3、6 的位置分别作为发送线对和接收线对，而不是简单地定为 1、2、3、4，是为了把最中间的 4、5 位置留出来，以便兼容 RJ11。也就是说，UTP 电缆的 4、5 线对可以承载一条电话线路。同时，电话线一端的 RJ11 连接器可以直接插入 RJ45 端口模块。

在制作交叉双绞线连接电缆时，TIA/EIA 568-B 标准线序排列如表 2.2 所示。

表 2.2　交叉线的线序图

	1	2	3	4	5	6	7	8
A 端	橙白	橙	绿白	蓝	蓝白	绿	棕白	棕
B 端	绿白	绿	橙白	蓝	蓝白	橙	棕白	棕

交换机和集线器的发送端口与接收端口的设置与计算机网卡的设置正好相反的目的是使计算机与交换机和集线器的连接线缆的端接简化。我们知道，制作 UTP 的直通线要比制作交叉线简单。尤其是需要先在建筑物内布线，再用 UTP 跳线将计算机与交换机连接在一起的场合，直通线的使用可以避免线序的混乱，如图 2.9 和图 2.10 所示。

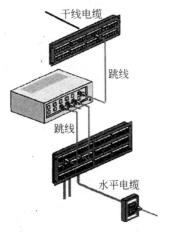

图 2.9　建筑物内的网络布线

图 2.10　建筑物中墙面上的网络端口

2.2.4　双绞线及双绞线端接的测试

为保证信号可靠传输，传输介质以及线缆的布放和端接，必须进行全面的测试。借助电缆测试仪器，这些测试是确保网络能够在高速度、高频率的条件可靠工作的必要保证。最后的性能参数必须满足某一个公认的测试标准。目前国际流行的有三个标准：美国的

TIA/EIA-568 标准、ISO/IEC 11801 标准、欧洲的 EN 50173 标准。

主要的双绞线电缆及双绞线电缆布放和端接的测试参数为：

线序 wire map

连接 conection

电缆长度 cable length

直流电阻 DC resistance

阻抗 impedance

衰减 attenuation

近端串扰 near-end crosstalk(NEXT)

功率和近端串扰 power sum near-end crosstalk(PSNEXT)

等效远端串扰 equal-level far-end crosstalk(ELFEXT)

功率和远端串扰 power sum equal-level far-end crosstalk(PSELFEXT)

回返损失 return loss

传导延时 propagation delay

时延差 delay skew

线序测试是指测试双绞线两端的 8 条线是否正确端接。当然,线序测试也测试了线缆是否有断路或开路。线序测试也完成了连接测试,确保线缆质量及端接的可靠。

根据 TIA/EIA-568 标准,双绞线电缆长度不得超过 100m。

直流电阻和交流阻抗超标,会造成衰减指标超标。直流电阻太大,会使电信号的能量消耗为热能。交流阻抗过大或过小,会造成两端设备的输入电路和输出电路阻抗不匹配,导致一部分信号像回声一样反射回发送端设备,造成接收端信号衰弱。另外,交流阻抗在整个线缆长度上应该保持一致,不仅从端点测试的交流阻抗需要满足规范,而且沿着线缆的所有部位都应该满足规范。

回返损失测试由于沿线缆长度上交流阻抗不一致而导致信号能量的反射。回返损失用分贝来表示,是测试信号与反射信号的比值。因此,电缆测试仪上回返损失测试结果的读数越大越好。TIA/EIA-568 标准规定回返损失应该大于 10 个 db。

衰减是所有电缆测试的重要参数,是指信号通过一段电缆后信号幅值的降低。电缆越长,直流电阻和交流阻抗越大,信号频率越高,衰减就越大。

串扰噪声

图 2.11　串扰

串扰是指一根线缆电磁辐射到另外一根线缆(见图 2.11)。当一对线缆中的电压变化时,就会产生电磁辐射能量。这个能量就像无线电信号一样发射出去,而另外一对线缆此时就会像天线一样,接收这个能量辐射。频率越高,串扰就越显著。双绞线就是要依靠扭绞来抵消这样的辐射。如果电缆不合格,或者端接的质量不合格,双绞线依靠扭绞来抵消串扰的能力就会降低,造成通信质量下降,甚至不能通信。

TIA/EIA-568 标准中规定,5 类双绞线的近端串扰值小于等于 24db 才算合格。网络工程师们直观的感觉是测试结果的近端串扰数值越小,质量应该越好。为什么近端串扰数值越大越好呢? 原因是 TIA/EIA-568 标准中规定,5 类双绞线的近端串扰值是在信号发射端的测试信号的电压幅值与串扰信号幅值之比。比的结果用负的分贝数来表示。负的数值越大,反映噪声越小。传统上,电缆测试仪并不显示负数,所以从测试仪上读出30db(实际结果是-30db)要比读数为20db 好。

电缆测试仪在测试串扰时,先在一对线缆中发射测试信号,然后测试另外一对线缆中的电压数值。这个电压就是由于串扰而产生的。

我们知道,近端串扰随着频率升高而显著。因此,我们在测试近端串扰的时候应该按照 ISO/IEC 11801 标准或 TIA/EIA-568 标准,对所有规定的频率完成测量。有些电缆测试仪为了缩短测试时间,只在几个频率点上测试,从而容易忽视隐藏频率测试点上的链路故障。

等效远端串扰是指远离发射端的另外一端形成的串扰噪声。由于衰减的原因,一般情况下,如果近端串扰测试合格,远端串扰的测试也能够通过。

功率和近端串扰是指来自所有其他线对的噪声之和。在早期的双绞线使用中我们只使用两对线缆来完成通信。一对用于发送;另一对用于接收。另外两对电话线对的语音信号频率较低,串扰很微弱。但是,随着 DSL 技术的使用,数据线旁边电话线对的语音线也会有几兆频率的数据信号。另外,千兆以太网开始使用所有 4 对线,经常会有多对线同时向一个方向传输信号。近代通信中,多对线缆中同时通信的串扰的汇聚作用对信号是十分有害的。因此,TIA/EIA-568-B 开始规定需要测试功率和串扰。

造成直流电阻、交流阻抗、衰减、串扰等指标超标的原因除了线缆质量问题外,更多的是端接质量差(见图 2.12)。如果测试出上述指标或某项指标超标,一般都判断是端接问题。剪掉原来的 RJ45 连接器,重新端接,一般都可以排除这类故障。

质量差的端接

合格的端接

图 2.12　端接的质量

传导延时是对信号沿导线传输速度的测试。传导延时的大小取决于电缆的长度、线绞的疏密以及电缆本身的电特性。长度、线绞是随应用而定的。所以,传导延时主要是测试电缆本身的电特性是不是合格。TIA/EIA-568-B 对不同类的双绞线有不同的传导延时标准。对于 5 类 UTP 电缆,TIA/EIA-568-B 规定不得大于 $1\mu s$。传导延时测量是电缆长度测量的基础。测试仪器测量电缆长度是依据传导延时完成的。由于电线是扭绞的,所以信号在导线中行进的距离要多于电缆的物理长度。电缆测试仪器在测量时,发送一个脉冲信号。这个脉冲信号沿同线路反射回来的时间就是传导延时。这样的测试方法被称为时域反射仪测试(time domain reflectometry test),或 TDR 测试。TDR 测试不仅可以用来测试电缆的长度,也可以测试电缆中短路或断路的地方。当测试脉冲碰到短路或断路的地方时,脉冲的部分能量,甚至全部能量都会反射回测试仪器。这样就可以计算出线缆故障的大体部位。

信号沿一条 UTP 电缆的不同线对传输,其延迟会有一些差异。这是因为线缆电特性不一致造成的。TIA/EIA-568-B 标准中的时延差(delay skew)参数就是这种差异的测试。延迟差异对于高速以太网(比如千兆以太网)的影响非常大。这是因为高速以太网使用几个线对同时传输数据,如果延迟差异太大,从几对线分别送出的数据在接收端就无法正确地装配。

对于没有使用那么高速度的以太网(如百兆以太网),因为数据不会拆开用几对数据线同时传送,所以工程师往往不注意这个参数。但是,时延差参数不合格的电缆在未来升级到高速以太网的时候就会遇到麻烦。下面列出了 TIA/EIA-568-B 对 5 类双绞线电缆常用测试参数的标准。

长度(length)　　　　　　　　　　　　＜90m
衰减(attenuation)　　　　　　　　　　＜23.2db
传导延时(propagation delay)　　　　　 ＜1.0μs
直流电阻(DC resistance)　　　　　　　 ＜40 ohm
近端串扰(near-end crosstalk loss)　　　＞24db
回返损耗(return loss)　　　　　　　　　＞10db

要完成电缆测试,必须使用电缆测试仪器。便携式电缆测试仪器的单价平均在 3 万元人民币左右。图 2.13 显示的是 Fluke DSP-LIA013,它是大多数网络工程师所熟悉的便携式电缆测试仪,可以测试超 5 类双绞线电缆。

图 2.13　Fluke DSP-LIA013
电缆测试仪

最后需要强调的是,网络布线不仅需要采购合格的材料(包括线缆和连接器),而且需要合格的施工(包括布放和端接)。电缆测试应该在施工完成后进行。这不仅可以测试线缆的质量,而且可以测试连接器、耦合器,更重要的是线缆布放的质量和端接的质量。

2.3　光纤传输介质

2.3.1　光缆

光缆(optical fiber cable)是高速、远距离数据传输的最重要的传输介质,多用于局域网的干线段和广域网的远程链路。在 UTP 电缆传输千兆位的高速数据还不成熟的时候,实际网络设计中工程师在千兆位的高速网段上完全依赖光缆。即使现在已经有可靠用 UTP 电缆传输千兆位高速数据的技术,但是,由于 UTP 电缆的距离限制(100m),局域网的干线仍然要使用光缆(局域网上多用的多模光纤的标准传输距离是 2km)。在网络发展的今天,广域网成为网络建设的主要方向。单模光纤的传输距离超过几十 km,成为广域网使用的重要网络传输介质。

光缆完全没有对外的电磁辐射,也不受任何外界电磁辐射的干扰,所以在周围电磁辐射严重的环境下(如工业环境中),以及需要防止数据被非接触侦听的需求下,光缆是一种可靠的传输介质。

如图 2.14 所示,光缆由光纤、塑料包层、卡夫勒抗拉材料和外护套构成。光纤用来传递光脉冲,利用内部全反射原理来传导数字光信号。传输中用光脉冲的有无表现二进制数字信号,有光脉冲相当于数据 1,没有光脉冲相当于数据 0。光脉冲使用可见光的频率,约为 10^8 MHz 的量级。因此,一个光纤通信系统的带宽远远大于其他传输介质的带宽。

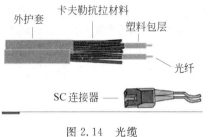

图 2.14 光缆

塑料包层用作光纤的缓冲材料,用来保护光纤。有两种塑料包层的设计:松包裹和紧包裹。在局域网中使用的大多数多模光纤使用紧包裹,这时的缓冲材料直接包裹在光纤上。松包裹用于室外光缆,在它的光纤上增加涂抹垫层后再包裹缓冲材料。卡夫勒抗拉材料用于在布放光缆的施工中避免因拉拽光缆而损坏内部的光纤。外护套使用 PVC 材料或橡胶材料。室内光缆多使用 PVC 材料,室外光缆则多使用含金属丝的黑橡胶材料。

2.3.2 光纤数据传输的原理

在使用光缆数据传输时,在发送端用光电转换器将电信号转换为光信号,并发射到光缆的光导纤维中传输。在接收端,光接收器再将光信号还原成电信号。

光纤由纤芯和硅石覆层构成。纤芯是氧化硅和其他元素组成的石英玻璃,用来传输光射线。硅石覆层的主要成分也是氧化硅,但是其折射率要小于纤芯。根据光学的全反射定律,当光线从折射率高的纤芯射向折射率低的覆层的时候,其折射角大于入射角。如图 2.15 所示,θ_1 较小,θ_2 较大,θ_3 最大。如果入射角足够大(超过全反射角),就会出现全反射,所有入射光线碰到覆层时就会全部反射回纤芯。这个过程不断重复下去,光也就沿着光纤传输下去了。

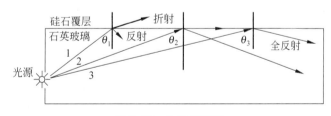

图 2.15 全反射原理

现代生产工艺可以制造出超低损耗的光纤,光可以在光纤中传输数千米而基本上没有什么损耗。我们甚至在布线施工中,在几十楼层远的地方用手电筒的光用肉眼来测试光纤的布放情况,或分辨光纤的线序(注意,切不可在光发射器工作的时候使用这种方法。激光光源的发射器会损坏眼睛)。

由全反射原理可以知道,光发射器的光源的光必须在某个角度范围内才能在纤芯中产生全反射。纤芯越粗,这个角度范围就越大。当纤芯的直径减小到只有一个光的波长时,光的入射角度就只有一个,而不是一个范围。

可以存在多条不同的入射角度的光线。不同入射角度的光线会沿着不同折射线路传输,这些折射线路被称为"模"。如果光纤的直径足够大,以至有多个入射角形成多条折射线路,这种光纤就是多模光纤。单模光纤的直径非常小,只有一个光的波长。因此单模光纤只有一个入射角度,光纤中只有一条光线路(见图 2.16)。也可以将"模"这个术语理解为发射时光束的入射角。单模光纤纤芯细,只能有一个入射角(只有一条光线路),而多模光纤可以用多个不同入射角同时发送多个光束,实现多路数字信号同时传输(被称为光多路复用)。

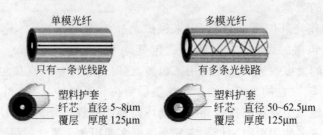

图 2.16 单模光纤和多模光纤

单模光纤的特点是:纤芯直径小,只有 $5\sim8\mu m$;几乎没有折射;适合远距离传输,标准距离达 3km,非标准传输可以达几十 km;使用激光光源。

多模光纤的特点是:纤芯直径比单模光纤大,有 $50\sim62.5\mu m$,或更大;折射比单模光纤大,因此有信号的损失;适合远距离传输,但是传输距离比单模光纤小。标准距离是2km;使用 LED 光源。

我们可以简单地记忆为:多模光纤纤芯的直径比单模光纤约大 10 倍。多模光纤使用发光二极管作为发射光源,而单模光纤使用激光光源。如图 2.17 所示,我们通常看到用 50/125 或 62.5/125 表示的光缆就是多模光纤。如果在光缆外套上印刷有 9/125 的字样,则说明是单模光纤。

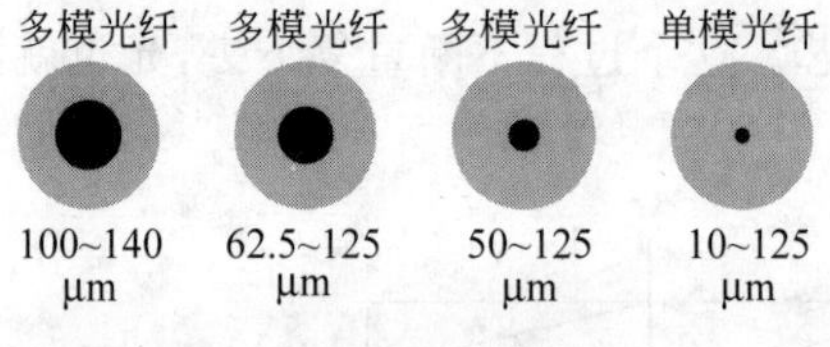

多模光纤	多模光纤	多模光纤	单模光纤
100~140 μm	62.5~125 μm	50~125 μm	10~125 μm

图 2.17 光纤的种类

在光纤通信中,常用的三个波长是 850nm、1 310nm 和 1 550nm。这些波长都落在红色可见光和红外光的频率范围内。对于后两种频率的光,在光纤中的衰减比较小。850nm 的波段的衰减比较大,但在此波段的光波其他特性比较好,因此也被广泛使用。单模光纤使用 1 310nm 和 1 550nm 的激光光源,在长距离的远程连接局域网中使用。多模光纤使用 850 纳米、1 310nm 的发光二极管 LED 光源,被广泛地使用在局域网中。

在光纤系统刚问世的 1980 年,铜缆还足以提供所需的带宽与传输距离能力。对比之下,今天千兆、万兆以太网的带宽需求已经对铜缆的传输能力带来了巨大压力,导致其制造、安装测试成本大大增加,使得铜缆网络的安装测试成本已经与光纤网络达到相当水平。在现代网络对带宽和传输距离的双重需求压力下,铜缆将越来越力不从心,而光缆传输将会越来越普及。

2.4　无线传输介质

2.4.1　无线传输使用的频段

　　UTP 电缆、STP 电缆和光缆都是有线传输介质。由于无线传输无须布放线缆,其灵活性使得其在计算机网络通信中的应用越来越多。而且,可以预见,在未来的局域网传输介质中,无线传输将逐渐成为主角。

　　无线数据传输使用无线电波,可选择的频段很广。目前在计算机网络通信中占主导地位的是 2.4GHz 的波段。我们知道,无线电波的频率与其波长成反比,频率越高的无线电波,波长越短。2.4GHz 属于甚高频,因此波长非常短,因此称为"微波"。

表 2.3　计算机网络使用的频段

频　　率	划　　分	主　要　用　途
300Hz	超低频 ELF	
3kHz	次低频 ILF	
30kHz	甚低频 VLF	长距离通信、导航
300kHz	低频 LF	广播
3MHz	中频 MF	广播、中距离通信
30MHz	高频	广播、长距离通信
300MHz	微波(甚高频 VHF)	移动通信
2.4GHz	微波	计算机无线网络
3 GHz	微波(超高频 UHF)	电视广播
5.6GHz	微波	计算机无线网络
30GHz	微波(特高频 SHF)	微波通信
300GHz	微波(极高频 EHF)	雷达

2.4.2　无线网络的构成和设备

　　定义:由微波作为主要传输介质而组成的局域网被称为无线局域网(WLAN),如图 2.18 所示。

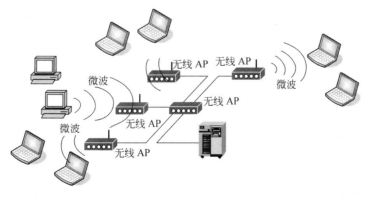

图 2.18　无线局域网(WLAN)

构成 WLAN 需要的设备可以少到只有无线 AP(见图 2.19)和无线网卡(见图 2.20)两种。搭建 WLAN 要比搭建有线网络简单得多,只需要把无线网卡插入台式计算机或笔记本电脑,把无线 AP 通上电,网络就搭建完成了。

图 2.19　无线 AP

图 2.20　无线网卡

无线 AP 在一个区域内为无线节点提供连接和数据报转发,其覆盖的范围大小取决于天线的尺寸和增益的大小。通常的无线 Hub 在空旷情况下的覆盖范围是 91.44～152.4m (300～500ft)。在相对封闭的室内,根据房屋的结构,有效覆盖半径大致为 20～30m。为了覆盖更大的范围,需要多个无线 AP,如图 2.18 所示。在图中我们可以看到,各个无线 AP 的覆盖区域需要有一定的重叠,这一点很像手机通信的基站之间的重叠。覆盖区域重叠的目的是允许设备在 WLAN 中移动。虽然没有规范明确规定重叠的深度,但是一般的工程师都在考虑无线 AP 的位置时,设置为 20%～30%。这样的设置,使得 WLAN 中的笔记本电脑可以漫游,而不至于出现通信中断。

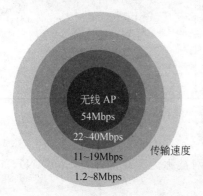

图 2.21　802.11g 的传输速度随距离而变化的情况

使用微波进行数据传输的传输速度与所使用的技术有关。采用 802.11b 的技术,理论最大速度为 11Mbps。802.11g 技术的理论最大速度为 54Mbps。802.11n 的理论最大速度可达 300Mbps。上面所说的只是理论速度,因为传输距离、外界干扰等因素,无线传输的速度需要根据信号的质量进行相应的调整。传输距离越远,通信的信号越弱,信号质量就越差。因此需要放慢通信速度来克服噪声。无线传输的这种自适应传输速度调整 ARS 与 ADSL 技术很相似,如 802.11b 的平均传输速度一般在 3～6Mbps 之间,802.11g 的传输速度一般在 16～30Mbps 之间,远低于其规范的 54Mbps。所以,无线传输距离越远,信号质量越差,传输速度也就越慢,如图 2.21 所示。

2.5　网络系统布线

2.5.1　网络布线系统的构成

建设计算机网络系统,首先要进行网络系统的布线。需要按照标准的、统一的和简单的结构化方式编制各种建筑物和建筑物内的网络线路。

由于现代网络布线系统除了为计算机网络提供传输介质外，还需要同时传输电话系统的话音信号、建筑物设备控制系统的监控信号、保安防范系统的视频及控制信号等数字化信号，因此通常称网络布线系统为结构化综合布线系统（structured cabling systems），缩写为 SCS。专门针对楼宇及建筑群的布线系统被称为建筑与建筑群综合布线系统（premises distribution system），缩写为 PDS。

综合布线系统由 6 个子系统组成：工作区子系统、水平布线子系统、垂直干线子系统、管理子系统、设备间子系统、建筑群间连接子系统（见图 2.22）。

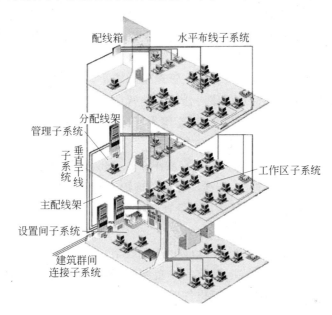

图 2.22 网络布线系统的组成

1）工作区子系统

工作区子系统（work area subsystem）由墙面或地面信息插座、信息插座到计算机等网络终端设备的网络连线、交换机或集线器组成。工作区子系统用于将计算机等网络终端设备连接到网络中。

网络电缆的信息插座由安装盒、面板和 RJ45/RJ11 连接模块构成。一个 86 型墙面安装盒中可以安装单个、两个或多个 RJ45/RJ11 连接模块，提供单个、两个或多个信息出口。当一个信息出口需要连接多个计算机或网络终端设备时，需要在工作区子系统中增加交换机或集线器。

2）水平布线子系统

水平布线子系统（horizontal subsystem）由连接工作区子系统和各个楼层分配线间的网络电缆组成。采用 8 芯 4 对 UTP 或 STP 双绞线从楼层配线架布放到各用户工作区的信息插座上。水平布线子系统中的电缆通常称为水平电缆。水平电缆布放在楼道的弱电线槽、墙面的预埋管线和地面线槽中。

3) 垂直干线子系统

垂直干线子系统(riser backbone subsystem)由各楼层分配线架与主配线架间的大对数电缆和光缆组成。垂直干线子系统提供了综合布线系统的主干线。

大多数电缆通常是电话电缆。称之为大对数电缆,是因为每条电话电缆中有 25 对、50 对、100 对或数百对电话线对。垂直干线子系统中的光缆承担了网络系统的干线数据传输任务。垂直干线通常布放在楼层竖井的垂直桥架中。

4) 管理子系统

管理子系统(administration subsystem)由楼层分配线架及分配线架上的连接器、整线器等设备组成。其主要功能是将垂直干线与各楼层水平布线子系统相连接。

分配线架上安装端口配线架,用于端接水平电缆。110 配线架用于端接电话电缆。分配线架上安装的光纤接续箱(LIU)用于端接垂直数据干线子系统的光缆。

布线系统的优势和灵活性主要体现在管理子系统上,只要简单地跳一下线就可完成任何一个结构化布线系统的信息插座对任何一类智能系统的连接,极大地方便了线路重新布局和网络终端的调整。光纤连接时,要用光纤接续箱(LIU),箱内可有多个 ST 连接器安装孔,箱体、箱内的线路弯曲设计应符合 $62.5/125\mu m$ 多模光纤的弯曲度要求,光纤接头用 STII,由陶瓷材料制成,最大信号衰减小于 0.2db,光耦合器可作为多模光纤与网络设备或光纤接续装置上的连接,配线架和光纤接续箱通常设在弱电井或设备间内,用来连接其他子系统,并对它们通过跳线进行管理。

5) 设备间子系统

设备间子系统(equipment subsystem)由主配线架和各公共设备组成,它的主要功能是将各种公共设备(如计算机主机、数字程控交换机、各种控制系统、网络互连设备)等与主配线架连接起来。该子系统还包括电气保护装置等。

6) 建筑群间连接子系统

建筑群间连接子系统(campus backbone subsystem)是指主建筑物中的主配线架延伸到另外一些建筑物的主配线架的连接系统。与垂直子系统类似,通常采用光缆或大对数铜缆连接。它是整个布线系统的一部分(包括传输介质)并支持提供楼群之间通信所需的硬件,其中有电缆、光缆以及防止电缆的浪涌电压进入建筑物的电气保护设备。

2.5.2 局域网络的布线结构

有上述工作区子系统、水平布线子系统、垂直干线子系统、管理子系统、设备间子系统、建筑群间连接子系统组成的网络系统形成层次化的树形连接结构体系,通常称为树形拓扑结构。网络的拓扑结构是指网络中各节点间的连接方式。目前,绝大多数网络系统的布线采用树形拓扑结构,如图 2.23 所示。

树形拓扑结构呈现较高的可折叠性,非常适用于局域网和建筑物内的网络布线,以及配置相应的网络设备。整个网络布线系统以局域网的网络中心为核心,以光缆连接各个建筑物。每个建筑物中的主配线间中安置主机柜 MDF,通过 MDF 以光缆连接各个楼层。各个楼层的配线间中的分机柜 IDF 负责端接、管理来自干线的光缆与通往工作区的

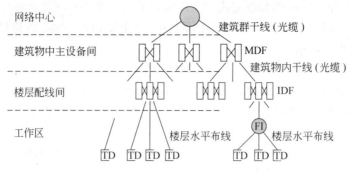

图 2.23 树形拓扑结构的网络布线

电缆。工作区的网络出口 TD 通过水平电缆星形地汇聚到楼层 IDF 上。对于不需要配置 IDF 的楼层，可以加配楼层配线箱 FI，甚至户内配线箱，用于电缆的汇聚。

由于网络中各个接点分别通过各自独立的线缆进行连接，网络布线后的测试与使用中的故障诊断非常容易完成。同时，已建网络系统也非常容易扩展。

2.5.3 网络系统布线要点

网络系统布线所需要的主要器材有光缆、双绞线电缆、配线柜、配线架、光缆耦合器、墙面面板、连接器等。网络布线的主要工作包括线缆布放、机柜与配线架安装、线缆端接和测试。

1）光缆布放

光缆在网络布线系统中用于连接建筑物之间的主机柜 MDF 和楼层机柜 IDF 与本楼的 MDF，即用于网络干线（垂直子系统）的布线，少量用于对传输速率或安全有较高要求的水平布线。在局域网络中使用的光缆多为多模光纤，一般是 $62.5/125\mu m$ 或 $50/125\mu m$ 的多模光纤，最长传输距离为 2km。

根据布放位置的不同，用于干线的光缆需要选择室内光缆或室外光缆。室内光缆的外护套采用普通的 PVC 材料，抗拉强度小，但更轻便、更经济。室内光缆多用于水平布线子系统和楼内的垂直干线子系统。

室外光缆采用聚乙烯的外护套，抗拉强度大，保护层厚重，适合建筑物之间的连接。对于要求抗拉强度很高的场合，需要选择由金属皮包裹的铠装室外光缆。

室外光缆的铺设分直埋、架空或地下管道三种方式。直埋方式是将光缆埋设至开挖的电信沟内，埋设完即填涂掩埋，简单易行，施工费用低。但是这种铺设方式光缆没有受到保护，有损坏的可能。因此，专业的方式还是需要预埋管道。当地面不适合开挖、无法开挖或开挖费用太高时，可考虑采用架空的方式铺设。

2）双绞线电缆布放

双绞线电缆用于水平布线，可提供高达 1 000Mbps 的传输速度带宽，不仅可用于数据传输，也可用于语音和多媒体传输。可根据需要选择 UTP 电缆或 STP 电缆。大部分建筑物中的水平布线选择超 5 类 UTP 电缆。

双绞线电缆的最大布线长度不能超过 90m。局域网网络交换机和计算机网卡的规范传输距离为100m。10m的长度差用于工作区墙上网络出口与计算机设备端接的跳线。

双绞线的一端端接在工作区的墙上面板上(墙上面板的RJ45网络模块上);另一端端接在机房机柜上的端口配线架上。

3)机柜、端口配线架、光缆耦合器的安装

在网络中心机房、建筑物配线间中安置有楼层机柜或机架IDF(见图2.24)。端接双绞线电缆的端口配线架和端接光缆的光缆耦合器箱都安装在机柜IDF中。网络设备和服务器也安装在配线柜中。

在配线架上安装的主要布线设备是端接双绞线的端口配线架和端接光缆的光缆耦合器箱。来自工作区的水平电缆进入弱电间后,端接在RJ45口的端口配线架上。来自干线的光缆,端接在光缆耦合器箱中的一组SC、ST接头上。光缆跳线将干线光缆自SC或ST接头端接到楼层交换机的光端口上。图2.25是一个光缆耦合器箱的实物图。

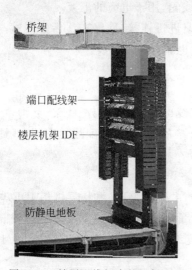

图 2.24　楼层配线间中的机架 IDF

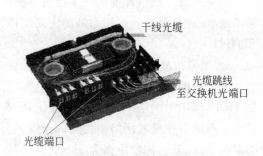

图 2.25　光缆耦合器箱

2.6　网络测试标准规范

网络传输介质的物理特性和电气特性需要有一个全球化的标准。这样的标准需要得到生产厂商、用户、标准化组织、通信管理部门和行业团体的支持。计算机网络标准化最权威的部门是国际电信联盟(ITU)。国际电信联盟是一个协商组织,成立于1865年,现在是联合国的一个专门机构。国际电信联盟的下属机构是国际电话电报咨询委员会(CCITT)(也称国际电信联盟电信标准化机构,ITU-T)。CCITT提出的一系列标准涉及数据通信网络、电话交换网络、数字系统等。CCITT通过协商或表决来协调确定统一的通信标准。CCITT的成员包括各国政府的代表和AT&T、GTE这样的大型通信企业。我国国务院就是CCITT中一个有表决权的成员。

国际标准化组织(ISO)是一个非官方的机构,它由每一个成员国的国家标准化组织组成。美国国家标准协会(ANSI)是美国在ISO中的成员。ISO是一个全面的标准化组织,制定网络通信标准是其工作的组成部分。ISO 在网络中的传输介质电气性能标准 ISO/IEC 11801 是一个著名的标准。

ISO 在网络通信方面有时与 CCITT 发生冲突。事实上,ISO 总是希望打破大企业对某个行业的标准垄断。ISO 的标准没有行政上的约束,主要体现为中、小厂商对它的支持。通信网络中的大型企业由于其市场的规模而独立制定标准,而不去理会 ISO 制定的标准。但是,大型企业之间需要标准来维持共同的市场,它们在制定共同技术标准的时候往往发生冲突。这时也会需要 ISO 出面商定最终标准。所以,ISO 与大型企业之间是冲突和妥协的关系。

美国国家标准协会(ANSI)是美国一个全国性的技术情报交换中心,并且协调在美国实现标准化的非官方的行动。在与美国大型通信企业的关系上,ANSI 与 ISO 的立场总是一致的,因为它本身就是美国在 ISO 中的成员。ANSI 在开发 OSI 数据通信标准、密码通信、办公室系统方面非常活跃。欧洲计算机生产厂协会(ECMA)致力于欧洲的通信技术和计算机技术的标准化,它不是一个贸易性组织,而是一个标准化和技术评议组织。ECMA 的一些分会积极地参与了 CCITT 和 ISO 的工作。

涉及网络通信介质的标准制定最直接的组织是美国电信工业协会(TIA)和美国电子工业协会(EIA)。在完成这方面工作的时候,两个组织通常联合发布所制定的标准。例如网络布线有名的 TIA/EIA 568 标准就是由这两个协会与 ANSI 共同发布的,事实上也是我国和其他许多国家承认的标准。TIA 和 EIA 原来是美国的两个贸易联盟,但是多年以来一直积极从事标准化的发展工作。EIA 发布的最出名的标准就是 RS-232-C,已成为我国最流行的串行接口标准。

电子电气工程师协会(IEEE)是由技术专家支持的组织。由于它在技术上的权威性(而不是大型企业依靠其市场规模的发言权),多年来 IEEE 一直积极参与或被邀请参与标准化的活动。IEEE 是一个知名的技术专业团体,它的分会遍布世界各地。IEEE 在局域网方面的影响力是最大的。著名的 IEEE 802 标准已经成为局域网链路层协议以及网络物理接口电气性能标准和物理尺寸方面最权威的标准。

目前通用的网络布线规范有国际上的《TIA/EIA568 标准》和《ISO/IEC11801 标准》。我国涉及网络布线的标准规范有《GB 50311-2007 综合布线系统工程设计规范》、《B50312-2007 综合布线工程验收规范》、《GB 50312-2007 综合布线工程验收规范》和《楼宇控制、综合布线等技术标准规范》。网络布线工程结束后,应该选择上述规范与标准组织验收,并审核相应的验收报告,确保网络布线质量满足网络信号传输的质量要求。

图 2.26 列出了涉及网络技术的国际标准化组织。

最后需要知道的是,在制定计算机网络标准方面起核心作用的是两大国际组织 CCITT 和 ISO。许多问题都是它们共同商议决定的。从历史上看,CCITT 与 ISO 的 TC97 工作领域是很不相同的,CCITT 原来是从通信的角度考虑一些标准的制定,而 TC97 则关心信息处理。但随着科学技术的发展,通信与信息处理的界限越来越模糊了,于是通信与信息处理就成为 CCITT 和 TC97 所共同关心的领域。

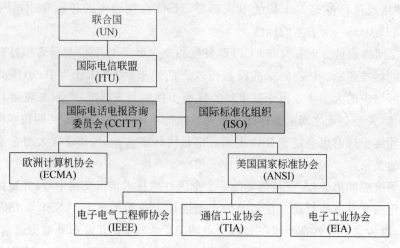

图 2.26　涉及网络技术的国际标准化组织

小结

　　网络传输介质在网络中承担传输任务，交换机、路由器等网络设备负责通信报文在各传输介质之间的转发。网络传输介质是网络中发送方与接收方之间的物理通路，它对网络的数据通信的质量、可靠性具有重要的影响。目前主流传输介质是双绞线电缆、光缆和微波。

　　双绞线电缆简称 TP，分为屏蔽双绞线（STP）和非屏蔽双绞线（UTP）。屏蔽双绞线（STP）的抗干扰性能好，但是对安装（尤其是端接接地）的要求较高。非屏蔽双绞线（UTP）由于价格和安装方面的优势，比 STP 电缆更常使用。但是 UTP 电缆的抗干扰性不好，容易受到强磁场或电场的干扰。

　　光缆传输距离远、传输速度快、抗干扰性能强、保密性好，是网络建设的重要传输介质。光缆的单价为 3～4 元/m，网络电缆的单价为 2～3 元/m。随着我国光缆生产企业技术的成熟和铜这种有色金属的价格不断上涨，铺设网络光缆的投资最终将低于网络电缆。在加速推进光缆宽带接入、承载网升级、广电网改造、下一代互联网和物联网的发展中，光缆将唱主角。2010 年 4 月 8 日七部委下发《关于推进光纤宽带网络建设的意见》，提出"3 年内光纤宽带网络建设投资超过 1 500 亿元，新增宽带用户超过 5 000 万户。到 2011年，光纤宽带端口超过 8 000 万个，城市用户接入能力平均达到 8Mbps 以上，农村用户接入能力平均达到 2Mbps 以上，商业楼宇用户基本实现 100Mbps 以上的接入能力。另外，新建区域直接部署光纤宽带网络，已建区域加快光进铜退的网络改造。有条件的商业楼宇和园区直接实施光纤到楼、光纤到办公室，有条件的住宅小区直接实施光纤到楼、光纤到户"。可见，光缆将与 UTP 电缆和微波共同扮演网络通信三大核心传输介质的角色。

第 3 章　组建简单网络

一个工作小组要组建一个网络来交换数据,选配一台交换机,为每台参加联网的计算机安装网卡,然后制作连接计算机与交换机的网线,端接好后,简单网络便组建完成了。这样搭建起来的小网络虽然简易,却是全球数量最多的网络。在那些只有二三十人的小型公司、办公室、分支机构中,都能看到这样的小网络。事实上,这样的简单网络是更复杂网络的基本单位。把这些小的、简单的网络互联到一起,就形成了更复杂的、成规模的局域网。再把局域网互联到一起,可以组建出更大地域覆盖范围的广域网。

本章首先介绍几个网络通信控制的基本知识,然后讨论组建简单网络所需要的设备及其工作原理,最后介绍搭建简单网络、配置计算机的主要操作。

3.1　网络通信控制的基本知识

3.1.1　数据分段与报文封装

一台计算机准备发送数据,首先需要对待发送的数据进行处理,然后才能发送。如图 3.1 所示,假设一台计算机准备发送一个 2Mb 的文件给另外一台计算机。现在首先需要把这个 2Mb 的报文进行数据分段,每个数据段的大小为 1 500b。于是,这个文件的数据报文被分成了 1 334 个数据段。

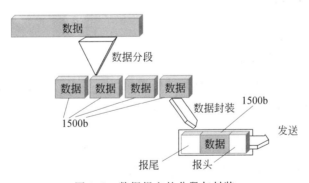

图 3.1　数据报文的分段与封装

为什么要把一个待发送的报文事先分成一个个的数据段然后再传输呢?

将数据分段的目的有两个:一是便于进行数据通信的出错重发;二是将待发送的数据进行分段传输,有利于共享通信线路的使用均衡。

在网络通信中,接收数据的计算机要对接收到的数据进行校验。如果出现校验错误,发送数据的计算机就需要进行出错重发。假设这个 2Mb 的文件在发送前没有做数据分段,那么一旦出现数据传输错误,便需要将整个2Mb的数据全部重发。而如果将待传输的数据划分为1500b的数据段,现在就只需要重发出错的那个数据段。因此大大提高了通信效率。

下面考虑多台计算机在通信中需要争用同一条通信线路时的情景。如果数据被分段传输,争用到通信线路的计算机将只能发送一个1500b的数据段。然后,这台计算机就需要重新与其他计算机再次争用这条共享的通信线路。可以推测,从概率上来看,这台计算机不会连续争用到通信线路。这样,就避免了一台计算机长时间独占某条共享的通信线路,进而保证了多台计算机对通信线路的均衡使用。

如图3.1所示,报文(待传输的数据)在传送之前,需要被分成一个个的数据段。每个数据段需要封装上报头和报尾,然后才能发送到网络中。被封装好报头和报尾的一个数据段,被称为一个数据帧。

如图3.2所示,一个数据段需要封装三个不同的报头:帧报头、IP报头和TCP报头。在这三个报头中封装了三个不同的地址。在帧报头中封装的是指向目标计算机的目标MAC地址和说明发送计算机的源MAC地址。IP报头中封装了目标IP地址和源IP地址,用来指明目标网络和源网络。TCP报头中封装了目标端口地址和源端口地址,用来标明报文发给对方的哪个应用程序,并说明是发

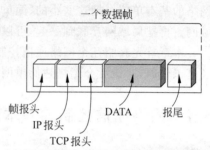

图3.2 数据帧的封装格式

送计算机的哪个应用程序发出的。因此,一个局域网的数据帧中封装了6个地址:一对MAC地址、一对IP地址和一对port地址(端口地址)。报头中封装的这三对地址,用于在报文传输过程中由交换机、路由器设备进行目的地寻址。这一点很像信件的信封上的地址,供邮电局进行寻址。

3.1.2 网络的三级寻址

我们首先来看MAC地址。

MAC地址又称物理地址、硬件地址或链路地址。每台计算机都有一个MAC地址,需要在帧报头中封装目标计算机的MAC地址。网络交换机可以通过这个地址,做出报文应该向哪里转发的决定。

MAC地址(Media Access Control ID)是一个6字节的地址码,固化在每块计算机的网卡中。它是由网卡生产厂家烧录在网卡的芯片中的。

如图3.3所示的MAC地址00-60-2F-3A-07-BC由6个字节组成。其中3个高字节是生产厂家的企业编码OUI。本例的"00-60-2F"是思科公司的企业编码。3个低字节"3A-07-BC"是简单的随机数。MAC地址以一定概率保证一个局域网网段里各台计算机的地址唯一。

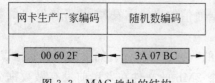

图3.3 MAC地址的结构

有一个特殊的MAC地址:"ff-ff-ff-ff-ff-ff",这个二进制全为1的MAC地址是一个广播地址,

表示本报文不是发给某台计算机,而是发给网络中所有计算机的。

在 Windows 2000 系统上,可以在"命令提示符"窗口用 Ipconfig/all 命令查看到本机的 MAC 地址。在图 3.4 中可以看到本机的 MAC 地址是"00-E0-60-C1-0B-67"。

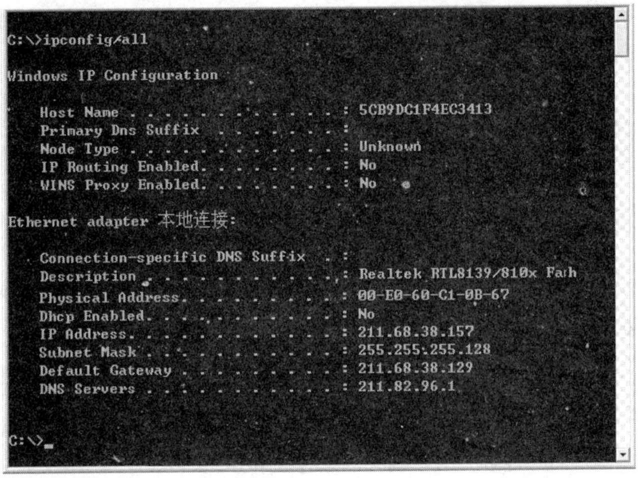

图 3.4　使用 Ipconfig/all 命令查看本机的 MAC 地址

由于 MAC 地址是固化在网卡上的,如果你更换计算机里的网卡,这台计算机的 MAC 地址也就随之改变了。MAC 是 Media Access Control 的缩写。MAC 地址也称为计算机的物理地址或硬件地址。

除了 MAC 地址外,每台计算机还需要有一个 IP 地址。为什么一台计算机有了 MAC 地址,还需要另外这个 IP 地址呢? 原来,当搭建更复杂的网络时,我们不仅要知道目标计算机的地址,还需要知道目标计算机在哪个网络上。即,我们还需要知道目标计算机所在网络的网络地址。MAC 地址只是给出了计算机的地址编码,而 IP 地址中包含有网络地址。当数据报要发给其他网络的计算机时,互联网络的路由器设备需要查询 IP 地址中的网络地址部分的信息,以便选择准确的路由,把数据发往目标计算机所在的网络。现在,我们可以理解为:IP 地址用于寻找目标网络,MAC 地址用于寻找目标计算机。

当报文通过 MAC 地址和 IP 地址联合寻址被发送到目标计算机以后,目标计算机怎么处理这个报文呢? 目标计算机需要把这个报文交给某个应用程序去处理,例如,邮件服务程序、浏览器程序(如大家熟悉的 IE)。报头中的目标端口地址(port 地址)正是用来告诉目标计算机,它该用什么程序来处理接收到的报文数据的。

综上所述,要完成数据的传输,需要三级寻址:

MAC 地址:网段内寻址

IP 地址:网间寻址

端口地址:应用程序寻址

3.1.3　帧校验

由图 3.2 可见,每个数据帧的尾部还有一个报尾,称为帧报尾。每帧数据的帧报尾用于检查一个数据帧在从发送计算机传送到目标计算机的过程中是否损坏。报尾中是发送计算机放置的称为 CRC 校验的校验结果。比较接收计算机用同样的校验算法计算的结果与发送计算机的计算结果：如果两者相同，说明数据帧完好；如果不同，说明本数据帧已经损坏，需要丢弃。

目前流行的帧校验算法有 CRC 校验、Two-dimensional parity 校验和 Internet checksum 校验。

3.2　简单网络设备

3.2.1　网络适配器

网卡[network interface card(NIC)]安装在计算机中，是计算机向网络发送和从网络中接收数据的直接设备。网卡中固化了 MAC 地址，它被烧录在网卡的 ROM 芯片中。计算机在发送数据前，需要使用这个地址作为源 MAC 地址封装到帧报头中。当有数据到达时，网卡中有硬件比较器电路，将数据帧中的目标 MAC 地址与自己的 MAC 地址进行比较。只有两者相等的时候，网卡才抄收这帧报文。

如果数据帧中的目标 MAC 地址是一个广播地址，网卡也要抄收这帧报文。

网卡抄收完一帧数据后，将利用数据帧的报尾(4 个字节长)进行数据校验。校验合格的帧将上交给 IP 程序；校验不合格的帧将会被丢弃。

网卡通过插在计算机主板上的总线插槽与计算机相连。目前计算机有三种总线类型：ISA、EISA 和 PCI。较新的 PC 机一般都提供 PCI 插槽。如图 3.5所示的网卡就是一块 PCI 总线的网卡。

网卡的一部分功能在网卡上完成；另一部分功能则在计算机里完成。网卡需要在计算机上完成的功能的程序称为网卡驱动程序。Windows 2000、XP 系统搜集了常见的网卡驱动程序，当你把网卡插入 PC 的总线插槽后，Windows 的即插即用功能就会自动配置相应的驱动程序，非常简便。

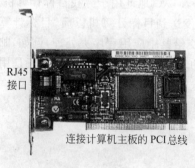

图 3.5　网卡

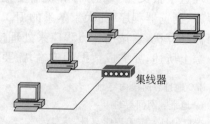

图 3.6　简单的网络连接

3.2.2　集线器

如图 3.6 所示，用一个被称为集线器(Hub)的设备，就可以将数台计算机连接到一起,使计算机之间可以互相通信。在购买一台集线器后,只需要简单地用直通式双绞线电缆把各台计算机与集线器连接到一起,一个简单的网络就搭建成功了。

集线器的功能是在计算机之间转发报文。它是最简单的网络设备,价格也非常便宜。通常,一个 24 口的集线器只需要几百元钱。

集线器的工作原理非常简单。当集线器从一个端口收到报文时,它便将简单地把报文向所有端口转发。于是,当一台计算机准备向另一台计算机发送报文时,实际上集线器把这个报文转发给了所有计算机。

我们知道,发送计算机所发送出的报文最外层的帧报头中封装着目标计算机的地址(目标 MAC 地址)。网络中,只有那台 MAC 地址与报文的帧报头中封装的目标 MAC 地址相同的计算机才抄收报文。所以,尽管源主机的报文被集线器转发给了网络中所有的计算机,但是只有目标主机才会抄收这个报文。

3.2.3 以太网交换机

交换机是一个比集线器效率更高的网络交换设备。

集线器的一个端口收到报文后,简单地将报文向本集线器其他所有的端口转发。所以,在用集线器连接组成的网段中,两台计算机之间通信时,其他计算机的通信就必须等待。这样的通信效率是很低的。交换机不是这样。交换机两个端口之间的计算机进行通信时,其他端口仍然可以通信。图 3.7 说明了以太网交换机的工作原理。

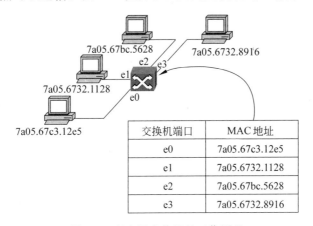

交换机端口	MAC 地址
e0	7a05.67c3.12e5
e1	7a05.6732.1128
e2	7a05.67bc.5628
e3	7a05.6732.8916

图 3.7 以太网交换机的工作原理

交换机的核心是交换表。交换表是一个交换机端口与各端口所连计算机的 MAC 地址的映射表。一帧数据到达交换机后,交换机从其帧报头中取出目标 MAC 地址,通过查表,可以知道应该将本数据帧向哪个端口转发,进而将数据帧从正确的端口转发出去。如图 3.7 所示,当左下方的计算机希望与右上方的计算机通信时,左下方主机将数据帧发给交换机。交换机从 e0 端口收到数据帧后,从其帧报头中取出目标 MAC 地址 7a05.6732.8916。通过查交换表,得知该数据帧应该向本交换机的 e3 端口转发,进而通过 e3 端口转发给目标计算机。

我们可以看到,在连接 e0 和 e3 端口的计算机之间进行通信的时候,连接到交换机其他端口的计算机仍然可以同时通信。例如连接 e1、e2 端口的计算机同时也可以通信。

如果交换机在自己的交换表中查不到该向哪个端口转发,则向所有端口转发。当然,广播报文(目标 MAC 地址为 FFFF.FFFF.FFFF 的数据帧)到达交换机后,交换机将广播报文向所有端口转发。因此,交换机会把两种数据帧向它的所有端口转发:广播帧和用交换表无法确认转发端口的数据帧。

交换机中的交换表是通过自学习得到的。交换机刚通电的时候,内存中的交换表是空的。假设当 7a05.67c3.12e5 主机向 7a05.6732.8916 主机发送报文的时候,交换机无法通过交换表得知应该向哪个端口转发报文,于是,交换机将向所有端口转发。

虽然交换机不知道目标主机 7a05.6732.8916 在自己的哪个端口,但是它知道报文是来自 e0 端口。因此,转发报文后,交换机便把帧报头中的源 MAC 地址 7a05.67c3.12e5 加入其交换表 e0 端口行中。交换机对其他端口的主机也是这样辨识其 MAC 地址。经过一段时间后,交换机通过自学习,得到完整的交换表。

由于交换机的自学习能力,要用以太网交换机连接一个简单的网络,新的交换机不需要任何配置,将各个计算机连接到交换机上就可以工作了。这时,使用交换机与使用集线器联网同样简单。

如图 3.8 所示,当多台交换机级联在一起的时候,本交换机连接其他交换机的端口会捆绑多个 MAC 地址(如图中的 e2 端口)。

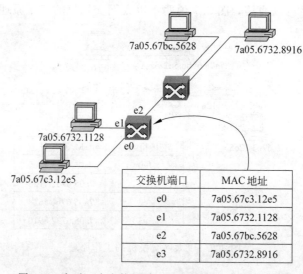

交换机端口	MAC 地址
e0	7a05.67c3.12e5
e1	7a05.6732.1128
e2	7a05.67bc.5628
e3	7a05.6732.8916

图 3.8　有时一个交换机端口也会捆绑多个 MAC 地址

有时,一台计算机临时接入网络中工作,工作结束后从网络中拆除。尽管这台计算机将来可能永远不再出现在本网络中,但是它的 MAC 地址却被记录在所联交换机的交换表中了。为了避免交换表中这样的垃圾地址,交换机对交换表有遗忘功能,即交换机每隔一段时间,就会清除自己的交换表,重新学习、建立新的交换表。这样做付出的代价是重新学习花费的时间和对带宽的浪费。新的智能化交换机还可以选择遗忘那些长时间没有通信流量的 MAC 地址,进而改进交换机的性能。

目前,以太网交换机主要采用两种交换方式:直通式(cut through)和存储转发式(store and forward)。

直通式交换机收到以太网端口的报文包时,简单地读出帧报头中的目标 MAC 地址,查询交换表,将报文包转发到相应端口。而存储转发方式交换机接收到报文包后,要进行 CRC 校验,然后根据帧报头中的目标 MAC 地址和交换表,确定转发的输出端口,再把该报文包放到那个输出端口的高速缓冲存储器中排队、转发。

直通式交换机收到报文包后几乎只要接收到报头中的目标 MAC 地址就可以立即转发,不需要等待收到整个数据帧,而存储转发方式需要收到整个报文包并完成 CRC 校验后才转发,所以存储转发方式与直通式相比,缺点是延迟相对大一些。存储转发方式的交换机不再转发损坏了的报文包,节省了网络带宽和其他网络设备的 CPU 时间。存储转发交换机的每个端口都配置有高速缓冲存储器,可靠性高,且适用于速度不同链路之间的报文包转发。另外,服务质量优先 QoS 技术也只能在存储转发方式交换机中实现。

直通式交换机相对存储转发式便宜,通常用于组建简单网络。建设正式的计算机网络,通常使用存储转发式交换机。

3.3 搭建简单网络

3.3.1 以太网

如图 3.6 所示,用网卡、网线(双绞线)和集线器,可以很容易地搭建一个简单的网络,实现计算机之间的通信。在图 3.6 中,集线器被用来互联各台计算机。由于集线器是将收到的报文向它的所有端口都转发,所以当一对计算机正在通信的时候,其他计算机的通信就必须等待。某台计算机需要发送数据之前,需要先侦听通信线路,如果有其他计算机的载波信号,就必须等待。只有在这台计算机争用到通信线路的时候,它才能够使用通信介质发送数据。这种通信线路争用的技术方案,我们称为总线争用介质访问。以太网是使用总线争用技术的网络。

在以太网中,如果有多台计算机需要同时通信,那么哪台计算机率先争得传输介质(通信线路),它就将获得发送数据的权利。

另外一种传输介质访问技术称为令牌网技术。使用令牌网技术的令牌网,需要另外一种集线器,称为令牌网集线器。令牌网集线器能够生成令牌数据帧,它将轮流为各台计算机发送令牌帧。只有得到令牌的计算机才有权利发送数据。其他计算机需要等待令牌到达时才被允许使用传输介质。

令牌网的最大缺点是,即使网络不拥挤,需要发送数据的计算机也需要等待令牌轮转到自己,降低了通信效率。这一点是以太网相对令牌网的优势所在。但是,在网络拥挤的情况下,以太网的计算机有可能出现一些计算机争得介质的次数多,而另外一些计算机争得介质的次数少的情况,也就是介质访问次数不均衡。

IEEE 将以太网的规范编制为 802.3 协议,而令牌网的规范编制为 802.5 协议。如果一个网络采用 802.3 协议,那么这个网络就是一个以太网络。802.3 协议和 802.5 协议区分了两种不同的介质访问控制技术(见图 3.9)。

图 3.9 介质访问控制技术

20 世纪 90 年代中期,以太网和令牌网互有优势。但是,由于以太网交换机技术的普及、结构和协议上的简捷、价格便宜,更重要的是以太网传输速度令人惊叹的提高(100Mbps、1 000Mbps,甚至更高),令牌网逐渐退出了与以太网的竞争。目前新建设的网络,几乎没有再见到令牌网的踪影了。

3.3.2 802.3 数据帧的帧结构

在 802.3 和 802.5 两个网络上,数据帧是不一样的。在以太网中,802.3 数据帧的格式如图 3.10 所示。

<table>
<tr><td></td><td></td><td colspan="3" align="center">帧报头</td><td></td><td></td></tr>
<tr><td>7字节</td><td>1字节</td><td>6字节</td><td>6字节</td><td>2字节</td><td>48~1 500字节</td><td>4字节</td></tr>
<tr><td>同步脉冲</td><td>帧起始标志</td><td>目标 MAC</td><td>源 MAC</td><td>类型</td><td>IP报头、
TCP报头、
数据</td><td>报尾</td></tr>
</table>

图 3.10 802.3 的帧格式

一个数据帧的报头由 7 个字节的同步字段、1 个字节的起始标记、6 个字节的目标 MAC 地址、6 个字节的源 MAC 地址、2 个字节的帧长度/类型、46～1 500 字节的数据和 4 字节的帧报尾组成。如果不算 7 个字节的同步字段和 1 个字节的起始标记字段,802.3 帧报头的长度是 14 个字节。一个 802.3 帧的长度最小是 64 字节,最大是 1518 字节。

同步字段(Preamble):这是由 7 个连续的 01010101 字节组成的同步脉冲字段。这个字段在早期的 10M 以太网中用来进行时钟同步,在现在的快速以太网中已经不用了。但是该字段仍保留着,以便让快速以太网与早期的以太网兼容。

起始标记字段(Start Frame Delimiter):这个字段是一个固定的标志字 10101011。用来表示同步字段结束,一帧数据开始。

目标 MAC 地址字段(Destination Address):目标计算机的 MAC 地址。如果是广播,则存放广播 MAC 地址 11111111。

源 MAC 地址字段(Source Address):发送数据的计算机的 MAC 地址。

帧长度/类型字段(Length/Type):当这个字段的数字小于等于十六进制数 0x0600 时,表示长度;大于 0x0600 时,表示类型。"长度"是指从本字段以后的本数据帧的字节数。"类型"则表示接收计算机的上层协议。例如上层协议是 ARP 协议,这个字段应填写 0x0806;上层协议是 IP 协议,这个字段应填写 0x0800。

数据字段(Data)：这是一帧数据的数据区。数据区最小 46 个字节,最大 1 500 个字节。规定一帧数据的最小字节数是为了定时的需要,如果不够这个字节数的数据,则需要填充。这个字段存放的是广义的数据,实际上包含了 IP 报头、TCP 报头和数据净荷。

帧校验字段(FCS)：FCS 字段包含一个 4 字节的 CRC 校验值。这个值由发送计算机计算并放入 CRC 字段,然后由接收计算机重新计算。接收计算机将重新计算的结果与 FCS 中发送计算机存放的 CRC 结果相比较,如果不相等,则表明此帧数据已经在传输过程中损坏。

在 IEEE 802.3 之前,另外有一个以太网的标准被称为 Ethernet,老的网络工程师都熟悉 Ethernet。以太网在英语里本来就是 Ethernet。Ethernet 帧格式与 802.3 帧格式的主要区别就在于长度和类型字段。Ethernet 帧格式里用这个字段表示上层协议的类型,而 802.3 则用来表示长度。后来 IEEE 802.3 逐渐成为以太网的主流标准,IEEE 为了兼容 Ethernet,便同时用这个字段表示长度和类型,区分到底是长度还是类型,用 0x0600 这个值来判定。

必须注意的是数据字段中的内容并不全是数据,还包含 802.2 报头、IP 报头和 TCP 报头。不要以为一帧中实际传送的数据太小,在 ATM 技术中,一帧(改称为一个信元)只有 53 个字节,除去 5 个字节的报头,一个信元中只含有 48 个字节的数据。

3.3.3 简单的主机配置和测试

简单网络搭建起来后,需要对计算机的网卡进行检查,对计算机进行简单的配置。

1) 计算机网卡安装的检查

用右键单击 Windows 桌面的"网上邻居"图标,按右键后选择"属性",在弹出的窗口中应该看见"本地连接"图标(见图 3.11)。如果在窗口中看不见"本地连接"图标,说明网卡安装有问题,需要检查网卡是否完好,或安装是否正确。也可能是 Windows 找不到对应型号的网卡驱动程序。这时需要自己安装驱动程序(网卡驱动程序在随网卡一起购买的 CD 或软盘中)。

2) 简单的主机配置

计算机之间是依靠一组称为 TCP/IP 的协议进行通信的。计算机中的 TCP/IP 协议需要配置后才能工作。我们进行如下的简单配置,便可以让计算机参加网络通信。

用鼠标右键单击计算机桌面上"我的邻居"图标,选择"属性",打开"网络连接"窗口。找到"本地连接"图标,单击鼠标右键,选择"属性",打开如图 3.12 所示的窗口。在图 3.12 的"本地连接属性"窗口中,选择"Internet 协议(TCP/IP)",打开如图 3.13 所示的窗口。

在图 3.13 的"TCP/IP 属性窗口"的选项中,选择"自动获得 IP 地址",确认后,便完成了对计算机网络通信的简单配置。

3) 检查网络的连通性

搭建好简单网络,并对网络中的各计算机进行了简单配置后,便可以测试网络的连通情况。这时,从 Windows 桌面打开网上邻居窗口,应该可以看到网络中的其他计算机。

如果网卡安装成功，打开网络连接窗口，可以看到"本地连接"图标

图 3.11　通过查看有无本地连接图标，判断网卡安装情况

图 3.12　本地连接属性窗口

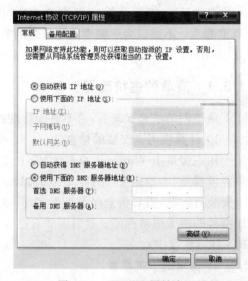

图 3.13　TCP/IP 属性窗口

　　如果在网上邻居窗口看不到网络中的其他计算机，可以使用 Windows 提供的 ping 命令进行检查。ping 另一台计算机是我们使用频率最高的网络连通性测试。一旦怀疑网络不通或不稳定，就可以 ping 另外一台主机的 IP 地址，判断网络是否连通。

　　ping 命令的原理是通过一台计算机向另一台计算机发送多个简单报文。如果网络是连通的，另一台计算机收到这些报文后，立即发回响应报文。源计算机将收到的报文情况显示到屏幕上。如果源计算机收不到对方的响应报文，说明网络连通性出现问题，源计算机将在屏幕上显示"对方没有应答"的消息。

　　图 3.14 中测试了与 121.195.178.235 计算机的网络连通性。从所示的测试结果可见，源计算机上向 121.195.178.235 计算机发送了 4 个报文，收到了 4 个响应报文，没有报文丢失。从上面的测试报告还可见，ping 命令发送的测试报文长度为 32 个字节，响应

时间为 1ms。

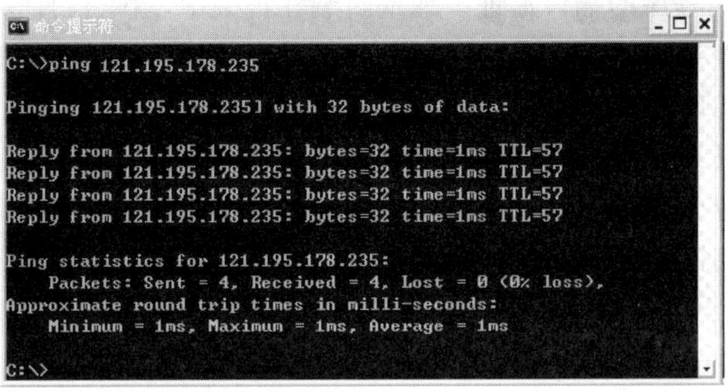

图 3.14　使用 ping 命令测试连通性

3.3.4　网络中的交换机选择

为了组建简单网络,至少需要一台交换机。交换机的品牌众多,种类繁多,价格、功能、性能各异,组建简单网络应该注意选购适当,避免不必要的浪费或失误。

简单网络中的交换机,首先要选择端口数量。现在市场上常见的交换机端口数有 8、12、16、24、48 几种,不同的端口数在价格上有一定的差别。如果从节约成本的角度来看,选择合适端口数的交换机是一个不可忽视的环节。24 口的交换机使用的最多。我们在组建简单网络时,应首先规划好网络中可能包含多少个节点,然后根据节点数来选择交换机。从应用的角度来看,24 口交换机较 8 口和 16 口的交换机有更大的扩展余地,对网络规模的拓展非常方便。因此,大家在实际组网的过程中,应该根据实际情况来折中考虑选择多少端口的交换机。

交换机的速度要快。目前市场销售的是 10M/100M 自适应交换机。但随着通信要求的不断提高,数据传输流量的不断增大,市场上还有千兆交换机甚至万兆交换机。不同交换速度的交换机,在价格上表现的差距很大。在组建简单网络时,我们没有必要脱离实际数据传输信息量,去片面追求交换机的高速交换性能。如果组建的网络规模较小,如审计小组外出审计搭建的小网,只要选择 10M/100M 自适应交换机就可以了。因为该类型的交换机价格不是太高,而且性能、速度等各方面都可以满足工作的需求。1 000M 交换机通常是高端应用的选择,用于解决服务器的带宽瓶颈问题,甚至是用于骨干网建设,一般不在简单网络搭建的考虑之列。

小结

本章介绍了如何组建简单的网络。由本章的介绍可知,组建简单网络是以交换机或集线器为核心,计算机通过网线星形地连接到交换机上。交换机在网络中承担报文转发功能。各个计算机把要发送的报文中封装好目标计算机的 MAC 地址,发送给交换机。交换机根据报文中的地址,将报文从应该选择的端口发送出去,交给目标计算机。这个过程与信件的发信人、邮局、收信人的传输过程非常相似。由此可见,报文在发送前需要封装目标计算机的地址。为了实现地址的层次性,网络地址分为主机的 MAC 地址、网络的 IP 地址和目标应用程序的端口地址。地址封装在报头中,就像信件封装在信封中一样。

通过本章的学习,我们可以尝试组建一个简单的网络,并通过本章介绍的通信原理,理解网络是如何实现报文传输的。

本章介绍的报文封装方案、链路层介质访问控制方案和网络交换机都是基于以太网的。以太网也称为 Ethernet 网,其拓扑结构的灵活性已经为大家所熟悉。技术简单、高效是以太网的杰出特征。随着技术的发展,以太网技术日新月异,从初期的 10M 带宽发展到 100M、1G 甚至 10G 带宽,显示出其强大的生命力,市场占有率不断扩大。可以说,在当今的局域网、广域网,乃至互联网的应用比例上,以太网已经占有绝对的领先地位。

第 4 章　网络协议与标准

在网络技术中,最著名的网络协议是 TCP/IP 协议。TCP/IP 协议是一个协议集,由很多协议组成。TCP 和 IP 是这个协议集中最核心的两个协议。TCP/IP 协议集是用这两个协议来命名的。

为了可靠地完成网络传输任务,需要对通信传输的过程进行诸如寻址、线路争用、出错重发等各种控制。在计算机网络产生之初,每个计算机厂商都有一套自己的网络体系结构的概念,它们之间互不相容。通过网络协议,可以约定所有厂商的网络系统、产品采用一致的传输控制策略。在协议的约束下,确保各个网络软件和设备厂家的产品使用相同的方法完成网络通信的控制操作。只有这样,在一个网络系统中才有可能混合使用不同厂家的产品,最大限度地发挥软件通信产品和硬件通信产品的优势,组织能够精密地协调工作的复杂系统。

4.1　网络通信的基本控制

4.1.1　通信连接

在计算机网络的通信技术中,"连接"这个术语指的是"呼叫"。计算机网络通信技术规定,当一台计算机需要与另一台计算机进行通信时,需要首先呼叫对方。在得到对方的呼叫应答后,就说源计算机与目标计算机建立了一个连接(见图 4.1)。我们也称后续的报文传输是在这个已建立的连接上进行的。

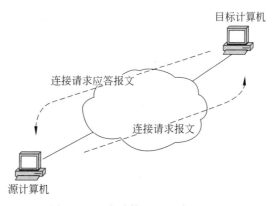

图 4.1　两台计算机之间建立连接

为建立连接而由源计算机呼叫目标计算机的方法是:由源计算机发送"建立连接请求"报文,目标计算机收到这个请求后,如果能够接收对方的呼叫,就回送一个"连接请求应答"报文给源计算机。这样,在发起通信的计算机与接收通信请求的计算机之间,就建立起了一个后面可以使用的连接。

之所以规定先建立连接再通信,是为了确保后续网络传输的可靠性。通过连接呼叫和确认连接的应答,源计算机可以确认连接至目标计算机的网络连通性。同时还确认了目标计算机同意与自己进行通信。

不过,在计算机网络的通信技术中,也允许不经过建立连接就直接通信。但是这种通信的可靠性不如面向连接的通信。不经过建立连接就直接通信,被称为非面向连接的通信。

4.1.2 出错重发与流量控制

如前所述,一个报文(数据帧)的尾部封装了一个报尾。该报尾中的数据被接收报文的计算机用来进行校验(称为帧校验),以校验报文在传输过程中有没有受到损坏。对于受到损坏的报文,接收报文的计算机予以丢弃,需要源计算机重发丢弃的报文。

另外,报文在传输过程中也会出现报文丢失的情况。在网络中有两种情况会丢失报文。一种情况是,如果网络设备(交换机、路由器)的负荷太大,当其报文(每个报文帧为1 500字节)缓冲区满的时候,就会丢失报文。另一种情况是,如果在传输中出现噪声干扰、数据碰撞或设备故障,报文帧就会受到损坏,在交换机或路由器中接受校验时就会被丢弃。

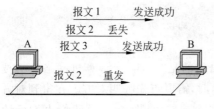

图 4.2 出错重发

发送报文的计算机应该能够发现丢失的数据报,并重发出错的报文(见图 4.2)。

在第 3 章我们介绍过,数据在传输前被分成最大不超过 1 500 字节的一个个数据段,经封装报头后形成名为数据帧的报文。网络传输1 500字节的分段传输。因此,出错重发只限于重发出错的数据段。在图 4.2 中,2 号报文(数据帧 2)在传输中丢失,计算机 A 需要重发 2 号报文。

下面,我们来讨论通信中的流量控制问题。

通常,发送数据的计算机与接收数据的计算机的速度之间可能存在差异。另外,接收数据的计算机如果是服务器,就可能同时还在接受其他计算机的数据。这样在数据的传送与接收过程当中很可能出现收方来不及接收的情况,这时就需要对发方进行发送速度的控制,以免数据丢失。这种抑制对方发送速度的操作,称为流量控制。

4.1.3 传输介质访问控制

在拥有多台计算机的网络中,许多计算机可能同时在一条共享线路上发送数据。但是,一条线路上,在同一时刻只能为一路通信传输报文。否则,数据信号就会彼此干扰,出现通信混乱。因此,各台计算机在发起数据传送前,必须受到某种规则的约束。这种约束各台计算机不得随意向网络中发送数据的控制,被称为传输介质的访问控制。

图 4.3 中,如果 A、B、C 三台计算机在同一时间使用共享线路,向外网发送数据,在共享线路上就发生了介质访问冲突,使得三台计算机都无法传输成功。为此,必须进行介质访问控制,避免出现一条线路同时承载多台计算机的信号。

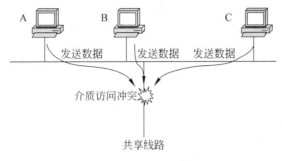

图 4.3 介质访问冲突

有多种介质访问控制的技术,目前流行的是总线争用技术。总线争用技术的介质访问控制方式用专业术语称为"载波监听多路访问/冲突检测(carrier sense multiple access with collision detection,CSMA/CD)"。这种方式听起来很复杂,其实则不然。在约定使用总线争用技术的网络中,某台计算机要发起报文传输,必须事先侦听网络共享线路上是否有其他计算机的通信信号,即必须保证没有其他计算机正在共享线路上发送信号。如果共享线路已经被其他计算机占用,则必须等待。

我们在前面曾经提到总线争用技术,并介绍过采用总线争用技术来避免介质访问冲突的网络被称为以太网。

4.2 网络模型与协议

4.2.1 OSI 七层模型

在计算机网络通信中,需要实施一系列操作。如对数据进行分段,将分段的数据进行报头封装。在发送数据报文之前,需要建立连接,进行总线争用。在报文传输过程中,需要进行主机寻址、网络寻址,以便交换机、路由器等网络设备正确地在线路中转发数据报。同时,需要在传输中不断进行流量控制、出错重发等操作,确保实现可靠通信。对于接收报文的计算机来说,需要进行报文校验,过滤掉在传输过程中受到损坏的报文。

为了清晰地描述包括上述操作的所有网络控制操作,讨论各种操作的实现方法,我们对这些网络控制操作进行了分类。在计算机网络技术中,这种对网络控制操作的分类被称为网络模型。

国际标准化组织(ISO)在 1979 年建立了一个分委员会来专门研究一种用于开放系统互联的体系结构(Open Systems Interconnection),发布了目前广泛使用的"开放系统互联参考模型(Open System Interconnection Reference Model)",简称 OSI 七层模型。OSI 七层模型详细规定了网络通信需要实现的功能和实现这些功能的方法。"开放"这个词表示:只要遵循 OSI 标准,一个系统可以与位于世界上任何地方的,也遵循 OSI 标准的其他任何系统进行连接。

OSI 七层模型把计算机网络需要实现的功能分成 7 大类,并从顶到底如图 4.4 按层次排列起来。这种上下层的分布式结构,正好与描述数据在发送前于发送主机中被加工的流程一致。待发送的数据首先被应用层的程序加工,然后下放到下面一层继续加工。最后,数据被装配成数据帧,发送到网络中。

| 应用层 |
| 表示层 |
| 会话层 |
| 传输层 |
| 网络层 |
| 链路层 |
| 物理层 |

图 4.4　OSI 七层模型

开放式系统互联参考模型,是一种网络通信的 7 层抽象的参考模型,其中每一层执行一系列特定任务。该模型是自下向上编号的,第 1 层在最底层,称为物理层,这是针对网络硬件电路、接口、传输介质标准规范所在的层。第 7 层在最上层,是七层模型的应用层。通过这样的模型,能够清晰地描述网络通信过程中要实现的功能和这些功能的统一实现方法,并规定好完成各项任务的程序之间在不同层次上的相互通信关系。

在需要把一个数据文件发往另外一台主机之前,这个数据要经历这 7 层模型中每一层的加工。例如我们要把一封邮件发往服务器,当我们在 Outlook 软件中编辑完成,按发送按钮后,Outlook 软件就会把我们的邮件交给第 7 层中根据 POP3 或 SMTP 协议编写的程序。POP3 或 SMTP 程序按自己的协议整理数据格式,然后发给下面层的某个程序。每个层的程序(除了物理层,它是硬件电路和网线,不再加工数据)都会对数据格式做一些加工,还会用报头的形式增加一些信息。例如,传输层的 TCP 程序会把目标端口地址加到 TCP 报头中;网络层的 IP 程序会把目标 IP 地址加到 IP 报头中;链路层的 802.3 程序会把目标 MAC 地址装配到帧报头中。经过加工的数据以帧的形式交给物理层,物理层的电路再以位流的形式把数据发送到网络中。

接收方主机的过程是相反的。物理层接收到数据后,以相反的顺序遍历 OSI 模型的所有层,使接收方收到这个电子邮件。

事实上,就像人体架构模型之于医学院的学生一样,OSI 模型几乎成了网络课教学的必备工具。表 4.1 概述了 OSI 模型在其 7 层分类中规定的要实现的网络功能。

表 4.1　OSI 七层模型对网络功能的分类

层 次 分 类	功 能 规 定
第 7 层 应用层	提供与用户应用程序的接口;为每一种应用的通信在报文上添加必要的信息。
第 6 层 表示层	定义数据的表示方法,使数据以可以理解的格式发送和读取。
第 5 层 会话层	提供网络会话的顺序控制;解释用户和机器名称也在这层完成。
第 4 层 传输层	提供端口地址寻址;建立、维护、拆除连接;流量控制;出错重发;数据分段。
第 3 层 网络层	提供 IP 地址寻址;支持网间互联的所有功能。
第 2 层 数据链路层	提供链路层地址(如 MAC 地址)寻址;介质访问控制(如以太网的总线争用技术);差错检测;控制数据的发送与接收。
第 1 层 物理层	提供建立计算机和网络之间通信所必需的硬件电路和传输介质。

ISO 在 OSI 七层模型中描述各层的网络功能中,术语相当准确,但是太抽象。读者可以暂不在意表 4.1 的内容,待阅读完本章后续章节后,再回来看表 4.1,就可以理解 OSI 对七层协议的描述了。我们现在需要做的只是记住各层的名字。

4.2.2 网络协议

从上一节的讨论我们知道,为了可靠地完成网络传输任务,需要对传输的过程进行大量的数据处理操作和传输控制操作,包括数据分段、报头封装、建立连接、总线争用、主机寻址、网络寻址、流量控制、出错重发、报文校验等操作。这些操作需要由计算机操作系统的程序、硬件产品以及网络产品中的软件来完成。

如果不同厂家孤立地进行实现这些功能的软件开发和硬件设计,就会使得各个厂家提供的系统和设备无法通用。为此,需要有一个统一的约定,约定所有厂家的网络产品(硬件和软件)在实现数据处理操作和传输控制操作的功能时使用相同的方法。这个约定,就是网络协议。

通过网络协议进行标准化的目的是让各个厂商的网络产品互相通用,尤其是完成具体功能的方法和通信格式。如果没有统一的标准,各个厂商的产品就无法通用。无法想象使用 Windows 操作系统的主机发出的数据包,只有微软公司自己设计的交换机才能识别并转发。而网络协议为每一个网络功能的实现都需要设计相应的协议,这样,各个生产厂家就可以根据协议开发出能够互相通用的网络软硬件产品。

最知名的网络协议是 TCP/IP 协议。TCP/IP 协议集中每一个协议涉及的功能都用程序来实现。TCP 协议和 IP 协议有对应的 TCP 程序和 IP 程序。TCP 协议规定了 TCP 程序需要完成哪些功能,如何完成这些功能,以及 TCP 程序所涉及的数据格式。

根据 TCP 协议我们了解到,网络协议是一个约定,该约定规定了:

① 实现这个协议的程序要完成什么功能;

② 如何实现这些功能;

③ 实现这些功能所需要的通信报文的格式。

如果一个网络协议涉及了硬件的功能,通常被称为标准,而不称协议。不过,称为标准还是协议,只是一种习惯,都是一种功能、方法和数据格式的约定,只是网络标准还需要约定硬件的物理尺寸和电气特性。最典型的标准就是 IEEE802.3,它是以太网的技术标准。

OSI 七层模型在制订时,已经详细规定了网络需要实现的功能、实现这些功能的方法以及通信报文包的格式。但是,没有一个厂家遵循 OSI 模型来开发网络产品。不论是网络操作系统还是网络设备,不是遵循厂家自己制订的协议(如 Novell 公司的 Novell 协议、苹果公司的 AppleTalk 协议、微软公司的 NetBEUI 协议、IBM 公司的 SNA),就是遵循某个政府部门制订的协议(如美国国防部高级研究工程局 DARPA 的 TCP/IP 协议)。网卡和交换机这一级的产品则多是遵循电子电气工程师协会(IEEE)发布的 IEEE 802 规范。从 1.4 节我们可以看到,IEEE 在组织结构上应该远处于 ISO 组织的下方。

尽管如此,各种其他协议的制订者在开发自己的协议时都参考了 ISO 的 OSI 模型,并在 OSI 模型中能够找到对应的位置。因此,学习了 OSI 模型,再去解释其他协议就变得非常容易。

20 世纪 90 年代初曾经流行的 SPX/IPX 协议的地位现在已经被 TCP/IP 协议所取代。其他网络协议,如 AppleTalk、DecNet 等也在迅速退出舞台。因此,现在的网络工程师只要了解 TCP/IP 一个协议,就可以应付 99% 的网络技术问题了。

SNA 是 IBM 公司开发的网络体系结构,在 IBM 公司的主机环境中得到广泛的应用,是 IBM 公司的大型机(ES/9000、S/390 等)和中型机(AS/400)的主要联网协议。但是 SNA 最大的特点就是它的封闭性,只是 IBM 公司开发的专有协议。如果 SNA 要在其他主机系统中应用,需在网络中全部使用支持 SNA 的软件和硬件。正是由于 IBM 公司网络产品的非开放性,导致其开发复杂,与其他网络产品无法通信,系统的迁移性很弱,不符合业界开放的潮流。随着互联网的发展和普及,越来越多的网络产品厂家采用开放的 TCP/IP 协议,IBM 不得不面对现实,在传统上只支持 SNA 环境的机器也开始支持 TCP/IP 协议,包括 ES/9000 和 AS/400。越来越多的 SNA 用户都在向 TCP/IP 环境迁移。

最后,我们要记住,每一个协议都要有对应的程序。例如,你在了解 TCP 协议的时候,知道它是为各个厂家(微软、HP、中软等企业)编写 TCP 程序制订的。了解一个协议,也就是了解它所对应的程序是如何工作的。另外,排在 OSI 七层模型底层的协议(标准)还要涉及硬件电路的物理特性和电气特性的约定。第 3 章介绍的网络测试标准规范,就是这些协议的一部分。

4.3 TCP/IP 协议

TCP/IP 是 Transmission Control Protocol/Internet Protocol 的简写,中文译名为传输控制协议与网间互联协议,又称网络通信协议。开始时,TCP/IP 协议是互联网中使用的协议。由于互联网与局域网的日益融合,现在几乎成了全球所有计算机网络的通用协议。因此,TCP/IP 协议是互联网中的基本通信语言和协议,在局域网中,它也被用作最基本的通信协议。我们进行网络通信时,发送数据的计算机和接收数据的计算机都需要 TCP/IP 协议的程序来支持。

Windows、UNIX、Linux 等操作系统中都按照 TCP/IP 协议来实现各种网络报文处理和传输控制。可以说,没有一个操作系统按照 OSI 协议的规定,更不再坚持自己公司制订的协议来编写网络操作系统软件,而都编写了 TCP/IP 协议要求编写的所有程序。

TCP/IP 协议是一个协议集,它由十几个协议组成。我们在图 4.5 中列出了 TCP/IP 协议集中的主要协议名称。从名字上我们已经看到了其中的两个核心协议:TCP 协议和 IP 协议。图 4.5 中还给出了 OSI 模型与 TCP/IP 模型各层的对照。

从图 4.5 中可以看出,TCP/IP 协议并不完全符合 OSI 的七层参考模型。

图 4.6 给出了 TCP/IP 协议集中各个协议之间的关系,我们可以从中看出各个协议对应的程序之间的调用关系。

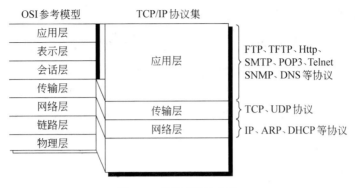

图 4.5　TCP/IP 协议集

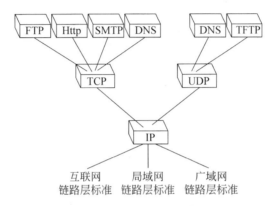

图 4.6　TCP/IP 协议集中的各个协议

TCP/IP 协议集给出了实现网络通信第三层以上的几乎所有协议,非常完整。今天,微软、HP、IBM、中软等几乎所有操作系统开发商都在自己的网络操作系统中实现了 TCP/IP,编写了 TCP/IP 要求的每一个程序。

主要的 TCP/IP 协议有:

应用层:FTP、TFTP、Http、SMTP、POP3、Telnet、SNMP、DNS

传输层:TCP、UDP

网络层:IP、ARP、DHCP、RARP、ICMP、RIP、IGRP、OSPF

POP3、DHCP、IGRP、OSPF 虽然不是 TCP/IP 协议集的成员,但都是非常知名的网络协议。我们把它们放到 TCP/IP 协议的层次中,可以更清晰地了解网络协议的全貌。

TCP/IP 协议是由美国国防部高级研究工程局(DAPRA)开发的、美国军方委托的。不同企业开发的网络需要互联,可是各个网络的协议都不相同,为此,需要开发一套标准化的协议,使得这些网络可以互联。同时,要求以后的承包商竞标时遵循这一协议。在 TCP/IP 出现以前美国军方的网络系统的差异混乱,是其竞标体系造成的。所以 TCP/IP 出现以后,人们戏称之为"低价竞标协议"。

下面,我们较详细地介绍 TCP/IP 协议集中的各个协议。

4.3.1 应用层协议

TCP/IP 的主要应用层程序有：FTP、TFTP、SMTP、POP3、Telnet、DNS、SNMP、NFS。这些协议的功能其实从其名称上就可见一斑。

FTP：文件传输协议。用于主机之间的文件交换。FTP 使用 TCP 协议进行数据传输，是一个可靠的、面向连接的文件传输协议。FTP 支持二进制文件和 ASCII 文件。

TFTP：简单文件传输协议。它比 FTP 简易，是一个非面向连接的协议，使用 UDP 协议进行传输，因此传送速度更快。该协议多用在局域网中，交换机和路由器这样的网络设备用它把自己的配置文件传输到主机上。

SMTP：简单邮件传输协议。

POP3：这也是个邮件传输协议，本不属于 TCP/IP 协议。POP3 比 SMTP 更科学，微软等公司在编写操作系统的网络部分时，也在应用层编写了相应的程序。

Telnet：远程终端仿真协议。可以使一台主机远程登录到其他机器，成为那台远程主机的显示和键盘终端。由于交换机和路由器等网络设备都没有自己的显示器和键盘，为了对它们进行配置，需要使用 Telnet。

DNS：域名解析协议。根据域名，解析出对应的 IP 地址。

SNMP：简单网络管理协议。网管工作站搜集、了解网络中交换机、路由器等设备的工作状态所使用的协议。

NFS：网络文件系统协议。允许网络上其他主机共享某机器目录的协议。

4.3.2 传输层协议

传输层是 TCP/IP 协议集中协议最少的一层，只有两个协议：传输控制协议 TCP 和用户数据报协议 UDP。TCP 协议要完成 5 个主要功能：端口地址寻址；连接的建立、维护与拆除；流量控制；出错重发；数据分段。

1）端口地址寻址

网络中的交换机、路由器等设备需要分析数据报中的 MAC 地址、IP 地址，甚至端口地址。也就是说，网络要转发数据，会需要 MAC 地址、IP 地址和端口地址的三重寻址。因此在数据发送之前，需要把这些地址封装到数据报的报头中。

那么，端口地址做什么用呢？可以想象数据报到达目标主机后的情形。当数据报到达目标主机后，链路层的程序会通过数据报的帧报尾进行 CRC 校验。校验合格的数据帧被去掉帧报头向上交给 IP 程序。IP 程序去掉 IP 报头后，再向上把数据交给 TCP 程序。待 TCP 程序把 TCP 报头去掉后，它把数据交给谁呢？这时，TCP 程序就可以通过 TCP 报头中由源主机指出的端口地址，了解发送主机希望目标主机的什么应用层程序接收这个数据报。

因此我们说，端口地址寻址是对应用层程序的寻址。

表 4.2 列举了一些端口地址。

表 4.2　端口地址举例

协议名称	端口号	应　　用	协议名称	端口号	应　　用
ftp-data	20/tcp	文件传输	http	80/tcp	WWW
ftp	21/tcp	文件传输	pop3	110/tcp	邮件传输 v3
telnet	23/tcp	远程终端	snmp	161/udp	简单网络管理
smtp	25/tcp	简单邮件传输	ms-sql-s	1433/tcp	SQL-Server
dns	53/tcp	域名解析	ms-sql-m	1434/tcp	SQL-Monitor
dns	53/udp	域名解析			

　　从表中我们注意到 WWW 所用 Http 协议的端口地址是 80。在互联网中频繁使用的应用层协议 DNS 的端口号是 53,TCP 和 UDP 的报头中都需要支持端口地址。微软的 SQL-Server 数据库软件的端口号编为 1433。目前,应用层程序的开发者都接受 TCP/IP 对端口号的编排。详细的端口号编排可以在 TCP/IP 的注释 RFC1700 中查到。(RFC 文档资料可以在互联网上查到,对所有阅读者都是开放的)。

　　TCP/IP 规定端口号的编排方法如下。

　　低于 255 的编号:用于 FTP、Http 这样的公共应用层协议。

　　255～1023 的编号:提供给操作系统开发公司,为市场化的应用层协议编号。

　　大于 1023 的编号:普通应用程序。

　　可以看到,只有公认度很高的应用层协议才能使用 1023 以下的端口地址编号。一般的应用程序通信,需要在 1023 以上进行编号。例如,我们自己开发的审计软件中,涉及两个主机审计软件之间的通信,可以自行选择一个 1023 以上的编号。知名的游戏软件 CS 的端口地址设定为 26 350。端口地址的编码范围为 0～65 535。从 1 024～49 151 的地址范围需要注册使用,49 152～65 535 的地址范围可以自由使用。

　　端口地址被源主机在数据发送前封装在其 TCP 报头或 UDP 报头中。图 4.7 给出了 TCP 报头的格式。

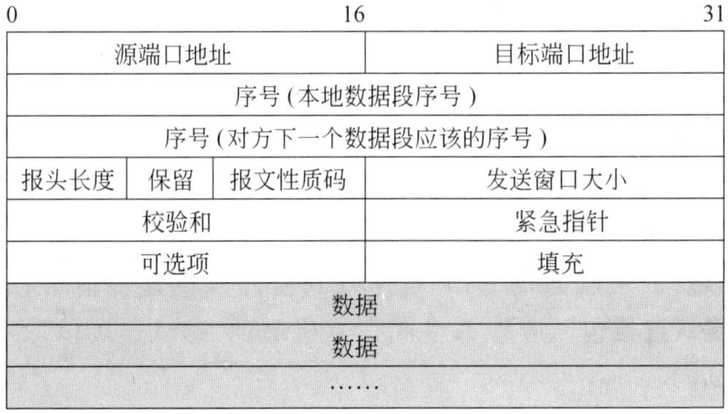

图 4.7　TCP 的报头格式

　　从图 4.7 的 TCP 报头格式可见,端口地址使用两个字节 16 位二进制数来表示,被放在 TCP 报头的最前面。

　　计算机网络中约定,当一台主机向另一台主机发出连接请求时,这台机器被视为客户机,而另一台机器被视为这台机器的服务器。通常,客户机在给自己的程序编端口号时,随机使用一个大于 1 023 的编号。例如图 4.8 中,一台主机要访问 WWW 服务器,在其 TCP 报头中的源端口地址封装为 1 391,目标端口地址则需要为 80,指明与 Http 通信。

报文在网络传输中,网络设备不关心 TCP 报头中的端口地址。只有当报文传输到目标主机后,目标主机需要查询报头中的目标端口地址号,决定把抄收的报文转交给哪个应用程序。在图 4.8 中,WWW 服务器收到报文后,从 TCP 报头中查得目标端口号是 80,得知需要把组装起来的报文转交给 HTTP 程序。WWW 服务器回传的报文,目标端口地址为 1 391。源主机辨认出这个端口号,进而交给 IE 等浏览器软件接收这个网页的窗口。

2) TCP 连接的建立、维护与拆除

TCP 协议是一个面向连接的协议。所谓面向连接,是指一个主机与另外一台主机通信时,需要先呼叫对方,请求与对方建立连接。只有对方同意,才能开始通信。

这种呼叫与应答的操作非常简单。所谓呼叫,就是连接的发起方发送一个"建立连接请求"的报文包给对方。对方如果同意这个连接,就简单地发回一个"连接响应"的应答包,连接就建立起来了。

图 4.9 描述了 TCP 建立连接的过程。

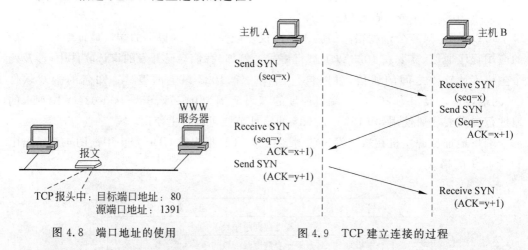

图 4.8 端口地址的使用   图 4.9 TCP 建立连接的过程

主机 A 希望与主机 B 建立连接以交换数据。它的 TCP 程序首先构造一个请求连接报文包给对方。请求连接包的 TCP 报头中的报文性质码标志为 SYN(见图 4.10),声明是一个"连接请求包"。主机 B 的 TCP 程序收到主机 A 的连接请求后,如果同意这个连接,就发回一个"确认连接包",应答 A 主机。主机 B 的"确认连接包"的 TCP 报头中的报文性质码标志为 ACK。

SYN 和 ACK 是 TCP 报头中报文性质码的两个标志位(见图 4.10)。建立连接时,SYN 标志为置 1,ACK 标志为置 0,表示本报文包是个同步 synchronization 包。确认连接的包,ACK 置 1,SYN 置 1,表示本报文包是个确认 acknowledgment 包。

如图 4.9 所示,建立连接有第三个包,是主机 A 对主机 B 的连接确认。主机 A 为什么要发送第三个包呢?

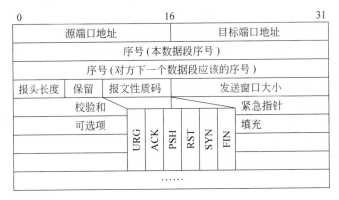

图 4.10　SYN 标志位和 ACK 标志位

考虑这样一种情况：主机 A 发送一个连接请求包，但这个请求包在传输过程中丢失。主机 A 发现超时仍未收到主机 B 的连接确认，会怀疑有包丢失。主机 A 再重发一个连接请求包。第二个连接请求包到达主机 B，保证了连接的建立。

但是如果第一个连接请求包没有丢失，而只是网络慢而导致主机 A 超时呢？这就会使主机 B 收到两个连接请求包，使主机 B 误以为第二个连接请求包是主机 A 的又一个请求。第三个确认包就是为防止这样的错误而设计的。

这样的连接建立机制被称为三次握手。

一些教科书给人们以这样的概念：TCP 在数据通信之前先要建立连接，是为了确认对方是 active 的，并同意连接。这样的通信是可靠的。建立连接确实实现了这样的功能。

但是从 TCP 程序设计的深层看，源主机 TCP 程序发送"连接请求包"是为了触发对方主机的 TCP 程序开辟一个对应的 TCP 进程，双方的进程之间传输着数据。这一点你可以这样理解：对方主机中开辟了多个 TCP 进程，分别与多个主机的多个 TCP 进程在通信。你的主机也可以邀请对方开辟多个 TCP 进程，同时进行多路通信。

对方同意与你建立连接，对方就要分出一部分内存和 CPU 时间等资源运行与你通信的 TCP 进程（一种名为 flood 的黑客攻击就是采用无休止地邀请对方建立连接，使对方主机开辟无数个 TCP 进程与之连接，最后耗尽对方主机的资源）。

可以理解，当通信结束时，发起连接的主机应该发送拆除连接的报文包，通知对方主机关闭相应的 TCP 进程，释放所占用的资源。拆除连接报文包的 TCP 报头中，报文性质码的 FIN 标志位置 1，表明是一个拆除连接的报文包。

为了防止连接双方的一侧出现故障后异常关机，而另外一方的 TCP 进程无休止地驻留，任何一方如果发现对方长时间没有通信流量，就会拆除连接。但有时确实有一段时间没有流量，但还需要保持连接，就需要发送空的报文包，以维持这个连接。维持连接的报文包的英语名称非常直观：keepalive。为了在一段时间内没有数据发送而仍需要保持连接而发送 keepalive 包，被称为连接的维护。

TCP 程序为实现通信而对连接进行建立、维护和拆除的操作，称为 TCP 的传输连接管理。

3）TCP 报头中的报文序号

TCP 是先将应用层交给的数据分段后再发送的。为了支持数据出错重发和数据段组装，TCP 程序为每个数据段封装的报头中，设计了两个数据报序号字段，分别称为发送序号和确认序号。

出错重发是指一旦发现有丢失的数据段，可以重发丢失的数据，以保证数据传输的完整性。如果数据没有分段，出错后源主机就不得不重发整个数据。为了确认丢失的是哪个数据段，报文需要安装序号。

另外，数据分段可以使报文在网络中的传输非常灵活。一个数据的各个分段，可以选择不同的路径到达目标主机。由于网络中各条路径在传输速度上的不一致性，有可能先发出的数据段后到达，而后发出的数据段先到达。为了使目标主机能够按照正确的次序重新装配数据，也需要在数据段的报头中安装序号。

TCP 报头中的第三、四字段是两个基本点序号字段。发送序号是指本数据段是第几号报文包。接收序号是指对方该发来的下一个数据段是第几号段。确认序号实际上是已经接收到的最后一个数据段加 1。（如果 TCP 的设计者把这个字段定义为已经接收到的最后一个数据段序号，本可以让读者更容易理解。）

如图 4.11 所示，左方主机发送 telnet 数据，目标端口号为 23（参阅表 4.2），源端口号为 1028。发送序号 Sequencing Numbers 为 10，表明本数据是第 10 段。确认序号 Acknowledgement Numbers 为 1，表明左方主机收到右侧主机发来的数据段数为 0，右侧主机应该发送的数据段是 1。

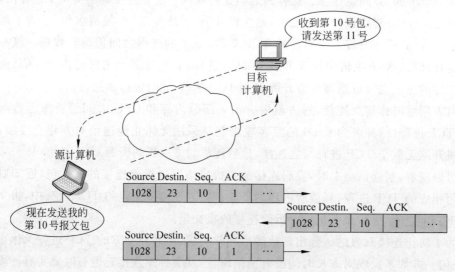

图 4.11　发送序号与确认序号

右侧主机向左方主机发送的数据报中，发送序号是 1，确认序号是 11。确认序号是 11 表明右侧主机已经接收到左方主机第 10 号包以前的所有数据段。

TCP 协议设计在报头中安装第二个序号字段是很巧妙的。这样，对方数据的确认随着本主机的数据发送而载波过去,而不是单独发送确认包,大大节省了网络带宽和接收主机的 CPU 时间。

4) PAR 出错重发机制

如前所述,在网络中有两种情况会丢失数据包。发送主机应该发现丢失的数据段,并重发出错的数据。

TCP 使用称为 PAR 的出错重发方案(positive acknowledgment and retransmission),这个方案是许多协议都采用的方法。

TCP 程序在发送数据时,先把数据段都放到其发送窗口中,然后再发送出去。然后,PAR 会为发送窗口中每个已发送的数据段启动定时器。被对方主机确认收到的数据段,将从发送窗口中删除。如果某数据段的定时时间到,仍然没有收到确认,PAR 就会重发这个数据段。

在图 4.12 中,发送主机的 2 号数据段丢失。接收主机只确认了 1 号数据段。发送主机从发送窗口中删除已确认的 1 号包,放入 4 号数据段(发送窗口=3,没有地方放更多的待发送数据段),将数据段 2、3、4 号发送出去。其中,数据段 2、3 号是重发的数据段。这张示意图描述了 PAR 的出错重发机制。

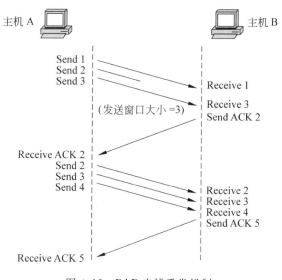

图 4.12　PAR 出错重发机制

细心的读者会发现,尽管数据段 3 已经被接收主机收到,但是仍然被重发。这显然是一种浪费。但是 PAR 机制只能这样处理。读者可能会问,为什么不能通知源主机哪个数据段丢失呢?那样的话,源主机可以一目了然,只需要发送丢失的段。好,我们来看一看:如果连续丢失了十几个段,甚至更多,而 TCP 报头中只有一个确认序号字段,该通知源主机重发哪个丢失的数据段呢?如果单独设计一个数据包,用来通知源主机所有丢失的数据段也不行。因为如果通知源主机该重发哪些段的包也丢失了该怎么办呢?

PAR 出错重发机制（positive acknowledgment and retransmission）中的"主动，positive"一词，是指发送主机不是消极地等待接收主机的出错信息，而是主动地发现问题，实施重发。虽然 PAR 机制有一些缺点，但是与其他的方案相比，PAR 仍然是最科学的。

5）TCP 是如何进行流量控制的

如果接收主机同时与多个 TCP 通信，接收的数据包的重新组装需要在内存中排队。如果接收主机的负荷太大，因为内存缓冲区满，就有可能丢失数据。因此，当接收主机无法承受发送主机的发送速度时，就需要通知发送主机放慢数据的发送速度。

事实上，接收主机并不是通知发送主机放慢发送速度，而是直接控制发送主机的发送窗口大小。接收主机如果需要对方放慢数据的发送速度，就会减小数据报中 TCP 报头里"发送窗口"字段的数值。对方主机必须服从这个数值，减小发送窗口的大小，从而降低发送速度。

在图 4.13 中，发送主机开始的发送窗口大小是 3，每次发送 3 个数据段。接收主机要求窗口大小为 1 后，发送主机调整了发送窗口的大小，每次只发送一个数据段，因此降低了发送速度。

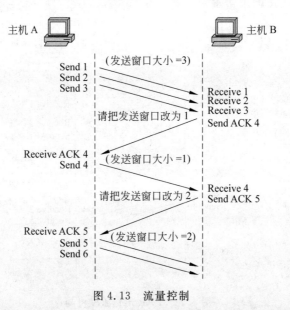

图 4.13　流量控制

极端的情况是，如果接收主机把窗口大小字段设置为 0，发送主机将暂停发送数据。

有趣的是，尽管发送主机接受接收主机的窗口设置降低了发送速度，但是，发送主机自己会渐渐扩大窗口。这样做的目的是尽可能地提高数据发送的速度。

在实际中，TCP 报头中的窗口字段不是用数据段的个数来说明大小，而是以字节数为大小的单位。

6）UDP 协议

在 TCP/IP 协议集中设计了另外一个传输层协议，称为无连接数据传输协议（connection less data transport protocol）。这是一个简化了的传输层协议。UDP 去掉了

TCP 协议中 5 个功能的 3 个功能：连接建立、流量控制和出错重发，只保留了端口地址寻址和数据分段两个功能。

UDP 通过牺牲可靠性换得通信效率的提高。对于那些数据可靠性要求不高的数据传输，可以使用 UDP 协议来完成，例如 DNS、SNMP、TFTP、DHCP。

如图 4.14 所示，UDP 报头的格式非常简单，核心内容只有源端口地址和目标端口地址两个字段。DHCP 的详细描述见 RFC768。

图 4.14　UDP 报头的格式

UDP 协议的程序需要与 TCP 一样完成端口地址寻址和数据分段两个功能，但是它不能知道数据包是否到达目标主机，接收主机也不能抑制发送主机发送数据的速度。由于数据报中不再有报文序号，一旦数据包沿不同路由到达目标主机的次序出现变化，目标主机也无法按正确的次序纠正这样的错误。

可见，虽然 UDP 与 TCP 位于同一层，但是它不管数据包的顺序、错误或重发。因此，UDP 不被应用于那些对可靠性要求较高的通信中，主要用于所谓"面向查询—应答"的通信服务，例如 NFS。相对于 WWW、FTP 文件传输或数据库记录传输，这些服务需要交换的信息量较小。使用 UDP 的服务包括 NTP（网络时间协议）和 DNS（域名解析服务）。

TCP 是一个面向连接的、可靠的传输；UDP 是一个非面向连接的、简易的传输。

4.3.3　网络层协议

TCP/IP 协议集在网络层中有两个重要的成员，分别是网间协议（IP 协议）和 MAC 地址解析协议（ARP 协议）。除了这两个协议外，网络层还有其他一些协议，如 RARP、DHCP、ICMP、RIP、IGRP、OSPF 等。

网间协议 IP 是 TCP/IP 的心脏，也是网络层中最重要的协议。在发送通信数据的计算机中，IP 协议的程序负责接收 TCP 或 UDP 协议程序封装好 TCP 报头或 UDP 报头的数据段，继续进行报文包封装，封装 IP 报头。这时将目标主机和源主机的 IP 地址封装到 IP 报头中。相反，在接收数据的计算机中，IP 协议的程序接收更底层的程序（如以太网设备驱动程序）发来的数据包，并把该数据包转发到更高层——TCP 或 UDP 协议程序。

IP 协议最重要的是规定了我们熟悉的网络地址——IP 地址。IP 地址被封装在报文包中，被网络中的路由器使用。网络路由器是在计算机网络之间转发报文的设备。路由器通过查看报头中的目标 IP 地址，才能决定报文包转发的方向。

在 TCP/IP 协议集的网络层中，有另外一个重要的协议——地址解析协议 ARP。地址解析协议的功能是获取其他计算机的 MAC 地址。为了指明报文发送的目的地，我们通常使用域名。计算机操作系统使用 DNS 协议的程序,将目标主机的域名解析为目标 IP 地址。根据计算机网络通信规定,在报文包的报头中,除了需要指明目标网络的 IP 地址外,还需要指明目标主机的 MAC 地址。地址解析协议 ARP 的程序就是用于根据目标 IP 地址解析出目标主机 MAC 地址的。

TCP/IP 协议集网络层的其他协议,我们将在后续章节中陆续学习。

4.4 IEEE 802 标准

TCP/IP 没有对 OSI 模型最下面两层的实现。TCP/IP 协议主要是在网络操作系统中实现的。主机中应用层、传输层和网络层的任务是由 TCP/IP 程序完成的,而 OSI 模型最下面两层数据链路层和物理层的功能则是由网卡制造厂商的程序和硬件电路来完成的。网络设备厂商在制造网卡、交换机、路由器的时候,其数据链路层和物理层的功能依照的是 IEEE 制订的 802 标准。

IEEE 802 标准补充了 TCP/IP 没有规定的 OSI 模型最下面两层的实现。IEEE(电气和电子工程师协会)的 LAN/MAN 标准委员会(LMSC)制订了主要用于 OSI 参考模型中最低两层的 LAN(局域网)和 MAN(城域网)标准。因为 LMSC 针对相关议题的首次开会时间是 1980 年的 2 月,所以便将委员会取名为 802,因此 LMSC 后来推出的标准也称为 IEEE 802 标准(如下所述)。标准中的大部分是在 20 世纪 80 年代由委员会制订的。

4.4.1 IEEE 标准与 OSI 模型

IEEE 制订的 802 规范标准规定数据链路层和物理层的功能如下。

物理地址寻址:发送方需要为数据包安装帧报头,将物理地址封装在帧报头中。接收方能够根据物理地址识别是不是发给自己的数据。

介质访问控制:如何使用共享传输介质,避免介质使用冲突。知名的局域网介质访问控制技术有以太网技术、令牌网技术、FDDI 技术等。

数据帧校验:数据帧在传输过程中是否受到了损坏,丢弃损坏了的帧。

数据的发送与接收:操作内存中的待发送数据向物理层电路中发送的过程。在接收方完成相反的操作。

IEEE 802 根据不同功能,有相应的协议规范,如标准以太网协议规范 802.3、无线局域网 WLAN 协议规范 802.11 等,统称为 IEEE 802x 标准。图 4.15 列出的是现在流行的 802 标准。

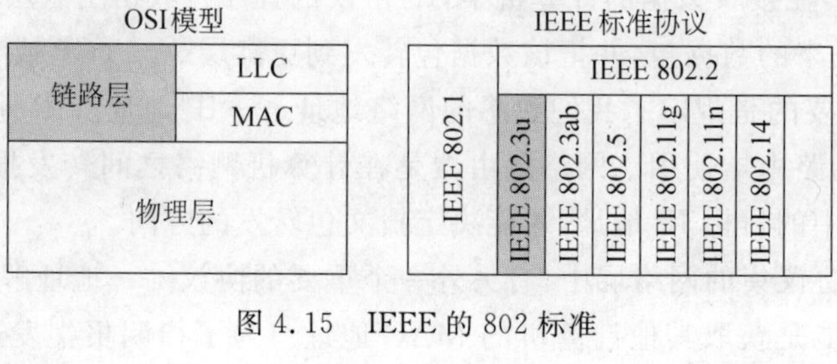

图 4.15　IEEE 的 802 标准

由图 4.15 可见,OSI 模型把数据链路层又划分为两个子层:逻辑链路控制[Logical Link Control(LLC)]子层和介质访问控制[Media Access Control(MAC)]子层。LLC 子层的任务是提供网络层程序与链路层程序的接口,使得链路层主体 MAC 层的程序设计独立于网络层的某个具体协议程序。这样的设计是必要的。例如新的网络层协议出现时,只需要为这个新的网络层协议程序写出对应的 LLC 层接口程序,就可以使用已有的链路层程序,而不需要全部推翻过去的链路层程序。

MAC 层完成所有 OSI 对数据链路层要求完成的功能:物理地址寻址、介质访问控制、数据帧校验、数据发送与接收的控制。

IEEE 遵循 OSI 模型,也把数据链路层分为两层,设计出 IEEE 802.2 协议与 OSI 的 LLC 层对应,并完成相同的功能(事实上,OSI 把数据链路层划分出 LLC 是非常科学的,IEEE 没有道理不借鉴 OSI 模型的这一设计)。

可见,IEEE 802.2 协议对应的程序是一个接口程序,提供了流行的网络层协议程序(IP、ARP、IPX、RIP 等)与数据链路层的接口,使网络层的设计成功地独立于数据链路层所涉及的网络拓扑结构、介质访问方式、物理寻址方式。

IEEE 802.1 有许多子协议,其中有些已经过时,但是新的 IEEE 802.1Q、IEEE 802.1D 协议(1998 年)则是最流行的 VLAN 技术和 QoS 技术的设计标准规范。

4.4.2　主要的 IEEE 标准

由于 IEEE 802 制订了许多网络通信的规范与标准,让各个网络设备厂商依循去制造网络产品,所以我们在购买网卡、交换机、调制解调器等网络产品时,都会看到产品上注明符合 IEEE 802 标准。

我们会看到网卡、交换机、调制解调器等目前大多数网络产品,都会标注有服从 IEEE 802.3 或 802.11。这是因为 IEEE 802 有一系列标准,分别针对以太网、无线网、蓝牙等技术。802.3 和 802.11 是目前最普及的以太网和无线网络技术。IEEE 802 根据 OSI 参考模型的最低两层(数据链路层和物理层)的各种技术,细分为若干技术议题,制订相应的标准。这些标准就依照顺序编号,从 1～22,分别代表各个技术的标准。由于计算机网络技术发展迅速,一些标准甚至还没有完善,对应的技术就已经退出。我们将在后续章节中,着重讨论以太网 802.3、无线网络 802.11 和交互式有线电视网络 802.14。

通常,我们把 IEEE 802 的标准、规范统称为 IEEE 802x,其核心标准是十余个跨越 MAC 子层和物理层的设计规范。下面介绍 IEEE 802x 中我们关注的主要的规范。

IEEE 802.1:高层局域网协议(Higher Layer LAN Protocols),提供提高网络性能的主要方法的设计标准。

IEEE 802.2:逻辑链路控制(Logical Link Control),提供 OSI 模型物理层、数据链路层网络产品与 OSI 模型网络软件的接口设计标准。

IEEE 802.3:标准以太网[Ethernet (CSMA/CD)]标准规范,提供 10Mbps 局域网的介质访问控制子层和物理层设计标准。

IEEE 802.3u:快速以太网(Fast Ethernet)标准规范,提供 100Mbps 局域网的介质访问控制子层和物理层设计标准。

IEEE 802.3ab：千兆以太网(Giga Ethernet)标准规范，提供 1 000Mbps 局域网的介质访问控制子层和物理层设计标准。

IEEE 802.3av：万兆以太网(10 Giga Ethernet)标准规范，提供 10Gbps 光缆传输的介质访问控制子层和物理层设计标准。

IEEE 802.5：令牌网(Token Ring)标准规范，提供令牌介质访问方式下的介质访问控制子层和物理层设计标准。

IEEE 802.11：无线局域网(Wireless LAN)标准规范，提供 2.4G 微波波段 1～2Mbps 低速 WLAN 的介质访问控制子层和物理层设计标准。

IEEE 802.11a：无线局域网(Wireless LAN Va)标准规范，提供 5G 微波波段 WLAN 的介质访问控制子层和物理层设计标准。

IEEE 802.11b：无线局域网(Wireless LAN Vb)标准规范，提供 2.4G 微波波段 11Mbps WLAN 的介质访问控制子层和物理层设计标准。

IEEE 802.11g：无线局域网(Wireless LAN Vg)标准规范，提供 IEEE 802.11a 和 IEEE 802.11b 的兼容标准，传输速度设计标准为 54Mbps。

IEEE 802.11n：无线局域网(Wireless LAN Vn)标准规范，是新 Wi-Fi 标准，传输速度设计标准为 300Mbps。

IEEE 802.14：交互式有线电视网(包括 Cable Modem)标准规范，提供 Cable Modem 技术所涉及的介质访问控制子层和物理层设计标准。

在上述规范中，我们忽略了一些不常见的标准规范。尽管 802.5 令牌网标准规范描述的是一个停滞了的技术，但它是以太网技术的一个对立面，因此我们仍然将它列出，以强调以太网介质访问控制技术的特点。

2000 年左右，曾经在我国政府网络建设中被大量选用的数据链路层协议标准(FDDI)不是 IEEE 课题组开发的(从名称上能够看出它不是 IEEE 的成员)，而是美国国家标准协会 ANSI 为双闭环光纤令牌网开发的协议标准。

1) 802.3 以太网标准

IEEE 802.3 是我们熟知的以太网络，是当今普遍应用在局域网络线路上的通信协议。这些标准集中在 OSI 模型中的物理层和 MAC 子层，而且仅针对以太网络的有线传输。除了局域网络，这方面的技术在广域网络的应用中也越来越普及。

以太网络的连接方式是直接以传输电缆连接两台以上的计算机，或是用传输电缆接入交换机或集线器。20 世纪 90 年代的以太网络是通过同轴电缆，并以转接头同时串联很多主机，而今全部改为通过双绞线电缆(网线)连接交换机、集线器、路由器等网络转发设备，在主机之间和网络之间转发、传输报文。802.3 标准，就是制订这些设备彼此之间通过何种机制完成报文传输，如使用的传输介质类型、电子信号的格式等规范。所以我们可以在多种网络线材以及交换机等网络设备上，看到产品注明"符合 802.3 标准"。这是要告诉使用者："本产品是依照这个国际技术标准设计、开发的，所以与其他厂家遵循此标准的产品兼容。"

802.3 以太网标准规范定义了 CSMA/CD(载波监听多路访问/冲突检测)方法如何工作在各种传输介质，如同轴电缆、双绞线电缆和光缆上。最初的传输速率是 10Mbps。

在数据级(data-grade)双绞线电缆上达到 100Mbps 传输率的技术出现时,制订出了 802.3u 快速以太网 Fast Ethernet 标准规范。802.3ab 提供了 1 000 兆局域网的光缆和双绞线电缆在介质访问控制子层和物理层的设计标准。802.3u 快速以太网 Fast Ethernet 和 802.3ab 千兆以太网是目前局域网、广域网、互联网和互联网接入的主流技术标准。

802.3av 万兆以太网 10 Giga Ethernet 标准规范是专门为光缆高速传输制订的。802.3av 目前正在制订当中,2009 年刚发布了技术白皮书(需求报告、规范和初期研究),计划要到 2010 年才能发布。我国的相关企业也积极参与 802.3av 规范的研究。如中兴通讯积极参加多次技术会议,拥有该标准的重要领导席位,提交多篇提案。2008 年 10 月,中兴通讯在 2008 年中国国际信息通信展览会上率先向业界推出了全球首台 10G EPON 设备样机,并进行了系统业务演示。在标准的研讨中,我国企业为 2009 年发布的技术白皮书做出了重要贡献,并将积极、持续地为 802.3av 的制订做出贡献。

2) 802.5 令牌网标准

上面已经提到,IEEE 802.5 是 21 世纪初开始逐渐淘汰的技术。令牌技术是 IBM 曾经大力推行的局域网技术。802.5 定义了该技术的访问协议、电缆布线和接口。802.5 令牌网这个标准采用了令牌传递访问方法。虽然在物理上是以星形拓扑结构布线,但组成的逻辑结构却是一个逻辑环。节点通过电缆连至一个中心访问单元(集线器),中心访问单元能中继从一个站点到下一个站点的信号。为扩展网络,访问单元(集线器)也用电缆连接在一起,从而扩大了逻辑环。

3) 802.11 无线局域网标准

无线局域网络是以 5GHz 及 2.4GHz 两个无线电频率,让两台或多台计算机彼此之间发送电波以传输报文,建立区域网络的技术。无线局域网络的第一套技术标准在 1997 年制订。在 OSI 模型的物理层内,起初使用 2.4GHz 的 ISM 频道(Industrial Scientific Medical Band)来建立网络通信,后来在 1999 年又加入 5GHz 频道。随着陆续研发的相关传输技术,建立了更多的标准。我们较为常见的是 802.11a、802.11b、802.11g 及 802.11n 等,在很多无线网卡、无线路由器和无线 AP 上,皆会注明上述标准。这些规范定义了不同的无线传输速率和传输距离。

802.11 无线网络标准致力于无线网络通信技术的标准化,如扩频无线电通信、窄带无线电通信、红外技术及电力线传输。802.11 也为非计算机设备的无线接口制订标准。在这个标准中,用户可借助手机、个人数字助理(PDA)以及其他便携设备与计算机系统相连。

4) 802.15 无线个人区域网标准

和 802.11 不同,无线个人区域网(WPAN)是短距离无线网络,如蓝牙、超宽带(UWB)等。由 802.15 规定的无线传输技术规范,是对个人区域网络应用产品的设计标准。和其他 802 的技术标准一样,802.15 下也细分了很多文件,研究各种相关技术,制订标准。最广为人知的就是 802.15.1 标准的蓝牙(Bluetooth)技术。目前,有许多移动通信以及个人计算机的周边装置,如移动电话耳机、无线鼠标、手机等,都使用蓝牙传输,借以实现无线个人区域网络。

5) 802.14 交互式有线电视网标准

交互式有线电视网是传统电缆电视网络进行数字化改造的产物。802.14 是电缆电视网络数据传输的标准,其参考体系结构规定了一个混合光纤/同轴的信号传输系统,其半径从首端算起为 80km。由于交互式有线电视网被用来与小区宽带、ADSL 共同承担互联网接入的功能,统一涉及这方面产品技术(如家庭 Cable Modem、有线电视台前端的 CMTS)规范的 802.14 标准就显得尤为重要。

前面没有做 802.1 的讨论。802.1 标准定义了局域网优化方面的技术(如我们后面要介绍的通信优先级 802.1u、冗余链路 802.1u、虚拟子网 802.1q 等)实现方案和设计标准。802.2 逻辑链路控制标准定义了 IEEE LLC(逻辑链路控制)协议。该协议提供到较低层 MAC(媒体接入控制)网络的连接(如 IEEE 802 标准所述),确保数据在一条通信链路上可靠地传输。OSI 协议栈中的数据链路层被分成了介质访问控制(MAC)子层和 LLC 子层。LLC 协议是由高级数据链路控制(HDLC)协议派生而来的,并且两者在操作上类似。LLC 提供了服务访问点(SAP)地址,而 MAC 子层提供了一个设备的物理网络地址。

另外,IEEE 的 802.12 请求优先级标准使用惠普公司和其他供应商开发的请求优先级接入方法定义了 100Mbps 以太网标准。该接入方法使用中央集线器控制对电缆的接入并支持多媒体信息的实时传送。不过,该标准与 802.5 令牌网、802.6 城域网、892.7 宽带 TAG、802.8 光纤 TAG 等标准一样,涉及的都是属于非主流的技术,甚至处于淘汰的边缘。因此读者在学习时,只需要着重学习 802.3、802.11 和 802.14 所涉及的网络技术,了解相应的标准与规范。

小结

本章在介绍什么是网络协议之前,首先讨论了为可靠地完成网络传输任务,需要对传输的过程进行哪些控制,包括建立连接、流量控制、报头封装、出错重发、介质访问控制、帧校验等。为了确保各个网络软件和设备厂家的产品使用相同的方法完成网络操作,需要约定对传输过程进行的控制规则。这种约定就是网络协议。

TCP/IP 协议是一个三层的协议。高层为应用层,包括万维网的超文本传输协议(HTTP)、文件传输协议(FTP)、远程网络访问协议(Telnet)和简单邮件传输协议(SMTP)等。中间层是传输控制协议,它负责聚集信息或把文件拆分成更小的包(一个个大小为 1 500 字节的数据段)。这些包通过网络传送到接收端的 TCP 层,接收端的 TCP 层把包还原为原始文件。TCP/IP 协议的最低层中最重要的是网间协议(IP 协议),它处理每个包的 IP 地址部分,使这些包正确地到达目的地。网络上的路由器设备将根据信息的地址来进行路由选择。

本章讨论的开放式系统互联参考模型,是一种网络通信的 7 层抽象的参考模型。通过该模型,可以更清晰地描述网络通信过程中要实现哪些功能,以及完成这些任务的程序之间在不同层次上的相互通信关系。网络 7 层抽象参考模型是网络技术学习的重要工具。

IEEE 委员会研究制订的 802 标准对网络技术的最大贡献在于其定义了 6 字节 48 位的局域网主机 MAC 地址,这样每一台主机就有了唯一地址。在第 3 章我们较详细地讨论了 MAC 地址。IEEE 出面记录了网络接口卡的供应商们,并为这些供应商进行企业编号,作为 MAC 地址开始的三个字节赋予每一个供应商,然后每一个供应商负责为其每个产品建立一个唯一的地址。IEEE 的 802.x 标准,与 TCP/IP 协议一起,组成了网络技术的完整协议体系。

第 5 章 网 络 寻 址

与邮政通信一样,网络通信也需要有对传输的报文进行封装和注明接收者地址的操作。邮政通信的地址结构是有层次的,要分出城市名称、街道名称、门牌号码和收信人。网络通信中的地址也是有层次的,分为网络地址、物理地址和端口地址。网络地址说明目标主机在哪个网络上;物理地址说明目标网络中哪一台主机是数据报的目标主机;端口地址则指明目标主机中的哪个应用程序接收数据报。我们可以通过对比计算机网络地址结构与邮政通信的地址结构来理解:网络地址想象为城市和街道的名称;物理地址则比喻做门牌号码;而端口地址则与同一个门牌下哪个人接收信件很相似。

标识目标主机在哪个网络的是 IP 地址。IP 地址用四个点分十进制数表示,如172.155.32.120。只是 IP 地址是复合地址,完整地看是一台主机的地址。只看前半部分,表示网络地址。地址 172.155.32.120 表示一台主机的地址,172.155.0.0 则表示这台主机所在网络的网络地址。

IP 地址封装在数据报的 IP 报头中。IP 地址有两个用途:网络的路由器设备使用IP 地址确定目标网络地址,进而确定该向哪个端口转发报文;源主机用目标主机的 IP 地址来查询目标主机的物理地址。

物理地址封装在数据报的帧报头中。典型的物理地址是以太网中的 MAC 地址。MAC 地址在两个地方使用:主机中的网卡通过报头中的目标 MAC 地址判断网络送来的数据报是不是发给自己的;网络中的交换机使用通过报头中的目标 MAC 地址确定数据报该向哪个端口转发。其他物理地址的实例是帧中继网中的 DLCI 地址和 ISDN 中的 SPID。

端口地址封装在数据报的 TCP 报头或 UDP 报头中。端口地址是源主机告诉目标主机本数据报是发给对方的哪个应用程序的。如果 TCP 报头中的目标端口地址指明是80,则表明数据是发给 WWW 服务程序的;如果是 25 130,则是发给对方主机的 CS 游戏程序的。

计算机网络是靠网络地址、物理地址和端口地址的联合寻址来完成数据传送的。缺少其中的任何一个地址,网络都无法完成寻址。(点对点连接的通信是一个例外。点对点通信时,两台主机用一条物理线路直接连接,源主机发送的数据只会沿这条物理线路到达另外一台主机,物理地址是没有必要的。)

5.1 IP 地址寻址

5.1.1 IP 地址分类

IP 地址是一个 32 位的二进制地址。为了便于记忆,将它们分为 4 组,每组 8 位,由小数点分开,用四个字节来表示,而且用点分开的每个字节的数值范围是 0～255,如 200.16.25.72,这种书写方法称为点数表示法。

IP 地址可以用点分十进制数表示,也可以用二进制数来表示:

200.1.25.7
11001000 00000001 00011001 00000111

IP 地址被封装在数据包的 IP 报头中,供路由器在网间寻址的时候使用。网络中的每个主机,既有自己的 MAC 地址,也有自己的 IP 地址(见图 5.1)。MAC 地址用于网段内寻址,IP 地址则用于网段间寻址。

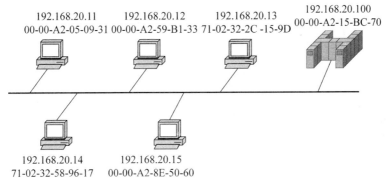

图 5.1　每台主机都需要有一对地址

IP 地址分为 A、B、C、D、E 5 类地址,其中前三类是我们经常涉及的 IP 地址。分辨一个 IP 是哪类地址可以从其第一个字节来区别,如图 5.2 所示。

IP 地址分类	IP 地址范围(第一个 10 进制数)
Class A	1～126 (00000001-01111110)
Class B	128～191 (10000000-10111111)
Class C	192～223 (11000000-11011111)
Class D	224～239 (1110000-111011111)
Class E	240～255 (111110000-11111111)

图 5.2　IP 地址的分类

A 类地址的第一个字节在 1～126 之间,其地址范围为 1.0.0.1～126.255.255.255。B 类地址的第一个字节在 128～191 之间,其地址范围为 128.0.0.1～191.255.255.255。C 类地址的第一个字节在 192～223 之间,其地址范围为 192.0.0.1～223.255.255.255。例如,200.1.25.7 是一个 C 类 IP 地址,155.22.100.25 是一个 B 类 IP 地址。

A、B、C 类地址是我们常用来为主机分配的 IP 地址。D 类和 E 类地址不用作网络地址和主机地址。D 类地址用于组播组的地址标识。而 E 类地址是 Internet Engineering Task Force (IETF) 组织保留的 IP 地址,用于组织内部的研究。

一个 IP 地址分为两部分:网络地址码部分和主机码部分(见图 5.3)。A 类 IP 地址用第一个字节表示网络地址编码,第三个字节表示主机编码。B类地址用第一、第二两个字节表示网络地址编码,后两个字节表示主机编码。C类地址用前三个字节表示网络地址编码,最后一个字节表示主机编码。

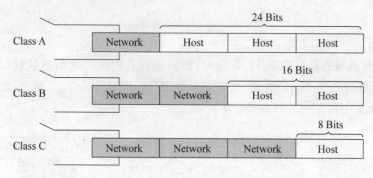

图 5.3　IP 地址的网络地址码部分和主机码部分

把一个主机的 IP 地址的主机码置为全 0 得到的地址码,就是这台主机所在网络的网络地址。例如 200.1.25.7 是一个 C 类 IP 地址。将其主机码部分(最后一个字节)置为全 0,200.1.25.7.0 就是 200.1.25.7 主机所在网络的网络地址。155.22.100.25 是一个 B 类 IP 地址。将其主机码部分(最后两个字节)置为全 0,155.22.0.0 就是 200.1.25.7 主机所在网络的网络地址。

图 5.1 中的 6 台主机都在 192.168.20.0 网络上。

我们知道 MAC 地址是固化在网卡中的,由网卡的制造厂家随机生成。IP 地址是怎么得到的呢? 互联网的 IP 地址是由国际互联网络信息中心 InterNIC (Network Information Center of Chantilly,VA) 管理、分配的,它在美国 IP 地址注册机构(Internet Assigned Number Authority) 的授权下操作。我们通常是从 ISP(互联网服务提供商)处购买 IP 地址。ISP 可以分配它所购买的一部分 IP 地址给你。

A 类地址通常分配给非常大型的网络,因为 A 类地址的主机位有三个字节的主机编码位,提供多达 1 600 万个 IP 地址给主机(2^{24}-2)。也就是说 61.0.0.0 这个网络,可以容纳多达 1600 万个主机。全球一共只有 126 个 A 类网络地址,目前已经没有 A 类地址可以分配了。当你使用 IE 浏览器查询一个国外网站的时候,留心观察左下方的地址栏,可以看到一些网站分配了 A 类 IP 地址。

B 类地址通常分配给大机构和大型企业,每个 B 类网络地址可提供 6.5 万多个 IP 主机地址(2^{16}-2)。全球一共有 16 383 个 B 类网络地址。

C 类地址分配给小型网络,如一般的局域网。它可连接的主机数量是最少的。C 类网络用前三组数字表示网络的地址,最后一组数字作为网络上的主机地址。大约有 200 万个 C 类地址。由于 C 类地址只有一个字节用来表示这个网络中的主机,因此每个 C 类网络地址只能提供 254 个 IP 主机地址(2^8-2)。

你可能注意到了,A 类地址第一个字节最大为 126,而 B 类地址的第一个字节最小为 128。第一个字节为 127 的 IP 地址,既不属于 A 类也不属于 B 类。第一个字节为 127 的

IP 地址实际上被保留用作回返测试,即主机把数据发送给自己。例如 127.0.0.1 是一个常用的用作回返测试的 IP 地址。

由图 5.4 可见,有两类地址不能分配给主机:网络地址和广播地址。

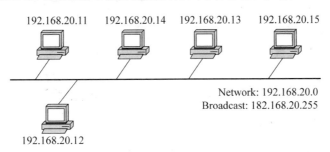

图 5.4　网络地址和广播地址不能分配给主机

广播地址是主机码置为全 1 的 IP 地址。例如 198.150.11.255 是 198.150.11.0 网络中的广播地址。在图 5.4 中的网络里,198.150.11.0 网络中的主机只能在 198.150.11.1 到 198.150.11.254 范围内分配,198.150.11.0 和 198.150.11.255 不能分配给主机。

有些 IP 地址不必从 IP 地址注册机构 Internet Assigned Numbers Authority (IANA)处申请得到,这类地址的范围由图 5.5 给出。

RFC 1918 留出的内部 IP 地址范围	
Class A	10.0.0.0-10.255.255.255
Class B	172.16.0.0-172.31.255.255
Class C	192.168.0.0-192.168.255.255

图 5.5　内部 IP 地址范围

RFC1918 文件分别在 A、B、C 类地址中指定了三个地址范围作为内部 IP 地址(1 个 A 类地址段,16 个 B 类地址段,256 个 C 类地址段)。这些内部 IP 地址在局域网中使用,但是不能用在互联网中,互联网中的路由器将丢弃使用内部 IP 地址的报文包。

如果局域网中使用内部 IP 地址,内网中的主机在将报文发送至互联网时,需要将内部 IP 地址转换为互联网中可以识别的外部地址。这个转换过程称为网络地址转换(network address translation,NAT),通常使用路由器来执行 NAT 转换。我们将在后面的章节介绍网络地址转换(NAT)。

5.1.2　IP 地址表现网络地址

IP 地址是一个层次化的地址,既能表示主机的地址,又能表示这个主机所在网络的网络地址。

在图 5.6 节有三个 C 类地址的网络 192.168.10.0、192.168.11.0 和 192.168.12.0,它们由路由器互联在一起,可以通过路由器交换数据。

从 5.1.1 节我们知道,C 类地址的前 3 个字节是网络地址编码。网络地址的主机地

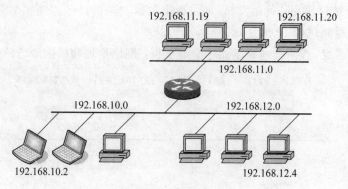

图 5.6　网络地址

址码部分置 0。192.168.10.0、192.168.11.0 和 192.168.12.0 这三个网络地址的最后一个字节都是 0,它们不表示任何主机,表示的是一个网络的地址编码。当主机 192.168.10.2 需要与主机 192.168.11.19 通信时,通过比较目标主机 IP 地址的网络地址编码部分,它便知道对方与自己不在一个网段上。与主机 192.168.11.19 的通信需要通过路由器转发才能到达。

每个网络都必须有自己的网络地址。事实上,我们都是先获得网络的网络 IP 地址,然后才用网络 IP 地址为网络上的各个主机分配主机 IP 地址的。

5.2　IPv6 协议

IP 地址是 20 世纪 80 年代初由 IP 协议制订的网络地址。当时的 IP 协议(Internet Protocol,网间互联协议)称为第四版,是第一个被广泛使用,构成现今互联网技术的基石的协议。第四版 IP 协议写为 IPv4。1981 年 Jon Postel 在 RFC791 文件中定义了 IP,自发布以来没有多大的改变。事实证明,IPv4 具有相当强的生命力,易于实现且互操作性良好,经受住了从早期小规模互联网络扩展到如今全球范围互联网应用的考验。所有这一切都应归功于 IPv4 最初的优良设计。

不过,Jon Postel 和其他参与 IP 协议的设计者们没有预见到这个协议会如此广泛地在全球被使用。30 年后的今天,IP 地址很快就会耗竭。4 个字节编码的 IP 地址将变得越来越珍稀。

A 类和 B 类地址占了整个 IP 地址空间的 75%,却只能分配给 1.7 万个机构使用。只有占整个 IP 地址空间的 12.5% 的 C 类地址可以留给新的网络使用。目前已发出的 IP 地址,北美占有 3/4,约 30 亿个,而人口最多的亚洲只有不到 4 亿个,中国只有 3 000 多万个,只相当于美国麻省理工学院的数量。地址不足,严重地制约了我国及其他国家互联网的应用和发展。

为了从根本上解决 IP 地址匮乏问题,新的 IP 版本已经开发出来,被称为 IPv6,是由互联网工程任务组 IETF(Internet Engineering Task Force)开发的。它的提出最初是因为随着互联网的迅速发展,IPv4 定义的有限地址空间将被耗尽,地址空间的不足必将影响互联网的进一步发展。

IPv6 的全称是 Internet Protocol version 6。IPv6 中的 IP 地址使用 16 个字节（128 位）地址编码，将可以提供 3.4×10^{38} 个 IP 地址，几乎可以不受限制地提供地址，拥有足够的地址空间迎接未来的商业需要。按保守方法估算 IPv6 实际可分配的地址，整个地球每平方米面积上可分配 1 000 多个地址。

5.2.1　IPv6 地址表示

RFC 2373 文件规定，用文本方式表示的 IPv6 地址有下述三种规范的形式。

第一种形式是 ×:×:×:×:×:×:×:×，其中，"×"是十六进制数值，分别对应于 128 位地址中的八个 16 位区段。例如：

fec0:1a23:0000:0000:0000:00000:9234:4088

第二种形式是把第一种表示形式中的 0，使用"::"符号简化。上例中的地址 fec0:1a23:0000:0000:0000:00000:9234:4088 可以简写为：

fec0:1a23::9234:4088

"::"符号在一个 IPv6 地址中只能出现一次。

第三种形式处理涉及 IPv4 和 IPv6 网络节点混合的环境。这种"映射 IPv4 的 IPv6 地址"，或称"兼容 IPv4 的 IPv6 地址"的表示形式是 0:0:0:0:0:0:d.d.d.d。其中，"×"是 IPv6 地址 16 个字节的高 12 个字节，"d"是低 4 个字节。低 4 个字节用十进制值书写。例如 IPv4 地址 192.168.0.110 嵌入到 IPv6 地址中，写为：

0:0:0:0:0:0:192.168.0.110

或

::192.168.0.110

5.2.2　IPv6 对网络性能的改进

IPv6 除了可以一劳永逸地解决 IP 地址短缺的问题以外，还考虑了在 IPv4 中一些解决不好的问题。IPv6 协议在技术上对 IPv4 做了许多重要的改进，以提高网络的整体吞吐量、改善服务质量（QoS）、确保更强的网络安全性、支持即插即用和移动性、更好地实现组播功能等。

应用 IPv6，需要建设 IPv6 网络。IPv6 网络中的路由器、中转服务器、域名解析、DNS 服务器都需要使用支持 IPv6 协议技术的设备。我国很多高校建立了不兼容的试运行的 IPv6 网络，与 IPv4 网络并行运行，混合使用现有线路和网络交换机设备。中国电信、中国联通、中国移动等通信运营商开通 IPv6 的积极性非常高，因为 IPV4 的地址越来越少，而每部 3G 手机都要占用 IP 地址。在不远的将来，用 3G 手机将把 IP 地址耗尽。运营商为了实现 IPv6 网络技术，需要大规模地对现有网络进行设备改造，除了通信线路不需要改造外，基本都要重新进行建设。

IPv6 的推出对地址空间的挑战直接或间接地作出了贡献,恢复了原来因地址受限而失去的端到端连接功能,为互联网的普及与深化发展提供了基本条件。由于现有的数以千万计的网络设备不支持 IPv6,所以如何平滑的从 IPv4 迁移到 IPv6 仍然是一个难题。在 2009 年年初互联网工程组织的小组研讨会上,互联网工程任务组的领导人承认在局域网中使用 IPv6 技术的网络设备确实不能与 IPv4 兼容,在设计标准的时候确实考虑欠妥,缺少与现有互联网协议 IPv4 的向后兼容性。

不过,在 IP 地址空间即将耗尽的压力下,人们最终会改用 IPv6 的 IP 地址描述主机地址和网络地址,采用使用 IPv6 技术的网络设备。从长远看,IPv6 有利于互联网的持续和长久发展。互联网工程任务组的总体意见是,不管喜欢不喜欢,网络用户都需要为 IPv6 的部署做好计划。网络行业正开始接受这一新协议,它们必须转换到 IPv6,即便这一协议没能为它们提供任何具体的商业优势。网络用户需要清醒地意识到 IPv6 的趋势,并对它的未来给予期待。

5.3 子网划分与 IP 地址分配

5.3.1 子网划分

如果你的单位申请获得一个 B 类网络地址 172.50.0.0,你们单位的所有主机的 IP 地址就将在这个网络地址里分配。如 172.50.0.1、172.50.0.2、172.50.0.3…那么这个 B 类地址能为多少台主机分配 IP 地址呢? 我们看到,一个 B 类 IP 地址有两个字节用作主机地址编码,因此可以编出 $2^{16}-2$ 个,即 6 万多个 IP 地址码(计算 IP 地址数量的时候减 2,是因为网络地址本身 172.50.0.0 和这个网络内的广播 IP 地址 172.50.255.255 不能分配给主机)。

能想象 6 万多台主机在同一个网络内的情景吗? 它们在同一个网段内的共享介质冲突和它们发出的类似 ARP 这样的广播会让网络根本就工作不起来。因此,需要把 172.50.0.0 网络进一步划分成更小的子网,以在子网之间隔离介质访问冲突和广播报。

将一个大的网络进一步划分成一个个小的子网的另外一个目的是网络管理和网络安全的需要。我们总是把财务部、档案部的网络与其他网络分割开来,外部进入财务部、档案部的数据通信应该受到限制。

我们来假设 172.50.0.0 这个网络地址分配给了铁道部,铁道部网络中的主机 IP 地址的前两个字节都将是 172.50。铁道部计算中心会将自己的网络划分成郑州机务段、济南机务段、长沙机务段等铁道部的各个子网。这样的网络层次体系是任何一个大型网络都需要的。

郑州机务段、济南机务段、长沙机务段等子网的地址是什么呢? 怎么样能让主机和路由器分清目标主机在哪个子网中呢? 这就需要给每个子网分配子网的网络 IP 地址。

通行的解决方法是将 IP 地址的主机编码分出一些位来挪用为子网编码。

我们可以在 172.50.0.0 地址中,将第 3 个字节挪用出来表示各个子网,而不再分配给主机地址。这样,我们可以用 172.50.1.0 表示郑州机务段的子网,172.50.2.0 分配给济南机务段作为该子网的网络地址,172.50.3.0 分配给长沙机务段作为长沙机务段子网的网络地址。于是,172.50.0.0 网络中有 172.50.1.0、172.50.2.0、172.50.3.0 等子网,如图 5.7 所示。

子网 0: 172.50.0.0 部机关子网
子网 1: 172.50.1.0 济南机务段子网
子网 2: 172.50.2.0 太原机务段子网
子网 3: 172.50.3.0 蚌埠机务段子网
子网 4: 172.50.4.0 南宁机务段子网
⋮
子网 255: 172.50.255.0 郑州机务段子网

172.50.0.0 铁道部网络

图 5.7 划分子网后的地址分配

事实上,为了解决介质访问冲突和广播风暴的技术问题,一个网段超过 200 台主机的情况是很少的。一个好的网络规划中,每个网段的主机数都不超过 80 个。

子网是网络中更小的网络。划分子网是为了解决只有一个网络地址,但需要数个网络编码的问题。划分子网并不是要解决 IP 地址不够用的问题,使用子网反而会减少能使用的 IP 地址。子网通常用在一个网络中有多个部门的情况下,子网之间使用路由器连接。在政府网、企业网、校园网的建设中,划分子网是网络设计与规划任务里非常重要的一个工作。

5.3.2 子网掩码

为了给子网编址,需要挪用主机编码的编码位。在 5.2.1 节的例子中,我们挪用了一个字节 8 位。

我们来看下面的例子:某小型企业分得了一个 C 类地址 202.33.150.0,准备根据市场部、生产部、车间、财务部分成 4 个子网。现在需要从最后一个主机地址码字节中借用 2 位($2^2 = 4$)来为这 4 个子网编址。子网编址的结果如下。

市场部子网地址:202.33.150.00000000 == 202.33.150.0
生产部子网地址:202.33.150.01000000 == 202.33.150.64
车间子网地址: 202.33.150.10000000 == 202.33.150.128
财务部子网地址:202.33.150.11000000 == 202.33.150.192

在上面的表示中,我们用下划线来表示我们从主机位挪用的位。下划线明确地表现出我们所挪用的 2 位。

现在,根据上面的设计,我们把 202.33.150.0、202.33.150.64、202.33.150.128 和 202.33.150.192 定为 4 个部门的子网地址,而不是主机 IP 地址。可是,别人怎么知道它们不是普通的主机地址呢?

我们需要设计一种辅助编码,用这个编码来告诉别人子网地址是什么。这个编码就是掩码。一个子网的掩码是这样编排的：用 4 个字节的点分二进制数来表示时，其网络地址部分全置为 1，它的主机地址部分全置为 0。如上例的子网掩码为：

11111111.11111111.11111111.11000000

通过子网掩码，我们可以知道网络地址位是 26 位，而主机地址的位数是 6 位。

子网掩码在发布时并不是用点分二进制数来表示的，而是将点分二进制数表示的子网掩码翻译成与 IP 地址一样的用 4 个点分十进制数来表示。上面的子网掩码在发布时记作：

255.255.255.192

11000000 转换为十进制数为 192。二进制数转换为十进制数的简便方法是把二进制数分为高 4 位和低 4 位两部分。用高 4 位乘以 16，然后加上低 4 位。

下面是转换的步骤：

步骤 1：11000000 拆成高 4 位和低 4 位两部分：1100 和 0000

步骤 2：换算：1000 对应十进制数 8

0100 对应十进制数 4

0010 对应十进制数 2

0001 对应十进制数 1

步骤 3：高 4 位 1100 转换为十进制数为 $8+4=12$，低 4 位转换为十进制数为 0。最后，11000000 转换为十进制数为 $12\times16+0=192$。

子网掩码通常和 IP 地址一起使用，用来说明 IP 地址所在的子网的网络地址。

图 5.8 显示 Windows 2000 主机的 IP 地址配置情况。图中的主机配置的 IP 地址和子网掩码是 211.68.38.155、255.255.255.128。子网掩码 255.255.255.128 说明 211.68.38.155 这台主机所属的子网的网络地址。

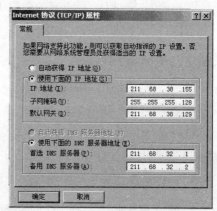

图 5.8　子网掩码的使用

通过子网掩码 255.255.255.128 无法直接看出 211.68.38.155 主机在哪个子网上，需要通过"逻辑与"计算来获得 211.68.38.155 所属子网的网络地址：

```
211.68.38.155        11010011.0100100.00100110.10011011
255.255.255.128  and 11111111.11111111.11111111.10000000
                     ─────────────────────────────────────
                     11010011.0100100.00100110.10000000
                   =211.68.38.128
```

因此，我们将计算出 211.68.38.155 这台主机在 211.68.38.0 网络的 211.68.38.128 子网上。

十进制数转换为二进制数的简便方法是：将十进制数除以 16，商是二进制数的高

4位,余数是低4位。以上例中十进制数211转换为二进制为例：

步骤1：211转换为二进制数,先用211除16,商是13,余数是3

步骤2：二进制数的高4位是1101(13),低4位是0011(3)

步骤3：211转换为二进制数的结果是：11010011

如果我们不知道子网掩码,只看IP地址211.68.38.155,就只能知道它在211.68.38.0网络上,而无法知道在哪个子网上。只有使用子网掩码,才能计算出一个IP地址中的子网地址。

在计算子网掩码的时候,经常需要进行二进制数与十进制数之间的转换。这可以借助Windows的计算器来完成,但是要用"查看"菜单把计算器设置为"科学型"。Windows的计算器默认设置是"标准型"。在十进制数转二进制数的时候,先选择"十进制"数值系统前面的小圆点,输入十进制数,然后点"二进制"数值系统前面的小圆点即可得到转换的二进制数结果。反之亦然(见图5.9)。

图5.9 使用计算器进行二进制数与十进制数之间的转换

子网掩码在下一章要讨论的路由器设备上非常重要。路由器要从数据报的IP报头中取出目标IP地址,用子网掩码和目标IP地址进行与操作,进而得到目标IP地址所在的网络的网络地址。路由器是根据目标网络地址来工作的。

5.3.3 子网中的地址分配

我们回顾一下5.3.2节中的例子,以展开本节的讨论。5.3.2节中的例子的各个部门子网的编址是：

市场部子网地址：202.33.150.0

生产部子网地址：202.33.150.64

车间子网地址： 202.33.150.128

财务部子网地址：202.33.150.192

下面,我们为市场部的主机分配IP地址。

市场部的网络地址是202.33.150.0,第一台主机的IP地址就可以分配为202.33.150.1,第二台主机分配202.33.150.2,依此类推。最后一个IP地址是202.33.150.62,而不是

202.33.150.63。原因是 202.33.150.63 是 202.33.150.0 子网的广播地址。

根据广播地址的定义：IP 地址主机位全置为 1 的地址是这个 IP 地址在所在网络上的广播地址。202.33.150.0 子网内的广播地址就应是其主机位全置为 1 的地址。计算 202.33.150.0 子网内广播地址的方法是：把 202.33.150.0 转换为二进制数：202.33.150.00<u>000000</u>，再将后 6 位主机编码位全置为 1：202.33.150.00<u>111111</u>，最后再转换回十进制数 202.33.150.63。因此得知 202.33.150.63 是 202.33.150.0 子网内的广播地址。

利用同样的方法可以计算出各个子网中主机的地址分配方案（见表 5.1）：

表 5.1

部　门	子网地址	地址分配	广播地址
市场部子网	202.33.150.0	202.33.150.1 到 202.33.150.62	202.33.150.63
生产部子网	202.33.150.64	202.33.150.65 到 202.33.150.126	202.33.150.127
车间子网	202.33.150.128	202.33.150.129 到 202.33.150.190	202.33.150.191
财务部子网	202.33.150.192	202.33.150.193 到 202.33.150.254	202.33.150.255

每个子网的 IP 地址分配数量是 $2^6-2=62$ 个。IP 地址数量减 2 的原因是需要减去网络地址和广播地址。这两个地址是不能分配给主机的。

所有子网的掩码是 255.255.255.192。各个主机在配置自己的 IP 地址的时候，要连同子网掩码 255.255.255.192 一起配置。

5.3.4　IP 地址设计

企业或者机关从连接服务商 ISP 那里申请的 IP 地址是网络地址，如 179.130.0.0，企业或机关的网络管理员需要在这个网络地址上为本单位的主机分配 IP 地址。在分配 IP 地址之前，首先需要根据本单位的行政关系、网络拓扑结构划分网，为各个子网分配子网地址，然后才能在子网地址的基础上为各个子网中的主机分配 IP 地址。

我们从 ISP 那里申请的网络地址也称为主网地址，这是一个没有挪用主机位的网络地址。单位自己划分的子网地址需要挪用主网地址中的主机位来为各个子网编码。网络地址或主网地址不用掩码也可以计算出来，只需要看出它是哪一类 IP 地址。A 类主网地址是 255.0.0.0，B 类主网地址是 255.255.0.0，C 类主网地址是 255.255.255.0。

划分子网会损失主机 IP 地址的数量。这是因为我们需要拿出一部分地址来表示子网地址、子网广播地址。另外，连接各个子网的路由器的每个接口也需要额外的 IP 地址。但是，为了网络的性能和管理的需要，我们不得不损失这些 IP 地址。

以前，子网地址编码中是不允许使用全 0 和全 1 的。如上例中的第一个子网不能使用 200.210.95.0 这个地址，因为担心分不清这是主网地址还是子网地址。但是近年来，为了节省 IP 地址，允许全 0 和全 1 的子网地址编址（注意，主机地址编码仍然无法使用全 0 和全 1 的编址，全 0 和全 1 的编址被用于本子网的子网地址和广播地址）。

读者在实际工作中可以建立类似下面的表格，以便快速进行 IP 地址设计。

B 类地址的子网划分如表 5.2 所示：

表 5.2

划分的子网数量	网络地址位数/挪用主机位数	子网掩码	每个子网中可分配的 IP 地址数
2	17/1	255.255.128.0	32 766
4	18/2	255.255.192.0	16 382
8	19/3	255.255.224.0	8 190
16	20/4	255.255.240.0	4 094
32	21/5	255.255.248.0	2 046
64	22/6	255.255.252.0	1 022
128	23/7	255.255.254.0	510
256	24/8	255.255.255.0	254
512	25/9	255.255.255.128	126
1 024	26/10	255.255.255.192	62
2 048	27/11	255.255.255.224	30

C 类地址的子网划分如图 5.3 所示：

表　5.3

划分的子网数量	网络地址位数/挪用主机位数	子网掩码	每个子网中可分配的 IP 地址数
2	25/1	255.255.255.128	126
4	26/2	255.255.255.192	62
8	27/3	255.255.255.224	30
16	28/4	255.255.255.240	14

下面我们通过一个例子来学习完整的 IP 地址设计。

设某单位申请得到一个 C 类地址 200.210.95.0，需要划分出 6 个子网。我们需要为这 6 个子网分配子网地址，然后计算出本单位子网的子网掩码、各子网中 IP 地址的分配范围、可用 IP 地址数量和广播地址。

步骤 1：计算机需要挪用的主机位的位数。

需要多少主机位需要试算。借 1 位主机位可以分配出 $2^1 = 2$ 个子网地址；借 2 位主机位可以分配出 $2^2 = 4$ 个子网地址；借 3 位主机位可以分配出 $2^3 = 8$ 个子网地址。因此我们决定挪用 3 位主机位作为子网地址的编码。

步骤 2：用二进制数为各个子网编码。

子网 1 的地址编码：200.210.95.00000000

子网 2 的地址编码：200.210.95.00100000

子网 3 的地址编码：200.210.95.01000000

子网 4 的地址编码：200.210.95.01100000

子网 5 的地址编码：200.210.95.10000000

子网 6 的地址编码：200.210.95.10100000

步骤 3：将二进制数的子网地址编码转换为十进制数表示，成为能发布的子网地址。

子网 1 的子网地址：200.210.95.0

子网 2 的子网地址：200.210.95.32

子网 3 的子网地址：200.210.95.64

子网 4 的子网地址：200.210.95.96

子网 5 的子网地址：200.210.95.128

子网 6 的子网地址：200.210.95.160

步骤 4：计算子网掩码。

先计算二进制的子网掩码：11111111.11111111.11111111.<u>111</u>00000

（下划线的位是挪用的主机位）

转换为十进制表示，成为对外发布的子网掩码：255.255.255.224

步骤 5：计算各子网的广播 IP 地址。

先计算二进制的子网广播地址，然后转换为十进制：200.210.95.<u>000</u>11111

子网 1 的广播 IP 地址：200.210.95.<u>000</u>11111/200.210.95.31

子网 2 的广播 IP 地址：200.210.95.<u>001</u>11111/200.210.95.63

子网 3 的广播 IP 地址：200.210.95.<u>010</u>11111/200.210.95.95

子网 4 的广播 IP 地址：200.210.95.<u>011</u>11111/200.210.95.127

子网 5 的广播 IP 地址：200.210.95.<u>100</u>11111/200.210.95.159

子网 6 的广播 IP 地址：200.210.95.<u>101</u>11111/200.210.95.191

实际上，简单地用下一个子网地址减 1，就得到本子网的广播地址。我们列出二进制的计算过程是为了让读者更好地理解广播地址是如何被编码的。

步骤 6：列出各子网的 IP 地址范围。

子网 1 的 IP 地址分配范围：200.210.95.1～200.210.95.30

子网 2 的 IP 地址分配范围：200.210.95.33～200.210.95.62

子网 3 的 IP 地址分配范围：200.210.95.65～200.210.95.94

子网 4 的 IP 地址分配范围：200.210.95.97～200.210.95.126

子网 5 的 IP 地址分配范围：200.210.95.129～200.210.95.158

子网 6 的 IP 地址分配范围：200.210.95.161～200.210.95.190

步骤 7：计算每个子网中的 IP 地址数量。

被挪用后主机位的位数为 5，能够为主机编址的数量为 $2^5-2=30$。

减 2 的目的是去掉子网地址和子网广播地址。

上面给出了在网络规划中进行 IP 地址计算与分配的完整例子。在有网段划分的企业、单位的网络中，就会遇到对网络 IP 地址的设计。设计的核心是从 IP 地址的主机编码位处借位来为子网进行编码。学会并理解本节介绍的方法，可以很容易地对任何网络类型进行子网划分并创建子网。

5.4 地址间转换

5.4.1 MAC 地址与 IP 地址间的解析

我们知道，主机在发送一个数据之前，需要为这个数据封装报头。在报头中，最重要的东西就是地址。在数据帧的帧报头和 IP 报头中，需要分别封装进目标 MAC 地址和目标 IP 地址。

　　但是,目标主机的 MAC 地址是一个随机数,且固化在对方主机的网卡上。发送主机怎么知道目标主机的 MAC 地址呢? 事实上,应用程序在发送数据时,只知道目标主机的 IP 地址,并不知道目标主机的 MAC 地址。

　　TCP/IP 协议规定,获取目标主机 MAC 地址的任务,由地址解析协议 ARP 程序来完成。每台主机中操作系统都配有 ARP 协议程序,完成用目标主机的 IP 地址查得它的 MAC 地址的功能。在图 5.10 的示意图中,假设主机 192.168.5.6 需要向主机 192.168.5.9 发送数据。这时,192.168.5.6 主机中的 ARP 程序就会工作,向网络中发出 ARP 请求广播报文,询问哪台主机是 192.168.5.9 主机,并请它应答自己的查询。

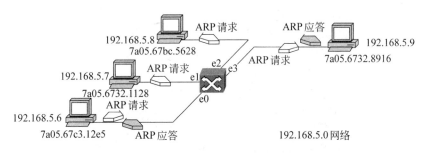

图 5.10　ARP 请求和 ARP 应答

　　网络中的所有主机都会收到这个查询请求广播。但是,只有 192.168.5.9 主机会响应这个查询请求,向源主机发送 ARP 应答报文,把自己的 MAC 地址 7a:05:67:32:89:16 传送给源主机。于是,源主机便得到了目标主机的 MAC 地址。这时,源主机得到了目标主机的 IP 地址和 MAC 地址后,就可以封装数据报的 IP 报头和帧报头了。

　　为了下次再向主机 192.168.5.6 发送数据时不必再向网络查询,ARP 程序会将这次查询的结果保存起来。ARP 程序保存网络中其他主机 MAC 地址的表称为 ARP 表。

　　当别人给 ARP 程序一个 IP 地址,要求它查询这个 IP 地址对应的主机的 MAC 地址时,ARP 程序总是先查自己的 ARP 表,如果 ARP 表中有这个 IP 对应的 MAC 地址,则能够轻松、快速地给出所要的 MAC 地址。如果 ARP 表中没有,则需要通过 ARP 广播和 ARP 应答的机制来获取对方的 MAC 地址。

　　图 5.11 说明了 ARP 程序的工作机制。

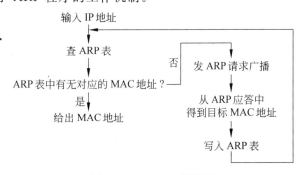

图 5.11　ARP 工作原理

ARP 程序在网络中是一个非常重要的程序。没有 ARP 程序,我们就无法得到目标主机的 MAC 地址,从而无法封装帧报头。

在所有主机中,ARP 程序是作为操作系统的一部分被预装到机器中的。Windows 2000、UNIX、Linux 这样的操作系统中都有 ARP 程序。Windows 2000、XP 中的 ARP 程序是微软公司的工程师们编写的,UNIX、Linux 中的 ARP 程序则是由惠普、中软等其他公司编写的。由于有 ARP 协议的约束,不同操作系统计算机之间的 ARP 互动,仍然可以无缝地顺利完成。

在 Windows 2000 机器上,可以在"命令提示符"窗口用 ARP -a 命令查看到本机中的 ARP 表,如图 5.12 所示。

图 5.12　查看本机中的 ARP 表

5.4.2　域名解析

DNS(domain name service)是"域名服务"的英文缩写,是一种组织成域层次结构的计算机和网络服务命名系统,用于 TCP/IP 网络。

用 200.68.32.35 这样的 IP 地址来表示一台计算机的地址,其点分十进制数不易记忆。由于没有任何可以联想的东西,即使记住后也很容易遗忘。互联网上开发了一套名为域名服务的计算机命名方案,可以为每台计算机起一个域名,用一串字符、数字和点号组成。DNS 用来将这个域名翻译成相应的 IP 地址。例如北京信息工程学院 WWW 服务器的域名 www.biti.edu.cn(BITI 是北京信息工程学院的英文缩写),通过 DNS 解析出这台服务器的 IP 地址是 200.68.32.35。有了域名(有时候是非常响亮的域名,如 www.8848.com 这样用喜马拉雅山高度命名的域名),计算机的地址就很容易记住和被人访问。

网络寻址是依靠 IP 地址、物理地址和端口地址完成的。所以,为了把数据传送到目标主机,域名需要被翻译成为 IP 地址供发送主机封装在数据报的报头中。负责将域名翻译成 IP 地址的是域名服务器。为此我们需要在类似图 5.10 的计算机界面中设置为自己服务的 DNS 服务器的 IP 地址。

1) 域名解析的原理

主机中的应用程序在通信时,把数据交给 TCP 程序,同时还需要把目标端口地址、源端口地址和目标主机的 IP 地址交给 TCP。目标端口地址和源端口地址供 TCP 程序封装 TCP 报头使用,目标主机的 IP 地址由 TCP 程序转交给 IP,供 IP 程序封装 IP 报头使用。

如果应用程序拿到的是目标主机的域名而不是它的 IP 地址,就需要调用 TCP/IP 协议中应用层的 DNS 程序将目标主机的域名解析为它的 IP 地址。

一台主机为了支持域名解析,需要在机器的配置中指明为自己服务的 DNS 服务器。如图 5.13 所示,主机 A 为了解析一个域名,把待解析的域名发送给自己机器设置中指明的 DNS 服务器。一般都是设置为一台本地的 DNS 服务器。本地 DNS 服务器收到待解析的域名后,查询自己的 DNS 解析数据库,将该域名对应的 IP 地址查到后,发还给 A 主机。

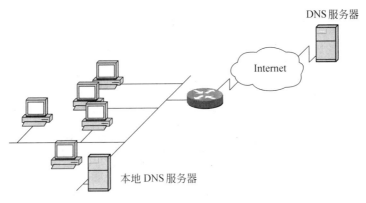

图 5.13　DNS 的工作原理

如果本地 DNS 服务器的域名数据库中无法找到待解析域名的 IP 地址,则将此解析交给上级 DNS 服务器,直到查到需要寻找的 IP 地址。

下面,我们详细举例说明。假设我们要查询互联网上的一个名——www. derun. com. cn,从该名称我们知道,此部主机在中国 CN,而且要找的是组织名称 derun. com. cn 此网域下的 www 主机。为域名解析过程的步骤如下。

步骤 1:我们的主机向自己配置中指定的 DNS 服务器发 DNS 服务请求报文,把域名 www. derun. com. cn 发送给该服务器。

步骤 2:DNS 服务器先行查询自己的域名表中是否有 www. derun. com. cn 这个主机域名。

步骤 3:查询后发现缓存区中没有此域名的记录,会取得一台根网域的其中另一台服务器,发出要找 www. derun. com. cn 的请求。

步骤 4:在根网域中,向根 DNS 服务器询问。根 DNS 服务器记录了各顶级域名分别是由哪些 DNS 服务器负责,所以会响应最接近的为控制 CN 网域的 DNS 服务器。

步骤 5:根 DNS 服务器告诉本地 DNS 服务器哪部服务器负责.cn 这个域名,然后本地 DNS 服务器再向 CN 网域的 DNS 服务器发出解析 www. derun. com. cn 的请求。

步骤 6:在.cn 这个网域中,被指定的 DNS 服务器在本机解析库中没有找到此域名的记录,会响应原本发出查询要求的 DNS 服务器说最近的服务器在哪里。它将回应最近的主机为控制 com. cn 网域的 DNS 服务器。

步骤 7：原本被查询的 DNS 服务器主机，收到继续查询的 IP 位置后，会再次向 com. cn 的网域的 DNS 服务器发出寻找 www. derun. com. cn 域名解析的请求。

步骤 8：com. cn 的网域中，被指定的 DNS 服务器在本机上没有找到此域名，所以会回复查询要求的 DNS 服务器，告诉最接近的服务器的位置，回应最接近为控制 derun. com. cn 的网域的 DNS 主机。

步骤 9：原本被查询的 DNS 服务器接收到应继续查询的位置，再向 derun. com. cn 网域的 DNS Server 发出寻找 www. derun. com. cn 的要求，最后会在 derun. com. cn 的网域的 DNS 服务器找到 www. derun. com. cn 主机的 IP 地址。

步骤 10：原本发出查询要求的 DNS 服务器接收到查询结果后，将最终结果 IP 地址发送给原查询的客户端。

本地 DNS 服务器中的域名数据库可以从上级 DNS 提供处下载，并得到上级 DNS 服务器的一种称为"区域传输（Zone Transfer）"的维护。本地 DNS 服务器可以添加上本地化的域名解析。

2）域名的结构

域名规定为一个有层次的主机地址名，层次由"."来划分。越在后面的部分，所在的层次越高。www. biti. edu. cn 这个域名中的 cn 代表中国，edu 表示教育机构，biti 则表示北京信息工程学院，www 表示北京信息工程学院 biti. edu. cn 主机中的 WWW 服务器。

域名的层次化不仅能使域名表现出更多的信息，而且能为 DNS 域名解析带来方便。域名解析是依靠一种庞大的数据库完成的。数据库中存放了大量域名与 IP 地址的对应记录。DNS 域名解析本来就是网络为了方便使用而增加的负担，需要高速完成。层次化可以使数据库在大规模的数据检索中加快检索速度。我国自己的中文域名系统为了追求名称简单、短小，采用非层次结构。如"北信"，就直接是北京信息工程学院的中文域名。

域名的层次结构如图 5.14 所示。在域名的层次结构中，每一个层次被称为一个域。cn 是国家和地区域，edu 是机构域。两个域是遵循一种通用的命名的。常见的国家和地区域名有：cn：中国；us：美国；uk：英国；jp：日本；hk：中国香港；tw：中国台湾。

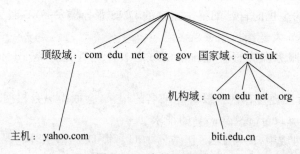

图 5.14　域名的层次

以地域区分的最高域名有：aq（南极洲）、ar（阿根廷）、at（奥地利）、au（澳大利亚）、be（比利时）、br（巴西）、ca（加拿大）、ch（瑞士）、cn（中国）、de（德国）、dk（丹麦）、es（西班牙）、fi（芬兰）、fr（法国）、gr（希腊）、ie（爱尔兰）、il（以色列）、in（印度）、is（冰岛）、it（意大利)、jp(日本)、kr(韩国)、my(马来西亚)、nl(荷兰)、no(挪威)、nz(新西兰)、pt(葡萄牙)、ru(俄罗斯)、se(瑞典)、sg(新加坡)、th(泰国)、tw(中国台湾)、uk 或 gb(英国)、us(美国)等。

常见的机构域名有：

com：商业实体域名。这个域下的一般都是企业、公司类型的机构。这个域的域名数量最多，而且仍在不断增加，导致这个域中的域名缺乏层次，造成 DNS 服务器在这个域技术上的大负荷，以及对这个域管理上的困难。目前正在考虑把 com 域进一步划分出子域，使以后新的商业域名注册在这些子域中。

edu：教育机构域名。这个域名是给大学、学院、中小学校、教育服务机构、教育协会的域。最近，这个域只给 4 年制以上的大学、学院，2 年制的学院、中小学校不再注册于新的 edu 域下了。

net：网络服务域名。这个域名提供给网络提供商的机器、网络管理计算机和网络上的节点计算机。

org：非营利机构域名。

mil：军事用户。

gov：政府机构域名。不带国家域名的 gov 域被美国把持，只提供美国联邦政府的机构和办事处。

int：国际机构

不带国家域名层的域名被称为顶级域名。顶级域名需要在美国注册。

在互联网上还使用另一类地址，即电子邮件的地址(E-mail 地址)。E-mail 地址具有以下统一的标准格式：用户名@主机域名。@符号是你选用的邮件服务器的机域名。@可以读成"AT"，也就是"在"哪台机器上的意思。

3）域名的获取

在互联网上使用的域名需要注册，以保证域名的唯一性。涉及域名注册管理的相关主要机构有三个：国际互联网名称和地址分配组织(ICAAN)、国际互联网络信息中心(interNIC)和中国互联网络信息中心(CNNIC)。

ICANN 是"The Internet Corporation for Assigned Names and Numbers"的缩写，成立于 1998 年 10 月，主要负责全球互联网的根域名服务器和域名体系、IP 地址及互联网其他码号资源的分配管理和政策制订。ICANN 的最高管理机构由来自世界各国的18 名代表组成，负责决定一些重大事项。

在 5.1.1 节介绍的国际互联网络信息中心(InterNIC)，除了管理 IP 地址的分配以外，也提供互联网域名登记服务的公开信息。

我国的 CNNIC 是经国务院主管部门批准授权，于 1997 年 6 月 3 日组建的非营利性的管理和服务机构，行使国家互联网络信息中心的职责。CNNIC 是我国域名体系注册管理机构和域名根服务器运行机构。CNNIC 负责运行和管理国家顶级域名 CN、中文域名系统及通用网址系统。CNNIC 是亚太互联网络信息中心(APNIC)的国家级互联网络注册机构成员(NIR)。以 CNNIC 为召集单位的 IP 地址分配联盟，负责为我国的网络服务商(ISP)和网络用户提供 IP 地址和 AS 号码的分配管理服务。

注册域名不受限制,单位和个人均可申请,通常是在域名注册注册商或者其代理服务商的网站上进行。这些服务商需要经过 ICANN 的认证。国内顶级国际域名注册商共有8家,可以在网站 http://www.wm23.com/resource/R02/domain_2004.htm 查询。每家注册商都有不同数量的代理商。各家公司提供的服务内容大体类似,但服务水平和服务方式会有一定的差异。通过顶级域名注册商直接注册域名,通常可以完全自助完成、自行管理,整个过程完全在网上进行。如果对互联网应用不很熟悉,也可通过本地的代理服务商进行域名注册。

国内域名的注册要通过 CNNIC 授权的国内域名注册商进行。一般的域名注册商在经营国际域名的同时也都经营国内域名的注册,因此在选择国内域名注册和国际域名注册商时,通常没有必要分开进行。如果对域名注册商的身份有疑问,可以到 CNNIC 网站公布的域名注册名录中核对。

我国提供域名注册的代理商有很多,如中国电信、中国联通、中国万网、东方网景、阿里巴巴等。中国万网是中国互联网络信息中心 CNNIC 首家授权的国家顶级域名注册商,通过中国万网注册的中英文域名超过 800 万个。图 5.15 是中国万网的英文域名注册页面。

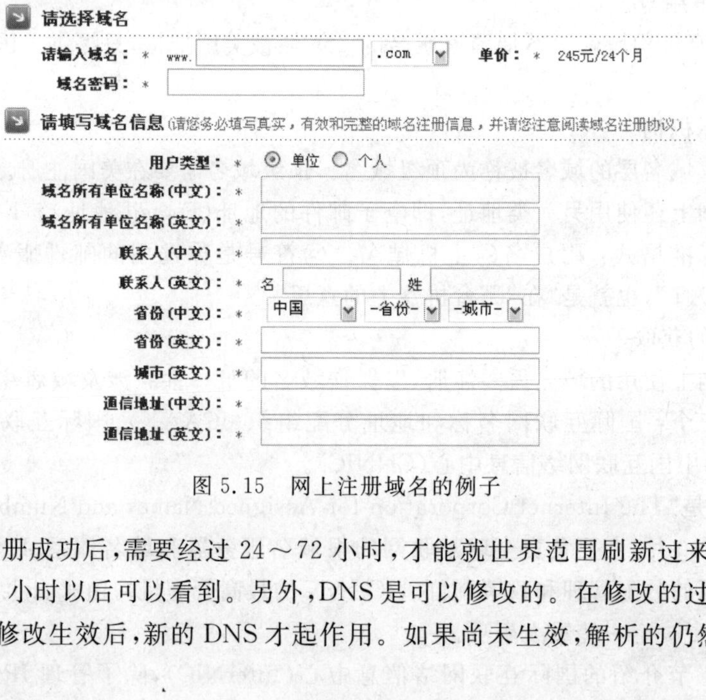

图 5.15　网上注册域名的例子

DNS 在注册成功后,需要经过 24～72 小时,才能就世界范围刷新过来。internic 的信息一般在 24 小时以后可以看到。另外,DNS 是可以修改的。在修改的过程中,域名不会停止解析。修改生效后,新的 DNS 才起作用。如果尚未生效,解析的仍然是旧的域名与 IP 地址。

5.5　地址获取

5.5.1　地址的获取

为了在通信时寻找到对方,或让对方知道自己,每台计算机都需要一对地址——MAC 地址和 IP 地址。其中,MAC 地址用来标注某一台计算机;IP 地址既标注某一台计算机,也标注这台计算机所在的网络。计算机发出报文,不仅需要在报头中指明目标主机和目标主机所在的网络,还需要指明这个报文到达目标主机后,应交给哪个应用层程序。这时就需要用端口地址来指明。

下面我们介绍一台主机的 MAC 地址和 IP 地址是如何得到的,以及应用程序的端口地址是怎么分配的。

1) MAC 地址的获取

如前所述,MAC 地址又称物理地址,是由生产通信网卡的厂商自己编写的。我们知道,网络中的地址需要严格的唯一性,以确保网络传输不至混乱。尽管没有专门的管理机构管理 MAC 地址,但是,由于 6 字节 48 位的 MAC 地址是厂商通过随机数生成的,因此,仍然以较大概率确保了地址的唯一性。

一台主机安装了网卡后,这台主机就自动拥有一个 MAC 地址。生产网卡的厂商在出厂前,会把随机生成的一个号码作为这块网卡的 MAC 地址固化在网卡中。笔记本电脑、路由器等网络产品所拥有的 MAC 地址,也都是生产厂商在出厂前固化在网络接口电路中的,因此都已经拥有了 MAC 地址。

2) IP 地址的获取

主机的 IP 地址需要分配得到。在局域网中,需要由该局域网的管理单位,如网管中心、信息中心负责分配,来确保网络中地址的唯一性。一个单位的局域网,首先由网管中心或信息中心进行规划,将网络分成一个个子网。你的主机需要在所在子网中分配一个 IP 地址。

由本单位网管中心或信息中心分配的、用于局域网中的 IP 地址,称为内部 IP 地址(internal IP)或私有 IP 地址(private IP)。

在互联网中的主机 IP 地址,则需要申请得到,由互联网相关的管理机构负责分配。目前全世界共有三个这样的管理机构。其中,ENIC 负责欧洲地区的互联网主机分配 IP 地址。APNIC 负责亚太地区,InterNIC 负责美国及其他地区。通常,每个国家需成立一个组织,统一向有关国际组织申请 IP 地址,然后再分配给客户。在我国,这样的组织是中国互联网络信息中心(CNNIC)。我国用户申请 IP 地址要通过 APNIC(总部设在日本东京大学)或 CNNIC(位于北京中科院)。申请时要考虑申请哪一类 IP 地址,然后向国内的代理机构提出。

通过申请得到的互联网 IP 地址,通常称为外部 IP 地址(external IP)或公有 IP 地址(public IP)。一台局域网中的主机(通常称为内网主机)在连接到互联网时,需要通过连接内外网的路由器进行地址转换,获得一个可以在互联网中使用的外部 IP 地址来标识本内网主机。这种地址转换的方法,我们将在下一章介绍。

3) 端口地址的获取

在网络通信中,为了标识应用程序,需要为参加通信的应用程序编号。这个应用程序编号被称为端口号或端口地址。端口号由两个字节的二进制组成,翻译为十进制,范围从 0 到 65 535。

根据 TCP/IP 协议集实现应用程序占用了 1～1023 的端口号。其中,1～255 的端口号最为知名。这些知名端口号由互联网号分配机构 IANA(Internet Assigned Numbers

Authority)管理。IANA 不仅管理 1～255 之间的端口号,实际上管理 1～1 023 之间所有的端口号。

256～1 023 之间的端口号通常由 UNIX 系统的应用层程序占用,以提供一些特定的 UNIX 服务。也就是说,提供一些只有 UNIX 系统才有的、其他操作系统可能不提供的服务。现在其他应用程序可以使用大于 1 023 的端口号。由于这部分端口地址没有统一的管理,可能出现不同厂家或单位为自己应用程序定义的端口号出现相互冲突。但是,像微软的 SQL Server 已经占用了 1 433,其他厂家或单位就不会为自己的应用程序定义这个端口号。

由此可见,一个应用程序使用哪个端口号,是由自己来定义的。只要大于 1 023,且回避那些著名的端口地址即可。

5.5.2 动态 IP 地址分配

每台计算机上的 IP 地址,可以静态配置到机器上,也可以动态分配。动态分配 IP 地址是指网络中的计算机不用事先手工配置 IP 地址,在其启动的时候,由网络中的一台 IP 地址分配服务器负责为它分配。当这台机器关闭后,地址分配服务器将收回为其分配的 IP 地址。

有三个负责动态分配 IP 地址的协议:RARP、BOOTP 和 DHCP。主机中会安装这三个程序,或其中的某个程序。它们的工作原理基本相同。我们以 DHCP 的工作原理为例来解释动态 IP 地址分配的过程。

打开"TCP/IP 属性"窗口,选择"自动获取 IP 地址"(见图 5.16)。确认后,这台计算机在开机时只有 MAC 地址,没有 IP 地址。

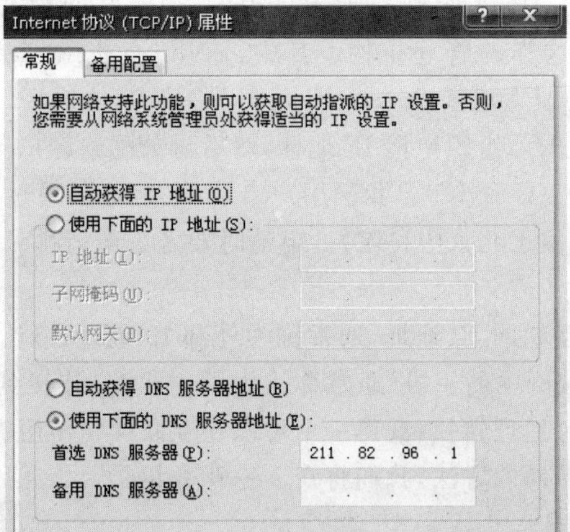

图 5.16　动态 IP 地址的分配过程(一)

如图 5.17 所示,一台主机开机后如果发现自己没有配置 IP 地址,就将启动自己的 DHCP 程序,以动态获得 IP 地址。DHCP 程序首先向网络中发"DHCP 发现请求"广播包,寻找网络中的 DHCP 服务器。DHCP 服务器收听到这个请求后,将向请求主机发应答包(单播)。请求主机这时就可以向 DHCP 服务器发送"IP 地址分配请求"。最后,DHCP 服务器就可以在自己的 IP 地址池中取出一个 IP 地址,分配给请求主机。

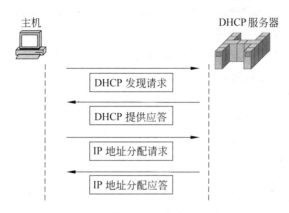

图 5.17　动态 IP 地址的分配过程(二)

使用 DHCP 时必须在网络上有一台 DHCP 服务器,而其他机器在启动时执行 DHCP 客户端程序。当 DHCP 客户端程序发出一个报文,要求得到一个动态的 IP 地址时,DHCP 服务器会根据目前已经配置的地址,提供一个可供使用的 IP 地址和子网掩码给客户端。同时,DHCP 服务器还会将本网络的默认网关(默认网关在下一章介绍)配置到申请 IP 地址的机器上。

图 5.18 中,最上方的一台计算机向 DHCP 服务器申请 IP 地址,DHCP 服务器将 192.168.15.0 网段上的一个 IP 地址分配给该主机。

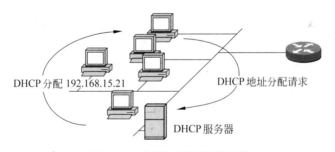

图 5.18　主机与 DHCP 服务器

DHCP 是 dynamic host configuration protocol 的缩写,它是 TCP/IP 协议集中的一种,用来给网络客户机分配动态的 IP 地址。这些被分配的 IP 地址都是 DHCP 服务器预先保留的一个由多个地址组成的地址集,并且它们一般是一段连续的地址。

使用动态 IP 地址分配的优点是:DHCP 服务器能够动态地为网络中的其他计算机提供 IP 地址。使用 DHCP,可以不给网络中除 DHCP、DNS 和 WINS 服务器外的任何服务器设置和维护静态 IP 地址。使用 DHCP 可以大大简化配置网络中其他计算机的工作,尤其是当某些 TCP/IP 参数改变时,如网络的大规模重建而引起的 IP 地址和子网掩码的更改。归纳起来,在网络中配置 DHCP 服务器有如下优点:

（1）用户不需手工配置 TCP/IP。

（2）提供安全可信的配置。DHCP 避免了在每台计算机上手工输入数值引起的配置错误，还能防止网络上计算机配置地址的冲突。

（3）使用 DHCP 服务器能大大减少配置花费的工作量和重新配置网络上计算机的时间。网络管理员可以集中为整个网络规划和审核 IP 地址。

（4）客户机在子网间移动时，旧的 IP 地址自动释放以便再次使用。在再次启动客户机时，DHCP 服务器会自动为客户机重新配置 TCP/IP。

动态分配方法是唯一能够自动重复使用 IP 地址的方法，它对于暂时连接到网上的计算机来说尤其方便，对于永久性与网络连接的新主机来说也是分配 IP 地址的好方法。网络中的计算机在关机时会放弃申请的 IP 地址，然后，DHCP 服务器就可以把该 IP 地址分配给其他申请 IP 地址的计算机。这样的方法可以解决 IP 地址不够用的困扰。例如，C 类网络只能支持 254 台主机，而网络上的主机有 300 多台，但如果网上同一时间最多有200 个用户，此时如果使用手工分配将不能解决这一问题。而动态分配方式的 IP 地址并不固定分配给某一台计算机。只要有空闲的 IP 地址，DHCP 服务器就可以将它分配给要求地址的客户机；当客户机不再需要 IP 地址时，则 DHCP 服务器重新收回。

网络中的路由器可以转发 DHCP 配置请求，因此，互联网的每个子网并不都需要DHCP 服务器。另外，大部分路由器都内置 DHCP 功能，可以充当 DHCP 服务器，网络中不需要单独的计算机作为 DHCP 服务器。

如果一台计算机在 TCP/IP 的配置中选择"自动获取 IP 地址"，而网络中又没有DHCP 服务器，那么这台主机启动时的动态 IP 地址请求和分配就会失败。这时，这台计算机将会从 169.254.0.0 到 169.254.255.255 中自己临时选取一个，作为自己的IP 地址。

5.5.3　地址冲突

网络中所有计算机的地址必须是唯一的，如果有两台或两台以上的计算机配置以相同的地址，则网络报文将无法确认应该发往哪台机器，从而造成网络混乱。因此，计算机在网络通信过程中，如果检测到自己的地址与同网络中其他计算机的地址相同，就会报错，并终止通信服务。

最常见的是 IP 地址冲突（见图 5.19）。当计算机使用过程中出现"计算机探测到IP 地址与您的网卡物理地址发生冲突"的错误时，说明计算机探测到网络中有计算机与本机使用了相同的 IP 地址。这时，这台机器就无法再使用网络。这样规定的目的是至少保证第一台配置了冲突的 IP 地址的机器仍然能够使用网络。

通常，造成 IP 地址冲突的原因主要有：

（1）用户自己随意配置自己机器的 IP 地址，而不是由网管中心或信息中心来分配地址。

（2）用户无意中修改了自己的 IP 地址，网络管理员失误造成网络中出现了重复的地址。

（3）用户有意修改自己的 IP 地址，以冒充具有特殊权限的主机接入网内。

使用 TCP/IP 协议时，每台主机必须具有独立的 IP 地址，有了 IP 地址的主机才能与网络上的其他主机进行通信。对于选择静态 IP 地址配置方案的网络，通常会出现 IP 地

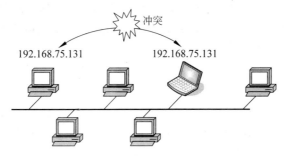

图 5.19　IP 地址冲突

址冲突的问题。IP 地址冲突造成了很坏的影响,最重要的是网络客户不能正常工作,只要网络上存在 IP 地址冲突的计算机,所涉及的计算机就无法正常使用网络。

　　MAC 地址与 IP 地址一样,在网络中需要具有唯一性。但是由于 MAC 地址是网络设备制造商生产时写在网卡的 BIOS 里,不像 IP 地址由用户来配置,因此应该不会出现 MAC 地址冲突。

　　虽然 MAC 地址是写在网卡硬件上的,在 XP 中却是可以修改的。这样,如果有冒用者把自己计算机的 MAC 地址修改为网络中具有某种权限的主机,就会出现 MAC 地址冲突。

　　为了说明 MAC 地址可以被修改,下面我们了解一下 MAC 地址的修改过程。

　　用鼠标右键单击计算机桌面上"我的邻居"图标,选择"属性",打开"网络连接"窗口。找到"本地连接"图标,单击鼠标右键,选择"属性",打开如图 5.20 所示的窗口。

　　在"本地连接属性"窗口中,选择"配置",打开如图 5.21 所示的窗口:

图 5.20　本地连接属性窗口

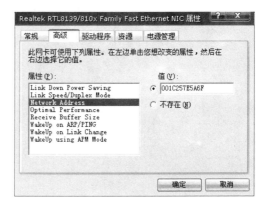

图 5.21　网卡配置窗口

　　在图 5.21 的"网卡配置窗口"的选项卡"高级"中,单击属性选项框中的第二项 "Network Address",可以把需要修改的 MAC 地址填在右侧的空白框中。用连续的 16 进制数填写想要的 MAC 地址,如 001C257E5A6F,单击确定按钮,重新启动机器,即可完成修改。

如果网络上某项应用的安全策略(诸如访问权限,存取控制等)是基于 MAC 地址或 IP 地址进行的,非法的 MAC 或 IP 用户就会对应用系统的安全造成严重威胁。

小结

IP 地址可辨识网络中的任何一个网络和计算机。一个 IP 地址指明的是哪个网络、哪台计算机,需要根据 IP 地址的分类来确定。一般将 IP 地址按节点计算机所在网络规模的大小分为 A,B,C 三类,默认的网络分类是根据 IP 地址中的第一个字节确定的。

本章学习的 IP 地址计算,对于网络规划和 IP 地址分配非常重要。网络建设完成后,需要规划网络的子网划分。然后,为各个子网计算并分配子网 IP 地址。计算每个子网的 IP 地址后,还应计算该子网的掩码和地址范围。通常,由局域网单位的信息中心或网管中心为网络中的计算机分配 IP 地址,也可以把一个子网的地址范围通知该子网所属的部门,由该部门为本部门的计算机分配 IP 地址。

最好的 IP 地址分配是使用动态 IP 地址分配,这样就不需要为各台计算机手工配置 TCP/IP,大大减少配置花费的工作量和重新配置网络上计算机的时间,同时,也避免了在每台计算机上手工输入数值引起的配置错误,防止网络上计算机配置地址的冲突。

IPv6 地址的空间远远大于 IPv4,解决了互联网地址日益匮乏的问题。尽管还需耐心等待 IPv6 的实际应用之日,不过,将现有的网络改造成 IPv6,是一个建立可靠的、可管理的、安全和高效的 IP 网络的长期解决方案,对于制订企业网络的长期发展计划,规划网络应用的未来发展方向,都是十分有益的。

第6章 网络分割

经过前面章节的学习,我们讨论了网络设备通信的主要技术,并学习了如何组建简单网络。本章我们将介绍一个单位、企业或者院校的网络是如何构建的,以及组建更复杂的网络所需要的技术和设备。对局域网的组成有较清晰的了解,有利于我们在工作中更好地使用网络解决业务问题。

6.1 网段分割

6.1.1 网段分割的目的

在第3章我们讨论了如何使用一台集线器或交换机来搭建一个简单的网络。现在,把这些简单的网络连接起来,就构成了具有一定规模的局域网。反过来,一个局域网也被分解为多个简单的网段(也就是子网),然后连接成一个完整的网络。

将一个局域网分解为多个简单网段有以下几个目的:

1)隔离广播

2)进行网络安全控制

3)延伸网络距离

4)分解网络负荷

网络中存在大量广播报文。广播报文需要播送到网络的所有链路,以使有可能需要收听广播的主机都能收到广播。即使有些链路不需要接收某个广播,集线器、中继器、交换机也会把广播报文包转发过去,浪费了网络带宽。同时,一个与某广播无关的主机,也需要花费 CPU 时间来阅读广播报文才能知道该报文是否与自己有关。因此需要将局域网中的广播通过网段分割隔离开来,以提高网络的性能。图 6.1 是通过路由器分割一个网络的例子。

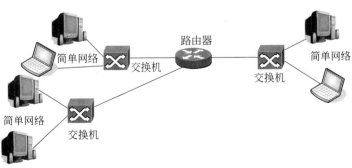

图 6.1 简单网络互联而成的局域网

将一个大的网络分割成小的子网,有利于实施网络安全控制。比如一个企业的网络,划分成对外 B2B 联络的子网、普通部门的子网、财务部门的子网和要害部门的子网,就很容易分别制订网络安全策略,并通过在连接各个子网的路由器上部署包过滤防火墙来实现网络安全控制。

由于所有传输介质都有衰减特性(电缆、光纤、无线介质),数据信号会因衰减而无法在接收端恢复,因而限制了网络节点之间的传输距离。通过使用网络设备中名为中继器的设备,可以延伸网络距离,增加局域网的覆盖范围。中继器接收从一个网段传来的信号,重新生成信号,再发送到另外一个网段,使其在另外一个网段中的传输保证信号的完整性。这样的接力式传输,延长了网络距离。

用集线器连接的网络,当一个主机发送数据时,集线器会把数据报向所有端口转发。这时其他主机的通信就需要等待,浪费了网络的带宽。网络教科书把一组处于同一共享、争用的网络区域,称为冲突域。冲突域是指主机同时使用传输介质和交换设备会发生冲突的区域。为了提高网络性能,就需要分割网络为一个个的网段,将冲突域化整为零,进而分割网络冲突,提高网络的性能。

6.1.2　网段分割的主要设备

完成分割网络的网络设备有中继器、交换机和路由器。早期的网络中还使用一种名为网桥的设备。但是网桥的所有功能目前的交换机都能够完成,而且交换机的功能更全面、更灵活,所以网桥这个网络设备已经逐渐退出了网络技术。

1) 使用交换机隔离介质访问冲突

早期的网络使用一种桥的设备把大的冲突域分割成为较小的冲突域。网桥监听两侧网段中的数据报。如果发现有需要跨越网段的数据报,就转发到另外网段上。换句话说,一个网段内部的通信,由于桥的隔离作用,不会与另外一个网段的通信发生冲突。因此,网桥是一个分割冲突域以改善网络性能的设备。交换机的出现及其价格的不断下降,使它成为替代桥来切割冲突域的设备,并使网桥退出并消失。

在第 3 章我们介绍过交换机的工作原理,它通过分析数据报头中的 MAC 地址,查交换表确定该数据报该向哪个端口转发。因为它要分析 OSI 模型中的链路层地址并完成链路层的工作(如校验数据报),所以我们称交换机是一种链路层的网络设备,它工作在链路层。

交换机避免了一对主机的通信会影响其他主机的通信,完成了桥所完成的隔离介质访问冲突功能。而且,交换机不是把网络分成两三个网段,而是一对主机动态分成一个网端。所以人们也称交换机是一个微分段的桥。交换机成功地隔离了网络中主机通信的介质访问冲突,分割了冲突域,有效地提高了网络的性能(见图 6.2)。

2) 使用路由器隔离广播

如果一组主机可以互相收听到其他主机的广播,我们称这组主机处于同一广播域。

一个有大量主机的广播域,会严重地降低网络性能。对于一个大型网络,如果把所有主机连接在一起,其广播报文包甚至会淹没整个网络。因此,需要把一个大的局域网分割成更小的一些广播域来改善网络性能。

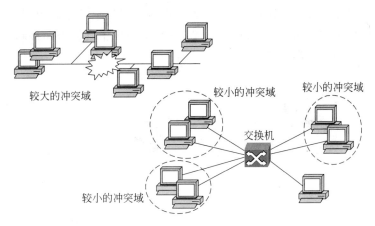

图 6.2　交换机分割冲突域

集线器、中继器、交换机不隔离广播,而路由器不转发广播报,所以可以分割广播域,将广播限制在一个较小的范围,进而减少网络广播引起的网络带宽消耗,提高网络的性能(见图 6.3)。

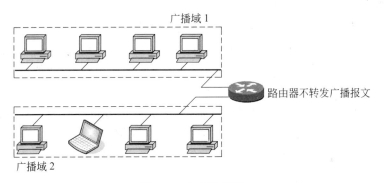

图 6.3　分割广播域

随着局域网的增长,局域网中容纳的主机数量越来越多。每增加一个工作站或服务器,维持带宽的工作就越困难,网络的负担就越重。合理地分割冲突域和广播域,将大网络分为若干分离的子网(由路由器完成)和网段(由桥和交换机完成),可以有效地改善网络性能,最大限度地提高带宽的利用率,获得高性能的网络。

　　3) 使用中继器延伸网络距离

由于所有传输介质都有衰减特性(电缆、光纤、无线电),数据信号会因衰减而无法在接收端恢复,因而限制了网络节点之间的传输距离。这时,可以使用中继器设备来延伸网络的传输距离。中继器接收从一个网段传来的信号,重新生成信号,再发送到另外一个网段,使其在另外一个网段中的传输保证信号的完整性。这样的接力式传输,延长了网络距离。

UTP 电缆和 STP 电缆依据规范,传输距离不超过 100m。如果需要连接更远距离的网段,就需要中继器来连接。光纤能够传输的距离很远,单模光纤甚至一次可以传输几十千米而保证光信号的完好。但是更远的传输距离也需要有光中继器进行信号的再生。

WLAN 中的无线介质数据传输,由于空中无线电管理对发射功率的限定,无线网卡和无线 Hub 的传输距离都不超过 200m,因此 WLAN 也使用中继器来连接超过规定距离的网段。图 6.4 是无线中继器的使用例子。

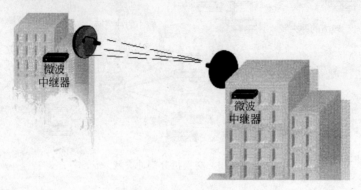

图 6.4 微波中继器

回忆第 2 章讨论的集线器 Hub 的工作原理,它收到一个数据帧后就向所有的其他端口转发。这与中继器收到一帧数据报后向另外一个端口转发的功能和工作原理完全相同,只是转发的端口更多。所以很多教科书把集线器 Hub 称为多口中继器(multiport repeater)。由于 UTP 电缆的集线器价格直线下降(一个 4 口的 Hub 只需要 100 元钱左右),在网络需要延长 UTP 电缆距离的场合,人们不再使用中继器,而使用集线器。UTP 电缆中继器在市场上已经消失。

从 OSI 模型来看,中继器是物理层设备,因为它并不分析接收到的数据帧里面的地址,也不对数据帧进行校验,而只是简单地再生信号,并把信号转发到另外一个网段。所以,中继器和集线器都是工作在物理层的设备。

6.2 路由技术

路由技术是网络中最精彩的技术,路由器是非常重要的网络设备。路由技术被用来互联网络。网络互联有两个范畴。一个是局域网内部的各个子网之间的互联;另一个就是通过公共网络(如电话网、DDN 专线、帧中继网、互联网)把不在一个地域的局域网远程连接起来,形成一个广域网。本章讨论局域网内部的各个子网之间的互联,广域网互联将在第 9 章讨论。

一个局域网也被分解为多个子网,然后用路由器连接起来,这是最普遍的网络建设方案。路由器在这里扮演隔离广播和实现网络安全策略的角色。

6.2.1 路由器的作用和工作原理

我们在 6.1.1 节讨论过希望实现将一个大的网络分割为若干小的子网,以便实现网络广播隔离和网络安全控制。分割开的子网之间的连接,需要使用被称为路由器的设备。

路由器(router)连接多个逻辑上或物理上分开的子网。当数据从一个子网传输到另一个子网时,需要通过路由器来转发。路由器具有判断网络地址和选择路径的功能,能够在多子网互联的要求中,建立灵活的连接。归纳起来,路由器具有下列三个功能:在子网间转发报文;隔离广播报文;实现网络安全控制。

路由器不仅可以在局域网中互联子网,还能远程连接局域网,所以,路由器分为本地路由器和远程路由器。本地路由器用来连接子网,使用的网络传输介质有光纤、双绞线、微波。远程路由器用来互联网络,使用光缆、电缆、微波。远程路由器使用电缆连接网络时,还需要配置调制解调器;使用微波时,要通过无线接收机、发射机来进行微波的发送与接收。图6.5是一个企业级路由器。

图 6.5　思科企业级路由器 R3600E

路由器在局域网中用来互联各个子网,同时隔离广播和介质访问冲突。正如前面所介绍的,路由器将一个大网络分成若干个子网,以保证子网内通信流量的局域性,屏蔽其他子网无关的流量,进而更有效地利用带宽。对于那些需要前往其他子网和离开整个网络前往其他网络的流量,路由器提供必要的数据转发。

我们通过图6.6来解释路由器的工作原理。

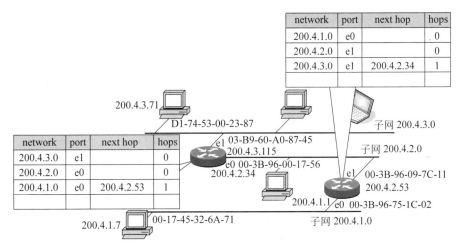

图 6.6　路由器的工作原理

图6.6中有三个子网,由两个路由器连接起来。三个 C 类地址子网分别是200.4.1.0、200.4.2.0 和 200.4.3.0。

如图所示,路由器的各个端口也需要有一对地址:IP 地址和主机地址。路由器的端口连接在哪个子网上,这个端口的 IP 地址就应属于哪个子网。例如,右侧路由器两个端口的 IP 地址 200.4.1.1、200.4.2.53 分别属于子网 200.4.1.0 和子网 200.4.2.0。左侧路由器两个端口的 IP 地址 200.4.2.34、200.4.3.115 分别属于子网 200.4.2.0 和子网 200.4.3.0。

图中显示,每个路由器中存放了一个路由表,主要由网络地址、转发端口、下一跳路由器的 IP 地址和跳数四项组成。

网络地址:指明本路由器能够前往的网络

端口：指明前往某个网络该从本路由器的哪个端口转发出去

下一跳：指明前往某个网络，下一跳的中继路由器的 IP 地址

跳数：指明前往某网络需要穿越几个路由器

下面我们来看一个需要穿越路由器的数据报是如何被传输的。

如果主机 200.4.1.7 要将报文发送到本网段上的其他主机，源主机通过 ARP 程序可获得目标主机的 MAC 地址，由链路层程序为报文封装帧报头，然后发送出去。

当 200.4.1.7 主机要把报文要发向 200.4.3.0 子网上的 200.4.3.71 主机时，因为路由器具有隔离广播的特性，源主机无法使用 ARP 协议获得对方的 MAC。所以，200.4.1.7 主机无法直接与其他子网上的主机直接通信。这时，主机 200.4.1.7 发现目标主机 200.4.3.71 与自己不在一个子网中，便会把发给主机 200.4.1.7 的报文发给右侧的路由器。

右侧路由器从它的端口 e0 收到这个报文。右侧路由器收到这个报文后，将拆除报文的帧报头，从里面的 IP 报头中取出目标 IP 地址。然后，右侧路由器将目标 IP 地址 200.4.3.71 同子网掩码 255.255.255.0 做"与"运算，得到目标网络地址是 200.4.3.0。下面，路由器将查路由表（见图 6.6，每个路由器在其内存中都有一个路由表），通过查表可以得知该数据报应该从自己的 e1 端口转发出去，且下一跳路由器的 IP 地址是 200.4.2.34。

右侧路由器需要重新封装在下一个子网的新数据帧。通过 ARP 表，取得下一跳路由器 200.4.2.34 的 MAC 地址。封装好新的数据帧后，右侧路由器将数据通过 e1 端口发给左侧的下一个路由器。

现在，左侧路由器收到了右侧路由器转发过来的数据帧。在左侧路由器中发生的操作与在右侧路由器中的完全一样。只是，左侧路由器通过路由表得知目标主机与自己是直接相连接的，而不需要下一跳路由。在这里，数据报的帧报头将最终封装上目标主机 200.4.3.71 的 MAC 地址而发往目标主机。

通过本例，我们了解了路由器是如何转发数据报，将报文转发到目标网络的。路由器通过查路由表决定将报文转发给目标主机，还是交给下一级路由器转发。总之，发往其他网络的报文将通过路由器，传送给目标主机。路由器处理接收到的一帧数据后处理报文的详细流程见图 6.7。

数据报穿越路由器前往目标网络的过程中的报头变化是非常有趣的：它的帧报头每穿越一次路由器，就会被更新一次。这是因为 MAC 地址只在网段内有效，它是在网段内完成寻址功能的。为了在新的网段内完成物理地址寻址，路由器必须重新为数据报封装新的帧报头。

在图 6.6 中，200.4.1.7 主机发出的数据帧，目标 MAC 地址指向 200.4.1.1 路由器，数据帧发往路由器。路由器收到这个数据帧后，会拆除这个帧的帧报头，然后更换成下一个网段的帧报头。新的帧报头中，目标 MAC 地址是下一跳路由器的，源 MAC 地址则换上了 200.4.1.1 路由器 200.4.2.53 端口的 MAC 地址 00-38-96-08-7c-11。当数据到达目标网络时，最后一个路由器发出的帧，目标 MAC 地址是最终的目标主机的物理地址，数据被转发到了目标主机。

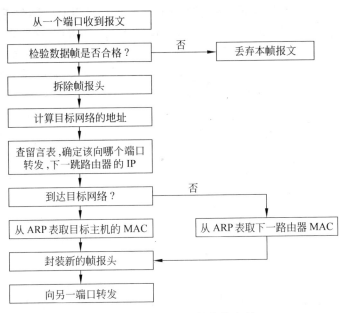

图 6.7　路由器处理报文的流程

数据包在传送过程中,帧报头不断被更换,目标 MAC 地址和源 MAC 地址穿越路由器后都要改变。但是,IP 报头中的 IP 地址始终不变,目标 IP 地址永远指向目标主机,源 IP 地址永远是源主机(事实上,IP 报头中的 IP 地址不能变化,否则,路由器将失去数据报转发的方向)。

可见,数据报在穿越路由器前往目标网络的过程中,帧报头在不断改变,而 IP 报头则保持不变(见图 6.7)。

下面来看看路由器中路由表的情况。我们看到,就像交换机的工作要依靠其内部的交换表一样,路由器的工作也完全依赖其内存中的路由表。表 6.1 给出了路由表的构造。

表 6.1　路由表的构造

网　络	任　务	端口	下一跳	距离	协议	定时
160.4.1.0	255.255.255.224	e0			C	
160.4.1.32	255.255.255.224	e1			C	
160.4.1.64	255.255.255.224	e1	160.4.1.34	1	RIP	00:00:12
200.12.105.0	255.255.255.0	e1	160.4.1.34	3	RIP	00:00:12
178.33.0.0	255.255.0.0	e1	160.4.1.34	12	RIP	00:00:12

路由表主要由 7 个字段组成,记录能够前往的网络和如何前往那些网络。路由表的每一行,表示路由器了解的某个网络的信息。网络地址字段列出本路由器了解的网络的网络地址。端口字段标明前往某网络的数据报该从哪个端口转发。下一跳字段是在本路由器无法直接到达,目标网络时,选择的下一跳中继路由器的 IP 地址。距离字段表明到达某网络有多远,在 RIP 路由协议中需要穿越的路由器数量。协议字段表示本行路由记录是如何得到的。本例中,C 表示是手工配置,RIP 表示本行信息是通过 RIP 协议从其他

路由器学习得到的。定时字段表示动态学习的路由项在路由表中已经多久没有刷新了。如果一个路由项长时间没有被刷新，该路由项就被认为是失效的，需要从路由表中删除。

我们注意到，前往 160.4.1.64、200.12.105.0、178.33.0.0 网络，下一跳都指向 160.4.1.34 路由器。其中 178.33.0.0 网络最远，需要 12 跳。路由表不关心下一跳路由器将沿什么路径把数据报转发到目标网络，它只要把数据报转发给下一跳路由器就完成任务了。

路由表是路由器工作的基础。路由表中的表项有两种方法获得：静态配置和动态学习。

路由表中的表项可以用手工静态配置生成。将计算机与路由器的 console 端口连接，使用计算机上的超级终端软件或路由器提供的配置软件就可以对路由器进行配置。手工配置路由表需要大量的工作。动态学习路由表是最为行之有效的方法。一般情况下，我们都是手工配置路由表中直接连接的网段的表项，而间接连接的网络的表项使用路由器的动态学习功能来获得。

动态学习路由表的方法非常简单。每个路由器定时(比如每 30s)把自己的路由表广播给邻居，邻居之间互相交换路由表。路由器通过其他路由器的路由广播中可以了解更多、更远的网络都将被收到自己的路由表中，只要把路由表的下一跳地址指向邻居路由器就可以了。

静态配置路由表的优点是可以人为地干预网络路径选择。静态配置路由表的端口没有路由广播，节省带宽和邻居路由器 CPU 维护路由表的时间。要对邻居屏蔽自己的网络情况时，就得使用静态配置。静态配置的最大缺点是不能动态发现新的和失效的路由。如果不能及时发现一条路由失效，数据传输就失去了可靠性，同时，无法到达目标主机的数据报不停地发送到网络中，会浪费网络的带宽。对于一个大型网络来说，人工配置的工作量大也是静态配置的一个问题。

动态学习路由表的优点是可以动态了解网络的变化。新增、失效的路由都能动态地导致路由表做相应变化。这种自适应特性是使用动态路由的重要原因。对于大型的网络，无一不采用动态学习的方式维护路由表。动态学习的缺点是路由广播会耗费网络带宽。另外，路由器的 CPU 也需要停下数据转发工作来处理路由广播，维护路由表，会降低路由器的吞吐量。

6.2.2 路由协议

路由器中大部分路由信息是通过动态学习得到的。支持路由器动态学习生成路由表的协议被称为路由器协议。

路由协议用于路由器之间互相动态学习路由表。路由器中安装的路由协议程序被用来在路由器之间通信，以共享网络路由信息。当网络中所有路由器的路由协议程序一起工作时，一个路由器了解的网络信息也必然被其他全体路由器所知道。通过这样的信息交换，路由器互相学习、维护路由表，使之反映整个网络的状态。

路由协议程序要定时构造路由广播报文并发送出去。收听到的其他路由器的路由广播也由路由协议程序分析，进而调整自己的路由表。路由协议程序的任务就是通过路由协议规定的机制,选择最佳路径,快速、准确地维护路由表,以使路由器有一个可靠的数据转发决策依据。

路由协议程序不仅要分析前往目标网络的路径,而且当有多条路径可以到达目标网络时,应该选择出最佳的一条,放入路由表中。如果路由器收听到几个邻居路由器的路由广播都说自己能够到达某一目标网络,而路由器中路由表里只能指明一个下一跳路由器的 IP 地址,那么本路由器将选择一个距离最近(如跳数最少)的路由器作为前往目标网络的下一跳。

路由协议程序有判断失效路由的能力。及时判断出失效的路由,可以避免把已经无法到达目的地的报文继续发向网络,浪费网络带宽。同时,还能通过 ICMP 协议通知那些期望与无法到达的网络通信的主机。

现代路由器通常支持 3 个流行的路由协议:路由信息协议(RIP)、内部网关路由协议(IGRP)和开放的最短路径优先协议(OSPF)。也就是说,这些路由器中配置了 3 种常用的路由协议程序,至少支持 RIP 路由协议。我们可以根据需要,选择在网络中使用哪种路由协议。通常,RIP 和 IGRP 用于局域网中,OSPF 协议只在互联网那样复杂的网络中使用。

路由器在接收数据报、处理数据报和转发数据报的一系列工作中,完成了 OSI 模型中物理层、链路层和网络层的所有工作。

在物理层,路由器提供物理上的线路接口,将线路上的比特数据位流移入自己接口中的接收移位寄存器,供链路层程序读取到内存中。对于转发的数据,路由器的物理层完成相反的任务,将发送移位寄存器中的数据帧以比特数据位流的形式串行发送到线路上。

路由器在链路层中完成数据的校验,为转发的数据报封装帧报头,控制内存与接收移位寄存器和发送移位寄存器之间的数据传输。在链路层中,路由器会拒绝转发广播数据报和损坏了的数据帧。

路由器的网间互联能力集中表现为它在网络层完成的工作。在这一层,路由器要分析 IP 报头中的目标 IP 地址,维护自己的路由表,选择前往目标网络的最佳路径。正是由于路由器的网间互联能力集中在它的网络层表现,所以人们习惯于称它是一个网络层设备,工作在网络层。

如图 6.8 所示,数据报自×主机发出,经过路由器 A、B、C 到达目标主机 Y 的过程中,数据报在每个路由器中都会经过物理层、链路层、网络层、链路层、物理层的一系列数据处理过程,体现了数据在路由器中处理流程的非线性。

非线性这个术语在厂商介绍自己的网络产品中经常见到。网络设备厂商经常声明自己的交换机、三层路由交换机能够实现线性传输,以宣传其设备在转发数据报中有最小的延迟。所谓线性状态,是指数据报在如图 6.8 所示的传输过程中,在网络设备上经历的凸起折线小到近似直线。Hub 只需要在物理层再生数据信号,因此它的凸起折线最小,线性化程度最高。交换机需要分析目标 MAC 地址,并完成链路层的校验等其他功能,它的凸起折线略大。但是与路由器比较起来,仍然称它是工作在线性状态的。

路由器工作在网络层,报文经过它时的延迟,对数据传输产生了明显的影响。

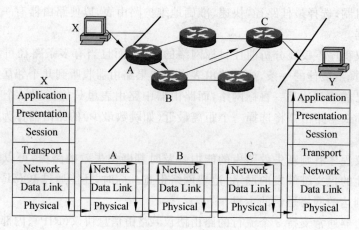

图 6.8　路由器工作在网络层

6.2.3　默认网关的作用及设置方法

顾名思义,网关(gateway)就是一个网络连接到另一个网络的"关口"。我们知道,网络中,一个网络连接到另外一个网络时使用被称为路由器的设备。因此,路由器就是这样一个"关口"。

如图 6.9 所示,192.168.1.0 网络中的一台主机,如果要向另外一个网络 192.168.2.0 发送报文,就需要通过 192.168.1.1 路由器。这里,192.168.1.1 路由器就是 192.168.1.0 网络中所有主机前往 192.168.2.0 网络的网关。

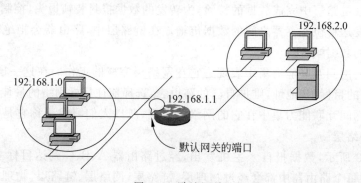

图 6.9　默认网关

图 6.9 中,192.168.1.0 网络中主机的 IP 地址范围为"192.168.1.1～192.168.1.254",子网掩码为 255.255.255.0。网络 192.168.2.0 中所有主机的 IP 地址范围为"192.168.2.1～192.168.2.254",子网掩码为 255.255.255.0。假设主机 192.168.1.35 要发送一个报文给另外一个网络的主机 192.168.2.50。发送主机中的 TCP/IP 协议程序会用自己的子网掩码 255.255.255.0 与目标 IP 地址 192.168.2.50 进行"与"运算,得到的目标网络地址是 192.168.2.0,于是判定目标主机与自己处在不同的网络,需要通过 192.168.1.1 路由器来转发。

TCP/IP 协议规定,如果两个网络中的主机需要通信,只有通过网关(即路由器),即使两台主机连接在同一个交换机或集线器上也不行。

因此，网络中的主机需要指定一台路由器作为自己通往其他网络的"关口"，这台被指定的路由器，就称为这台主机的默认网关。

主机设置了自己的默认网关合，在调用链路层程序之前就会主动比较自己的 IP 地址和目标 IP 地址。一旦发现目标主机与自己不在一个网络中，它就会通知链路层程序把数据发送给默认网关。

下面我们来看看如何设置默认网关。

必须正确设置一台主机的默认网关，否则，这台主机就会将报文发给不是网关的计算机，从而无法与其他网络的主机通信。默认网关的设定有手动设置和自动设置两种方式。

1) 手动设置

手动设置适用于计算机数量比较少、TCP/IP 参数基本不变的情况，比如只有几台到十几台计算机的网络。这种方法需要在联入网络的每台计算机上设置"默认网关"，一旦因为迁移等原因导致必须修改默认网关的 IP 地址，就会给网管带来很大的麻烦，所以不推荐使用。

在 Windows 操作系统中，设置默认网关的方法是右击"网上邻居"，在弹出的菜单中单击"属性"，在网络属性对话框中选择"TCP/IP协议"，单击"属性"，在"默认网关"选项卡中填写新的默认网关的 IP 地址(见图 6.10)。

需要特别注意的是：默认网关必须是路由器在自己所在的网段中的 IP 地址，而不能填写其他网段中的 IP 地址。

2) 自动设置

自动设置就是利用 DHCP 服务器来自动给网络中的计算机分配 IP 地址、子网掩码和默认网关。这样做的好处是一旦网络的默认网关发生变化，只要更改 DHCP 服务器中默认网关的设置，网络中所有的计算机就会获得新的默认网关

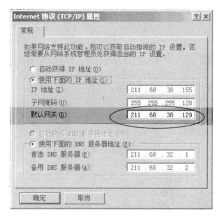

图 6.10　默认网关的配置

的 IP 地址。这种方法适用于网络规模较大、TCP/IP 参数有可能变动的网络。

另外一种自动获得网关的办法是通过安装代理服务器软件(如 MS Proxy)的客户端程序来自动获得，其原理和方法和 DHCP 有相似之处，这里不再详述。

一个与互联网相联的路由器不可能了解所有的网络地址(互联网中有数百万个网络，如果路由器中的路由表盛放所有网络的表项，这个路由器材也工作不起来了)。因此，路由器也需要设置自己的上级默认网关，以便将自己未知网络的数据报发往上级默认网关。

默认网关不是一种新的网络设备，它是某一个路由器。主机和路由器指定某个路由器为自己的默认网关，可以将发往未知网络的数据报发给默认网关。默认网关总能通过自己的上级默认网关找到目标网络。

一台主机总是把离自己最近的路由器设置成自己的默认网关。一个局域网中所有路由器总是把本局域网到互联网的出口路由器设置成默认网关。

小结

本章介绍了将一个大的网络分割成若干小的子网的意义。通过将一个大的网络划分成一个个小的子网，可以有效地解决网络广播造成的带宽损耗。为了在网络中进行网络安全控制，也需要划分子网。划分子网后，连接子网的设备是路由器。路由器起到互联子网、隔离广播和实现网络安全控制的三个主要作用。路由器是网络设备中最复杂的设备，但是我们通过学习了解到，其工作原理并不复杂。只是相对交换机来说，路由器需要更换帧报头，维护路由表的方式需要与邻居之间互相学习，显得较为复杂。

默认网关是一个重要的概念。默认网关是我们为主机指定的一台路由器。我们的主机只有指明一台路由器作为自己的默认网关后，才能把报文发给其他子网或其他网络的主机。为了支持机器访问本网段以外的主机，需要配置本机的默认网关。

路由器的另外一个重要功能是进行网络安全控制。我们将在下一章综合介绍局域网的建设时进行讨论。

第7章 建设局域网络

随着科学技术的发展,计算机应用的普及,网络时代已经来临。网络技术的发展给我们的生活、工作带来了很大的方便。网络对于今天的企业、政府已经是不可缺少的。企业和政府部门的业务系统、面向用户的服务系统都是在网络中上线运行的网络化软件。使用电子邮件收发信件、内部资源共享、信息交流、业务管理等,计算机网络为政府和企业的信息化建设起到了支撑平台的作用。

局域网技术是计算机网络最为活跃的领域之一,它已在企业、机关、学校乃至家庭中得到广泛的应用。局域网具有如下特点:

(1) 覆盖有限的地理范围,可以满足公司、企业等有限范围内的计算机、终端及各类信息处理设备的联网需求;

(2) 传输速率高(通常在 100Mbps～1Gbps 之间)、误码率低;

(3) 局域网通常由一个单位或组织建设和拥有,易于维护和管理。

本章我们将在前面章节学习的知识的基础上,学习完整的局域网建设所需要掌握的知识和要点。建设局域网的主要技术要素包括:

(1) 如何选择合理、可靠、高校的局域网的拓扑结构;

(2) 如何配置传输介质和介质访问控制方法;

(3) 子网划分方案的实现方法;

(4) 如何提高网络干线的传输带宽。

(5) 如何利用冗余链路提高网络的可靠性。

(6) 什么是虚拟子网技术,如何使用虚拟子网实现网段分割等。

7.1 局域网的构造

7.1.1 构建带子网的局域网络

当一个网络中的计算机数量达到数百台时,需要把这个网络划分成一个个小的子网,以隔离广播来提高网络通信效率。子网的划分通常是以局域网使用单位的部门来进行的。通过划分子网,可以确保各部门的数据安全,可以对内部数据共享进行分级处理,保证不同级别的人员可以共享数据内容以及数量严格按照预定要求,保证各部门人员只能看见自己有权看见的数据内容。连接子网的路由器上可以部署网络安全控制,进而规范了局域网的秩序和网络安全。

如图 7.1 所示,局域网络的建设,首先用交换机将计算机连接到一起,形成各个部门的子网。然后,用路由器将所有交换机连接到一起,构建出覆盖全单位的局域网络。

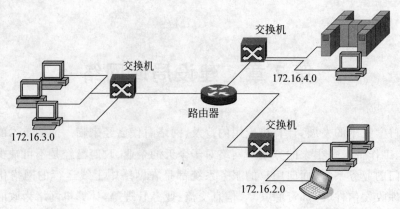

图 7.1　带子网的网络

在图 7.1 中,每个子网需要分配唯一的子网地址。因此,无论从物理上,还是 IP 地址结构上,子网之间的差异性都非常明显。

连接各个子网的路由器在这样的网络构造中起到了核心作用。它首先承担了各子网之间通信报文的转发任务,能够准确地把收到的报文转发到目标主机所在的子网中。其次,路由器有效地隔离了各个子网内部的广播。如果没有路由器,各个子网的交换机直接级联到一起,所形成的巨大的广播域所造成的带宽消耗是不可想象的。

由于各个子网之间的主机通信都需要通过路由器转发来完成,只要在路由器上实施网络安全控制,就能够实现网络所需要的、必要的安全策略。关于如何在路由器上实现网络安全控制,将在本章的 7.2.1 节介绍。

7.1.2　局域网络的层次结构

如图 7.1 所示,由交换机连接计算机形成的子网是局域网最基本的构建单位。子网的多少确定了网络的规模。图 7.2 描述了局域网络的层次结构。局域网络的结构从层次上看,分为核心层、分布层、接入层和终端层。图 7.2 表明,局域网层次上的复杂度,是由路由器在网络结构上分层导致的。交换机在网络结构中,总是位于倒数第二层。

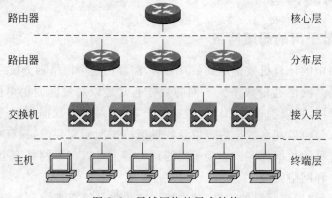

图 7.2　局域网络的层次结构

局域网的核心层只有一台网络设备,就是这个网络的核心路由器。核心路由器连接一个局域网的各个建筑物,在各个建筑物的网络之间转发通信报文。核心路由器将局域网划分成多个子网。分布层的路由器将根据业务需要进一步将子网划分为更小的子网。核心层与分布层的两级路由划分,可以使网络子网划分切割得更加强力。所谓更加强力,是指核心层设备和规划管理与分布层的规划管理分属上下级单位,以将网络的规划与管理分布到不同级别的单位中。可以假设这个层次表现的是一个银行网络系统的结构结构,核心层为总行,分布层为各省的分行。这种具有分布层的结构通常用于大型网络的设计中,中、小型网络设计中通常去掉分布层,核心层直接连接接入层。

接入层中的交换机是子网中将终端层的计算机连接到网络中的基础网络设备。

从拓扑结构上看,目前的局域网几乎完全采用星形拓扑结构。星形结构由点到点链路、中央节点(核心路由器)和各站点(分布层路由器、交换机、终端)组成,通过网络设备实现许多点到点的连接。网络中的设备是路由器、主机或集线器。

在星形网中,可以在不影响系统其他设备工作的情况下,非常容易地增加和减少设备。星形拓扑的优点是利用中央节点可以方便地提供服务和重新配置网络。在网络中,单个连接点的故障只影响一个设备,不会影响全网,很容易检测和隔离故障,便于维护。任何一个连接只涉及中央节点和一个站点,因此控制介质访问的方法很简单,从而访问协议也十分简单。

可以很容易看到星形拓扑的缺点。这种结构没有冗余链路,如果某节点产生故障,则高节点上下层将脱离关系(尽管下面的网络内部之间的通信仍然可以进行)。如果是中心节点出现问题,局域网将分割成若干互不相连的孤立子网。所以,星形网络对交结节点的设备可靠性和冗余度要求很高。

7.2 局域网中的常用技术

7.2.1 网络间的访问控制

网络间访问控制是在路由器上实现的一种技术,它能用来屏蔽、阻拦报文,只允许授权的报文通过,以保护网络的安全性。

网络通过访问控制可以很方便地监视网络的安全性,并在出现问题时报警。访问控制不仅负责管理网络中各个子网间的访问,也管理外部网络和机构内部网络之间的访问。在没有访问控制时,网络中的各个节点互相暴露,甚至暴露给互联网上的其他主机,极易受到攻击。这就意味着内部网络的安全性要由每一个主机的坚固程度来决定,并且安全性等同于其中最弱的系统。

在路由器上进行访问控制,允许网络管理员定义一个或多个"扼制点"来防止非法用户,如黑客、网络破坏者等进入子网或穿越子网,禁止存在安全脆弱性的服务进出网络,并抗击来自各种路线的攻击。访问控制的部署能够简化安全管理。网络安全性是在路由器上的访问控制得到加固,而不是分布在内部网络的所有主机上。

网络间访问控制是在路由器中建立一种名为访问控制列表的方法,让路由器识别哪些报文是允许穿越路由器的,哪些是需要阻截的。

　　访问控制技术的核心是被称作"访问控制列表"的配置文件,由网络管理员在路由器中建立。访问控制根据"访问控制列表"审查每个报文的报头,来决定该报文是要被拒绝还是被转发。报头信息中包括 IP 源地址、IP 目标地址、协议类型(如 TCP、UDP、ICMP等)、TCP 端口号等。

　　下面我们利用图 7.3 的例子来介绍如何实现访问控制。

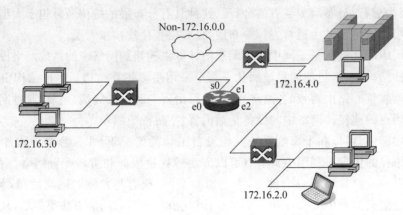

图 7.3　访问控制的建立

　　在如图 7.3 所示的网络中,我们如果需要实现:只允许 172.16.3.0 网络访问 172.16.4.0网络,但是 172.16.4.13 服务器只允许 172.16.4.0 内网中的主机访问,不允许 172.16.3.0 网络访问。我们可以用下面的命令来建立一个访问控制列表:

```
(config)# access-list 101 deny ip any 172.16.4.13 0.0.0.0
(config)# access-list 101 permit ip 172.16.3.0 0.0.0.255 172.16.4.0 0.0.0.255
(config)# access-list 101 deny ip any any
(config)# interface e1
(config-if)# ip access-group 101
(config-if)# exit
(config)#
```

　　上面六条命令,前三个命令建立了一个编号为 101 的访问控制列表。第四个命令进入路由器的 e1 端口,并在第五个命令时把第 101 号访问控制列表捆绑到 e1 端口。前三个命令所建立的访问控制列表中创建了三条语句。第一条命令拒绝所有主机发往 172.16.4.13服务器的 IP 报文。其语法格式为:

"access-list": 创建访问控制列表语句的命令

"deny": 　　　　表示拒绝满足后面条件的报文

"IP": 　　　　　表示本语句针对 IP 报文

"any": 　　　　源主机。any 表示所有源主机

"172.16.4.13": 目标主机

"0.0.0.0": 　　 4 个 0 表示报文中的目标 IP 地址只有与 172.16.4.13 完全相同时,条件才算
　　　　　　　　成立。

第二条命令允许172.16.3.0网络的所有主机发往172.16.4.0网络的IP报文通过。其语法格式为：

"access-list"：创建访问控制列表语句的命令

"permit"：　　　表示允许满足后面条件的报文通过

"IP"：　　　　　表示本语句针对IP报文

"172.16.3.0"：　源主机。

"0.0.0.255"：　表示报文中的源IP地址只要高三个字节与172.16.3.0相同,条件就算成立。最低的字节不需要考虑。

"172.16.4.0"：　目标主机

"0.0.0.255"：　表示报文中的源IP地址只要高三个字节与172.16.3.0相同,条件就算成立。"255"表示最低的字节不需要考虑。

通过上面的例子可以看出,访问控制对所接收的每个报文做允许拒绝的决定。路由器审查每个报文以便确定其是否与某一条访问控制列表中的包过滤规则匹配。过滤规则基于可以提供给IP转发过程的包头信息。包头信息中包括IP源地址、IP目标地址、TCP/UDP目标端口、ICMP消息类型。包的进入接口和出接口,如果有匹配并且规则允许该报文,那么该报文就会按照路由表中的信息被转发。如果匹配并且规则拒绝该报文,那么该报文就会被丢弃。如果没有找到与访问控制列表中某条语句的条件匹配,这个报文也会被丢弃。

访问控制的优点如下。

除了花费时间规划过滤器和配置路由器之外,访问控制可以灵活地在网络和子网之间实现必要的网络安全控制策略。访问控制列表的功能在标准的路由器软件中是免费的,实现包过滤几乎不需要额外的费用。由于互联网访问一般都是在局域网边界路由器的WAN接口上提供,因此在流量适中并且定义较少过滤器时对路由器的速度性能几乎没有影响。另外,访问控制对用户和应用来讲是透明的,所以不必对用户进行特殊的培训和在每台主机上安装特定的软件。

访问控制的缺点如下。

定义报文过滤器会比较复杂,因为网络管理员需要对各种互联网服务、包头格式以及每个域的意义有非常深入的理解。如果必须支持非常复杂的过滤,过滤规则集合会非常大和复杂,因而难于管理和理解。另外,在路由器上进行规则配置之后,几乎没有什么工具可以用来审核过滤规则的正确性,因此会成为一个脆弱点。

任何直接经过路由器的报文都有被用做数据驱动式攻击的潜在危险。我们已经知道数据驱动式攻击从表面上来看是由路由器转发到内部主机上的没有害处的数据。该报文包括一些隐藏的指令,能够让主机修改访问控制和与安全有关的文件,使得入侵者能够获得对系统的访问权。

一般来说,随着过滤器数目的增加,路由器的吞吐量会下降。可以对路由器进行优化抽取每个报文的目的IP地址,进行简单的路由表查询,然后将报文转发到正确的接口上去传输。如果打开过滤功能,路由器不仅必须对每个报文作出转发决定,还必须将所有的过滤器规则施用给每个报文。这样就会消耗CPU时间并影响系统的性能。

IP包过滤器可能无法对网络上流动的信息提供全面的控制。访问控制能够允许或拒绝特定的服务,但是不能理解特定服务的上下文环境/数据。例如,网络管理员可能需要在应用层过滤信息以便将访问限制在可用的 FTP 或 Telnet 命令的子集之内,或者阻塞邮件的进入及特定话题的新闻进入。这种控制最好在高层由代理服务和应用层网关来完成。

7.2.2　交换机线级

在建设局域网中,有两种情况需要级联交换机。第一种情况是在一台交换机的端口数量不够时,需要使用更多的交换机来提供更多的交换端口。在这种情况下,为了使两台或更多台交换机能够通信,需要把它们级联起来。第二种情况是计算机节点不在一个工作区域,需要分布两个或更多的交换机来连接它们,然后将这些交换机级联起来。也就是说,通过使用更多的交换机,能够提供更多的交换机端口,网络能够覆盖更大的区域。

有两种级联交换机的方法:使用普通的交换端口和使用专用的堆叠端口的方法。图 7.4 是使用普通的交换端口实现级联的例子。

在交换机级联中,级联的线路往往承担更大的数据流量,因此常称级联线路为干线(trunk)。通常可以使用更多的交换机端口来实现级联,以使干线具有更高的传输带宽。图 7.4 中,使用 4 个普通的 100Mbps

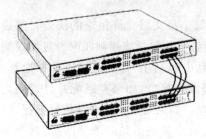

图 7.4　使用干线方式的交换机级联

交换端口将两台交换机级联起来,在全双工的条件下,使干线得到 800Mbps 的传输带宽。

但是,使用 4 根导线简单地将两台交换机连接起来并没有完成级联工作,还需要对两个交换机进行配置,指明这 4 个端口组成一个级联干线。向交换机声明这 4 个端口构成一条干线,交换机就可以有效地在这 4 个端口上实现流量分配,使 4 个端口联合工作,确保提供最大的数据传输带宽。

图 7.5 是以图形方式配置交换机级联干线端口的例子。在例子中可以看出,这台交换机的端口 7、8、9 已经选择作为了同一个干线。

交换机的 Trunk 技术提供了一种端口聚合机制,它能将几个低速的连接组合在一起,形成一个高速的连接。图 7.6 中将 4 个全双工 200Mbps 快速以太网端口使用 Trunk

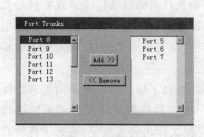

图 7.5　配置干线

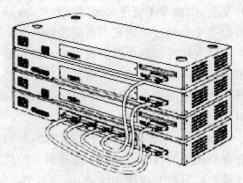

图 7.6　交换机的堆叠

技术集中在一起形成 800Mbps 的连接,这几个端口可以当做一个端口来看待,进而获得了高速干线级联。

Trunk 技术还提供了级联的可靠性。在 Trunk 模式下,当 Trunk 的某条成员链路断开时,交换机自动将此链路上的数据分配到 Trunk 的其他链路上,当断开的链路重新连接上时将恢复原先的负载分配。

下面,我们再介绍另外一个增加交换机级联带宽的方法——交换机的堆叠技术。

“堆叠(superStack)”是另外一种交换机级联的技术。使用堆叠技术,交换机之间可以获得到几个 Gbps 的连接传输带宽。

在图 7.6 的例子中,3COM 公司的 SuperStack II Switch 1100 和 Switch 3300 交换机的背面都提供一个标准的堆叠端口,可以利用专用的 SuperStack II Switch Matrix Cable (矩阵电缆)把交换机堆叠成一体。这样,用户可以利用 1 根廉价的电缆,在交换机之间形成 1 条 4Gbps 的链路,从而使端口密度加倍。

这种交换机只提供一个堆叠端口,可以简单实现两个交换机的级联。为了多台交换机级联,可以选购 SuperStack II Switch Matrix Module(矩阵模块),安装在交换机背面的扩展插槽中,再将多台交换机用 SuperStack II Switch Matrix Cable(矩阵电缆)堆叠成一体。3COM 公司的矩阵模块提供 4 个堆叠端口,因此最多可堆叠 4 个设备。

这样,SuperStack II Switch Matrix Module 在各交换机之间提供 $4 \times 4Gbps$ 的链路,从而形成高密度的交换机,又不浪费 Fast Ethernet 或千兆位以太网端口。

让我们来看看两种级联技术的比较。

使用堆叠技术,可以提供更高的级联带宽,并节省普通的交换机端。但是堆叠电缆有长度限制,一般小于 1.5m。所以,使用堆叠技术级联的交换机只能在一个机架上。堆叠技术只适用于增加交换机的端口数量。

使用 Trunk 技术来级联交换机,会占用连接主机的交换端口,但是可以有 100m 的传输距离。使用光纤(如果不是光纤端口,可以加配光电转换器设备),可以获得更远的传输距离。另外,当使用多条线路组成干线时,一条线路的故障不会使干线瘫痪,因此 Trunk 技术具有更高的级联可靠性。

7.2.3 构建带冗余链路的交换机网络

在建设局域网的过程中,级联交换机时考虑搭建带冗余链路的交换机网络是一个很重要的技术。冗余链路可以使网络具有更高的可靠性。

在如图 7.7 所示的 3 个交换机的级联形式下,任意一条级联干线故障,都不会使 3 个网段之间的通信中断。原因是这 3 个交换机的级联使用了带冗余的链路。所谓冗余,意思是指多余、重复。但是,冗余的链路增强了网络的可靠性。因此,对于可靠性要求很高的网络设计,通常都会采用带冗余链路的交换机网络。

要构建一个带冗余链路的交换机网络,需要解决报文循环问题。假设网段 1 中某台主机发送一个广播报文,交换机会向它的所有端口转发广播报。因此交换机 B 会将广播报沿干线转发给交换机 C。同理,交换机 C 因为向所有端口转发,会将这个广播报文转发给交换机 A。交换机 A 又会把报文转发给交换机 B……如此下去,广播报就会无休止地

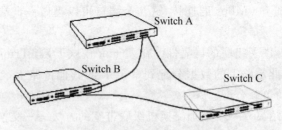

图 7.7 带冗余链路的交换机网络

沿这个闭环循环下去。当更多的广播报文进入网段后,所有广播报都将在交换机的干线上循环。最后广播风暴将淹没整个带宽,阻塞交换机的端口,使网络崩溃。

为了解决这个问题,交换机使用 Spanning-Tree 协议。支持 Spanning-Tree 协议的交换机中都驻留一个 Spanning-Tree 协议程序,该程序会在交换机工作前测试出冗余的干线,并切断冗余链路。当网络中因为某条线路故障、交换机端口故障而出现链路失效时,Spanning-Tree 协议程序会立即启动备份线路,进而保障交换机之间的级联。

Spanning-Tree 协议也称为 IEEE802.1D 协议。冗余链路使得网络中存在循环回路,导致广播报文和组播报文在网络中无限循环。Spanning-Tree 协议被设计来解决这样的问题。

一个支持 Spanning-Tree 协议(IEEE802.1D)的交换机,完成检测网络中的循环回路并切断这些回路的工作需要 50s 的时间。在交换机开机的前 50s 里,因为要进行上述工作,所以不为网络中的主机转发报文。在交换机正常工作后,Spanning-Tree 协议仍然持续进行检测,以便发现失效的链路。同时,一旦交换机发现出现链路失效,就会迅速打开备份端口,重新调整网络的工作链路和备份链路。

Spanning-Tree 协议进行链路检测时需要每 4s 发送一种名为 BPDU 的广播,消耗一定的线路带宽。在没有冗余链路的网络中,应该关闭 Spanning-Tree 功能,让出 BPDU 广播消耗的带宽。所以,交换机出厂的时候,默认 Spanning-Tree 功能关闭。在带有冗余链路的交换机网络中,可以在交换机的设置程序中,使用类似图 7.8 的设置窗口打开 Spanning-Tree 功能。

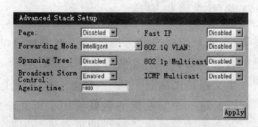

图 7.8 打开或关闭 Spanning-Tree 协议

7.2.4 虚拟子网技术

在局域网的子网划分中,有一个重要的技术称为虚拟子网(VLAN)。在建设局域网时,要把局域网分割成若干个子网,以隔离广播和实现子网间访问的限制。如果不使用

VLAN 技术,就需要为每个子网单独配置交换机,然后通过路由器来连接子网。

如图 7.9 所示的例子中假设每个楼层为一个部门,用一台交换机将该部门的计算机连接在一起,形成该部门的子网。为了使各部门子网之间互联,在二楼弱电间设置了一台路由器,连接各楼层交换机。

这样的构造有两个缺点。

第一,如果三楼的若干节点划归一楼的部门(如办公室划归给一楼的部门),为了把三楼划归到一楼的主机迁移到一楼的子网中,就需要重新沿三楼管线、竖井为这些主机布线,以便连接到一楼子网的交换机上。这样做工作量大,也耗费人力、物力。

第二,如果一楼的交换机端口数不够,就需要购买新的交换机(即使二楼的交换机有空余的端口也不能使用,因为它们不在一个子网上),这样就浪费了网络的投资。

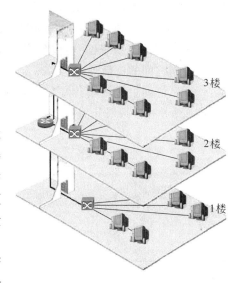

图 7.9 不使用 VLAN 的子网构造

如图 7.9 所示的构建各部门子网的方式,归纳为为每个部门配置一台交换机,只要是该部门的计算机都需要连接到这台交换机上。如果这个部门中有计算机需要划归其他部门的子网,则需要将该计算机从原部门的交换机上拆除,转而连接到新部门的交换机上。这种子网的物理位置变化需要涉及线缆的调整,尤其当变动较大时(如整个楼内各部门办公区大调整),会变得非常困难。如果在建网初期无法准确确定子网划分,待建网后再明确各个计算机应接入哪个子网时,这个问题就会更加突出,交换机的端口也不能充分利用,造成不同程度的网络资源浪费。

VLAN 技术通过指定一台交换机上各个端口属于哪个子网的方法来分割网络。例如我们可以把一台 24 口交换机的 1～6 端口指定给部门 1 的子网,把 7～20 端口指定给部门 2 的子网,把 21～24 端口指定给部门 3 的子网,如图 7.10 所示。

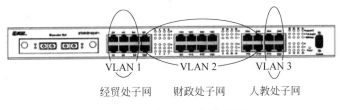

图 7.10 用 VLAN 划分子网

要达到划分子网的效果,只需简单地修改普通交换机对广播报文的处理方式。我们知道,普通交换机处理广播报文的方法是向所有端口转发。现在修改成"收到的广播报文将只向同 VLAN 号的端口转发"。这样一来,第一,广播报被限定在本子网中;第二,由于 ARP 广播不能被其他 VLAN 中的主机听到,也就无法直接访问其他子网的主机(尽管在同一台交换机上）。因此，仅仅改进了交换机处理广播报的方式，便完全实现了物理划分子网所应具备的功能。

定义：通过对交换机进行设置而划分出的子网，被称为虚拟子网。

经分析可知，虚拟子网与物理子网同样能实现：

- 子网之间的广播隔离
- 子网之间主机相互通信需要路由器来转发

要实现上述子网划分的指定，只需要在普通交换机的交换表上增加一列虚网号（见表 7.1）。

表 7.1　带 VLAN 号的交换表

端口号	MAC 地址	VLAN 号	端口号	MAC 地址	VLAN 号
1	00789A 3004D4	1	4	00709A C5BF77	2
2	00709A 563490	1	5	B10000 796723	1
3	B10000 79C534	2			

下面，我们再介绍一下支持 VLAN 技术的一个重要协议——802.1q 协议。

假设图 7.11 中 VLAN1 一台主机发送一个广播报进入交换机 A，根据它是从 VLAN1 端口进入的，知道该广播报应该向 VLAN1 的其他端口转发。另外，该广播报也会经交换机 A 的级联端口，传送到交换机 B。问题是，交换机 B 怎么知道这个报文属于哪个 VLAN，该向哪些端口转发呢？如图 7.11 所示，交换机 B 从级联端口收到的报文，既可能属于 VLAN1，又可能属于 VLAN2。

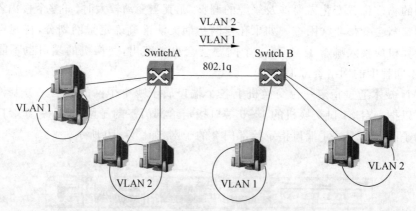

图 7.11　交换机级联时通过 802.1q 判断报文属于哪个虚网

这个问题可以由 802.1q 协议来解决。802.1q 协议规定，当交换机需要将一个报文发往另一个交换机时，需要在这个报文的报头上做上一个帧标记，把该报文来自哪个 VLAN 的信息标注到帧标记中，与报文一起发往对方交换机。对方交换机收到报文时，根据帧标记中的 VLAN 号，确定收到的报文来自哪个虚网。

802.1q 协议规定帧标记插入到以太网帧报头中源 MAC 地址和上层协议两个字段之间，如图 7.12 所示。

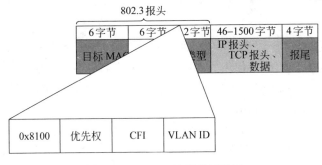

图 7.12　802.1q 协议的帧标记

802.1q 的帧标记用于把报文送往其他交换机时,通知对方交换机,发送该报文主机所属的 VLAN。对方交换机据此将新的 MAC 地址连同其 VLAN 号一起收录到自己交换表的级联端口中。

帧标记由源交换机在从级联端口发送出去前嵌入帧报头中,再由接收方交换机从报头中卸下(卸掉帧标记是非常重要的。如果没有这个操作,带有帧标记的报文送到接收主机或路由器中时,接收主机或路由器就不能按照 802.3 协议正确解析帧报头中的各个字段)。

交换机的一个端口,如果对发出的报文都插入帧标记,则称该端口工作在"Tag 方式"下。交换机在刚出厂的时候,所有端口都默认为是"Untag 方式"。如果一个端口用于级联其他支持 VLAN 的交换机,则需要设置其为"Tag 方式"。否则,交换机就不能完成802.1q 的帧标记操作。

交换机使用 VLAN 技术划分子网时,需要为各个端口设置 VLAN 号,以说明各个端口所接入的主机属于哪个虚网。不同交换机设置虚网号的方法不尽相同,可以查看说明书,了解设置的方法。下面,我们以 Cisco Catalyst 1900 交换机的 VLAN 配置为例,说明静态配置交换机 VLAN 的方法,供读者参考。

首先把 PC 机的串口与 Cisco Catalyst 1900 交换机的 Console 端口连接好。然后,使用超级终端进入 Catalyst 1900 的配置程序。刚进入 Catalyst 1900 的配置程序时,Catalyst 1900 会要求选择配置方式:

```
[M] Menus
[K] Command Line
[I] IP Configuration
Enter Selection: k
```

这时我们可以选择 k,通过命令行的方式来配置虚网。(注:我们用下划线表示输入的选择或配置命令,不带下划线的部分表示机器的提示命令。)

```
CLI session with the switch is open
To end the CLI session, enter [Exit]
Switch > enable
Switch # config t
```

```
Enter configuration commands,one per line.End with CNTL/Z
Switch (config) #_
```

刚进入 1900 的命令行会话时，1900 处于"用户模式"下（此模式下的标志是
"Switch >"），首先，我们需要使用"enable"命令进入特权模式，然后使用"config t"命令
进入全局配置模式。1900 交换机只有进入配置模式下，才能对交换机进行配置。全局配
置模式的标志是"Switch（config）#"。

Cisco Catalyst 1900 交换机刚出厂的时候，所有端口都默认处于 VLAN1 中。现在我
们假设需要为这台 1900 交换机创建三个新的虚网：VLAN2、VLAN3、VLAN4：

```
Switch (config) # vlan 2 name Production
Switch (config) # vlan 3 name Finance
Switch (config) # vlan 4 name Human
Switch (config) #
```

创建好三个新的虚网后，我们分别将一些交换机端口加入这些虚网：

```
Switch (config) # int e0/2
Switch (config - if) # vlan - membership static 2
Switch (config - if) # int e0/3
Switch (config - if) # vlan - membership static 2
Switch (config - if) # int e0/4
Switch (config - if) # vlan - membership static 2
Switch (config - if) # int e0/5
Switch (config - if) # vlan - membership static 3
Switch (config - if) # int e0/6
Switch (config - if) # vlan - membership static 3
Switch (config - if) #
```

在上面的命令中，我们将端口 e0/2、e0/3、e0/4 加入 VLAN 2 中，把端口 e0/5、e0/6
加入 VLAN 3 中。

命令"int e0/2"是为了进入 e0/2 端口的"端口配置模式"下（此模式下的标志是
"Switch（config-if）#"）。Cisco 的交换机要求对各个端口的配置在相应端口的"端口配
置模式"下进行。同理，配置其他端口时，也需要先进入端口配置模式下进行。

"vlan-membership static 2"是将某端口设置为 VLAN 2 的成员。

还可以使用快速的命令完成上述端口的 VLAN 设置：

```
Switch > enable
Switch # config t
Switch (config) # vlan 2 name Production
Switch (config) # vlan 3 name Finance
Switch (config) # vlan 4 name Human
Switch (config) # interface range e0/2 - 4
Switch (config - if) # vlan - membership static 2
Switch (config - if) # interface range e0/5 - 6
```

```
Switch (config- if) # vlan-membership static 3
Switch (config- if) # exit
Switch (config) # exit
Switch # show vlan
```

这里,命令"interface range e0/2-4"表示同时进入 e0/2、e0/3、e0/4 的端口配置模式下,后面的配置命令同时对这几个端口操作。"interface range e0/5-6"表示相同的意思。"vlan-membership static 2"命令把 e0/2、e0/3、e0/4 三个端口设置为 VLAN 2。

连续的两个"exit"命令,表示退出端口配置模式,然后退出(全局)配置模式,回到特权模式下。

最后一个命令"show vlan",可以用来查询 VLAN 的设置情况。

当交换机级联时,需要将级联的交换机端口上配置 802.1q 协议,才能通过在报头中插入帧标记的方法将发往其他交换机的报文的虚网号告知对方。如果为了提高级联的带宽同时使用几个端口组成一个 trunk 端口参加级联,还需要把这几个端口设置为 trunk 端口。

Cisco Catalyst 1900 交换机完成上述设置,可以使用下面的命令:

```
Switch > enable
Switch # config t
Switch (config) # interface range e0/21-23
Switch (config- if) # switchport mode trunk
Switch (config- if) # exit
Switch (config) # exit
Switch #
```

通过上述命令,我们将 e0/21、e0/22、e0/23 三个端口设置为一个 trunk 端口,同时为这些端口配置了 802.1q 协议。这是通过"switchport mode trunk"命令完成的。

7.2.5 子网互联

接入交换机的主机之间,尽管在同一台交换机上,如果不在同一个 VLAN 内,仍然是无法通信的。不同 VLAN 的主机之间需要通信的话,需要借助路由器在 VLAN 之间转发报文。如图 7.13 所示的连接中,为了使 VLAN1 的主机与 VLAN2 的主机之间通信,需要接入路由器。路由器的两个以太端口分别接入 VLAN1 和 VLAN2,在两个子网之间形成一个转发通路。

参照图 7.13,使用路由器连接一个交换机中两个不同虚网的工作过程如下。

当 VLAN1 中的 A 主机需要与 VLAN2 中的 B 主机通信时,因为交换机隔离了虚网之间的广播,A 主机查询 B 主机 MAC 地址的 ARP 广播,B 主机是无法收听到的。

路由器从 200.1.75.1 端口收听到这个 ARP 广播,就会用自己的 MAC 地址应答 A 主机。

A 主机把发给 B 主机的报文发给路由器。

路由器收到这个报文,从 IP 报头得知目标主机是 195.112.30.75,所在网络是 195.112.30.0。

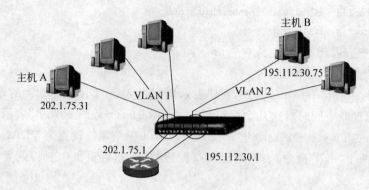

图 7.13　VLAN 之间的通信需要使用路由器

路由器在 VLAN2 上发 ARP 广播,寻找 195.112.30.75 主机,以获得它的 MAC 地址。

获得了 B 主机的 MAC 地址后,路由器就可以从其 195.112.30.1 端口把报文发给 B 主机了。

更复杂的连接如图 7.14 所示。在 3 个级联的交换机上,路由器需要为每个 VLAN 提供 1 个端口,以确保为 3 个 VLAN 之间的通信提供数据转发服务。

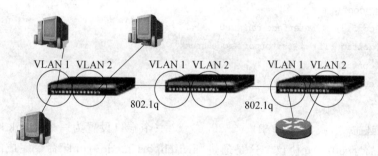

图 7.14　多交换机级联后的 VLAN 互联

另外,我们需要明确,交换机的级联端口需要配置为同时属于 VLAN1、VLAN2 和 VLAN3(属于所有虚网),才能同时为三个子网提供数据链路。级联端口配置了 802.1q 协议,可以在向其他交换机转发报文时,把该报文所属的虚网号报告给下一个交换机。读者可以自己分析一个虚网中的主机向另外一个虚网的主机发送报文的过程。

图 7.14 中的路由器为了互联 3 个 VLAN,需要使用 3 个以太网端口。同时,还需要占用 3 个交换机的端口。路由器可以只使用 1 个端口,就完成相同的任务。这时,交换机与路由器连接的端口,也应该属于所有子网,并配置 802.1q 协议。

7.2.6　三层路由交换机

路由器是网络层(七层模型中的第三层)的设备,用于互联网络中的各个子网。由于其工作原理复杂,所以速度相对较低。

交换机是链路层(七层模型中的第二层)的设备,用于连接网络中的计算机。交换机在转发报文时,只要查询报文帧报头中的目标 MAC 地址,进行帧校验,就可以将数据从某端口转发出去。而路由器则需要完成帧校验、拆卸帧报头、分析网络层报头中的目标IP地址、安装新帧报头等任务。这样复杂的工作使路由器转发报文所耗的延迟远高于交换机。第二层交换机的接口模块都是通过高速背板/总线（速率可高达几十 Gbps）交换数据的，而路由器的转发速度目前都不到 1Gbps。

可见，路由器是网络之间互联的必要设备，也是网络中最主要的、代价最高的瓶颈。

近年来，一种新的交换路由技术的出现，使得子网之间的报文转发也能以交换机几十 Gbps 的速度完成。实现这种交换路由技术的设备就是三层路由交换机（口语中经常称为三层交换机）。

三层路由交换机是一种能同时完成交换和路由的设备。通过称为"一次路由，次次交换"的技术，三层路由交换机能够使网间的数据转发也用交换技术来实现，进而消除路由转发技术带来的延迟，提高网络性能。

图 7.15 介绍了三层路由交换机的工作原理。

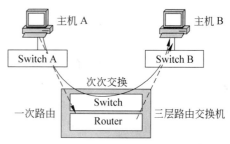

图 7.15　三层路由交换机的工作原理

在图 7.15 中，使用 IP 协议的主机 A 需要向主机 B 发送报文。主机 A 开始发送时，已知主机 B 的 IP 地址，但尚不知道其 MAC 地址。为了封装帧报头，主机 A 使用 ARP 地址解析来获取 B 主机的 MAC 地址。主机 A 比较自己的 IP 地址与目标 IP 地址，通过子网掩码提取出网络地址来确定目标主机是否与自己在同一子网内。若目标主机 B 与自己在同一子网内，主机 A 将发 ARP 请求广播报文，从主机 B 的 ARP 应答中得到目标 MAC 地址，用此 MAC 地址封装报文帧，发送给主机 B。

现在，主机 A 发现目标主机 B 与自己不在同一子网内，主机 A 就会将报文发给"默认网关"（"默认网关"的 IP 地址已经在 TCP/IP 的属性中设置）。在图 7.15 中，主机 A 的默认网关是三层路由交换机。三层路由交换机如果发现主机 B 所在的网段也与自己相连，通过 ARP 请求，得到主机 B 的 MAC 地址。三层路由交换机不仅在自己的交换表中学习、存储这个 MAC 地址，同时也将主机 B 的这个 MAC 地址回复给主机 A。以后，主机 A 再向主机 B 发送报文时，将用最终的目标主机 B 的 MAC 地址封装。报文到达三层路由交换机后，将报文发向三层路由交换机时，三层路由交换机在其交换表中就能找到目标主机 B 的输出端口，并将报文转发给主机 B。其后，主机 A 与主机 B 之间的通信就直接使用三层路由交换机的第二层交换功能，不再需要第三层的路由功能了。即所谓的"一次路由，次次交换"。

可见，三层路由交换机在网段间转发报文时，只有第一次的时候需要使用第三层的路由功能。

第三层交换是一个模型，它将第二层交换机和第三层路由器两者的优势结合成一个灵活的解决方案，可以在各个层次提供线速性能。该解决方案的中心是"一次路由，次次交换"的技术。

三层交换机以交换机的速度连接子网,提供子网之间的路由报文转发(见图 7.16)。由于三层路由交换机的价格急剧下降(如一个低端三层路由交换机的售价只在 1 万元左右),所以,近年来在大、中型局域网中,核心层的路由器基本使用三层交换机,而不再使用传统的路由器。三层交换机通过使用硬件交换机构实现了 IP 的路由功能,其优化的路由软件使得路由过程效率提高,解决了传统路由器软件路由的速度问题。

图 7.16　三层路由交换机

除了高速之外,三层交换机还具有可扩展性。三层交换机在连接多个子网时,子网只是与第三层交换模块建立逻辑连接,不像传统路由器需要增加端口。如果需要增加网络设备,由于预留了各种扩展模块接口,不需要对原来的网络布局和原来的设备进行改动就可以直接扩充设备,保护了原有的投资。高安全性也是三层交换机吸引人的重要方面。三层交换机处于核心的网络层肯定是网络黑客攻击的对象,在软件方面配置可靠性高的防火墙,可以阻止不明身份的数据包,而且可以访问列表,通过访问列表的设置就可以限制内部用户访问一些特别的 IP 地址,并可以防止外部的非法访问者访问内部网络。

在实际应用的网络环境中,对于跨网段通信的需求不断提高。过去的网络在一般情况下按"80/20 分配"规则,即只有 20% 的流量是通过骨干路由器与中央服务器或企业网的其他部分通信,而 80% 的网络流量主要仍集中在不同的部门子网内。今天,这个比例已经提高到了 50%,甚至 80%(倒二八,20/80)。这是因为今天的软件系统逐渐转移为 BS 结构,不管是哪个部门子网中的主机,在运行业务软件时,都需要访问网络中的主服务器。这就需要部门子网中的主机不停地与网络中心的服务器跨子网通信。这种通信带来的是对子网互联设备的挑战。三层交换机将二层交换机和三层路由器两者的优势有机而智能化的结合在一起,在各个层次上提供线速性能,从而解决了传统路由器低速、复杂所造成的网络瓶颈问题。在没有广域网连接需求的场合,用于连接不同子网的传统路由器正在以极快的速度被三层交换机所代替。

7.3　无线局域网

无线局域网(wireless local-area network,WLAN)在不需要线缆的情况下,用微波提供以太网或者令牌网络的功能。有线局域网的传输介质需要依赖铜缆或光缆。有线网络中的各节点不可移动,计算机与网络之间的接驳缺乏灵活性。在有线网络建设中涉及大量的布线施工,施工难度大、费用高、耗时长。无线局域网在弥补有线网络的上述缺点方面,具有很强的优势。

7.3.1　无线局域网的组成和主要设备

无线局域网是通过无线电波(微波)作为传输介质而组建的计算机局域网,是计算机网络与无线通信技术相结合的产物。无线网络用于一些布线困难、上网设备经常移动的环境,以及搭建临时性的网络。无线网络因其自身的优越特性被作为有线网络的补充技术被广泛的应用,它建网容易、组网速度快、工程周期短、管理方便。无线网络的易扩展性是有线网络所不能比拟的,任意一台计算机或笔记本电脑,只要安装了无线网卡,就可以加入无线网络。无线局域网只需通过增加 AP(无线接入点)即可对现有网络进行有效扩展。

无线局域网由无线中心接入点(AP)、主机上的无线收发器(无线网卡)和主机组成。最常见的组网方式是点对多点(见图 7.17)。

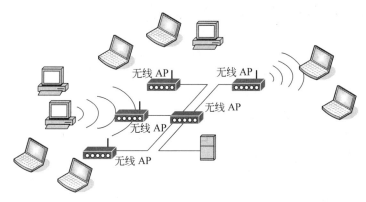

图 7.17 无线局域网的组成

无线中心接入点(access point,AP)是无线局域网的中心设备,提供无线工作站对有线局域网和从有线局域网对无线工作站的访问,在访问接入点覆盖范围内的无线工作站时可以通过它进行相互通信。

点对多点的组网方式下常用 AP 点负责一组计算机的接入,可以将改组计算机发送的无线报文转换成有线传输,发送给远端点的计算机。如图 7.18 所示,AP 使用了全向天线,确保能向 AP 周围的各个方向传输。无线网络传输距离近的原因也正是因为使用了全向天线,波束的全向扩散使得功率大大衰减,传输距离大大下降。由于越远信号越弱,为克服噪声,使得无线传输速率被迫降低。

图 7.18 无线 AP 使用全向天线

无线网卡是计算机中无线信号的收发设备,安装于用户计算机中,实现用户计算机之间的无线连接,并连接到无线接入点。目前市场上销售的无线网卡分为无线局域网卡、无线上网卡和蓝牙适配器等。在无线局域网中使用的是无线局域网卡。

无线局域网卡的作用与有线网卡相同,通过报文的发送与接收,将计算机与网络相连。无线局域网卡分为台式计算机使用的 PCI 卡、笔记本电脑专用的 PCMCIA 卡和通用的 USB 卡三类。

7.3.2 无线局域网的标准规范

无线局域网协议众多,最初的 IEEE802.11 标准于 1997 年 6 月公布,是第一代无线局域网标准。目前的主流标准是 IEEE802.11g,工作在 2.4GHz 频段。

IEEE802.11 是第一代无线局域网标准之一,速率最高只能达到 2Mbps。该标准定义了物理层和媒体访问控(MAC)协议的规范,允许无线局域网及无线设备制造商在一定范围内建立互操作网络设备。由于在无线网络中冲突检测比较困难,媒体访问控制(MAC)层采用避免冲突(CA)协议,而不是冲突检测(CD),但也只能减少冲突。802.11 物理层的无线媒体(WM)决定了它与现有的有线局域网的 MAC 不同,它具有独特的媒体访问控制机制,以 CSMA/CA 的方式共享无线媒体。

IEEE802.11b 是第二代无线局域网络协议标准,其带宽最高可达 11Mbps,实际的工作速率为 5Mbps 左右。IEEE802.11b 使用的是开放的 2.4GB 频段,不需要申请。既可作为对有线网络的补充,也可独立组网,从而使网络用户摆脱网线的束缚,实现真正意义上的移动应用。

IEEE802.11a 标准的传输优点是传输速度快,采用 OFDM(正交频分复用)调制方式,速度可达 54Mbps,完全能满足语音、数据、图像等业务的需要。缺点是无法与 IEEE802.11b 兼容,致使一些早已购买 IEEE802.11b 标准的无线网络设备在新的 802.11a 网络中不能使用。

IEEE 推出了完全兼容 IEEE802.11b 标准且与 IEEE802.11a 速率上兼容的 IEEE802.11g 标准。IEEE802.11g 也工作在 2.4GHz 频段内,支持 54Mbps 的传输速率,并且与 IEEE802.11 完全兼容。这样通过 IEEE802.11g 原有的 IEEE802.11b 和 IEEE802.11a 两种标准的设备就可以在同一网络中使用。

最新的 802.11 标准是 802.11n。该标准是于 2007 年 6 月开始认证的,2009 年 9 月正式发布。802.11n 的传输速度理论值为 300Mbps,比 802.11b 快上数十倍,而比 802.11g 快上 10 倍以上。802.11n 的传输距离也高于 b 和 g,室外距离可达到 300m。

在规划无线网络时,需要全面考虑网络中 AP 和接入终端计算机网卡支持的网络传输方式。由于 IEEE802.11a 和 1IEEE802.11b 所使用的频带不同,因此互不兼容。虽然有部分厂商推出了同时配备 11a 和 11b 功能的产品,但只能通过切换分网使用,而不能同时使用。11g 是能够兼容 11b 的,但它同样不兼容 11a。在 11g 和 11b 终端混用的场合,11g 接入点可以为每个数据包根据不同的对象单独切换不同的调制方式——也就是说,以 11g 调制方式与 11g 终端通信,以 11b 方式与 11b 终端通信。11g 接入点具有这样一种特殊功能:当 11g 和 11b 终端混合到一起时,会对 11g 通信进行控制,以免 11b 终端产生干扰。这种功能被称为 RTS/CTS(请求发送/清除发送)。IEEE802.11g 接入点一般包括“11b 混合模式”和“11g 专用模式”两种设置,11g 专用模式不使用 RTS/CTS 功能。因此,如果在 11g 网络中只使用 11g 终端,那么使用 11g 专用模式就可以提高通信速度。

由于无线局域网的报文在空中使用无线电波传输,因此需要采用必要的安全技术来保护报文不被拦截、监听,甚至修改。在无线局域网中采用的安全技术主要有服务集标识符(service set identifier,SSID)、链路层对称加密(WEP、WPA 和 WAPI)和物理地址过滤。

服务集标识符(SSID)是无线网中每个 AP 上设置的一个编号,客户机出示正确的 SSID 才能使用 AP。不知道本无线网 SSID 的机器,便无法进入本无线网络。这是一个最简单的安全设置。

WEP 加密是在链路层采用的 RC4 对称加密技术。在客户机和无线网中 AP 配置相同的密钥,使得传输中的报文只有合法用户机和 AP 才能还原报文的源码,从而防止非授权用户的监听以及非法用户对网络的访问。WEP 提供了 40 位(有时也称为 64 位)和 128 位长度的密钥机制。WEP 加密仍然存在许多缺陷,例如,一个服务区内的所有用户都共享同一个密钥,一个用户丢失密钥将使整个网络不安全。而且 40 位的钥匙破解起来相对较冗余。另外,钥匙是静态的,要手工维护,扩展能力较差。

WPA(Wi-Fi Protected Access)是继承了 WEP 基本原理而又解决了 WEP 缺点的一种新的加密技术。由于加强了生成加密密钥的算法,因此即便收集到分组信息并对其进行解析,也几乎无法计算出通用密钥。作为 802.11i 标准的子集,WPA 包含认证、加密和数据完整性校验三个组成部分,是一个完整的安全性方案。

国家标准(WLAN Authentication and Privacy Infrastructure,WAPI),即无线局域网鉴别与保密基础结构,是针对 IEEE802.11 中 WEP 协议安全问题,在中国无线局域网国家标准 GB15629.11 中提出的 WLAN 安全解决方案。同时该方案已由 ISO/IEC 授权的机构 IEEE Registration Authority 审查并获得认可。它的主要特点是采用基于公钥密码体系的证书机制,真正实现了移动终端(MT)与无线接入点(AP)间双向鉴别。

由于每个无线工作站的网卡都有唯一的物理地址,因此可以在 AP 的管界面中,手工设置允许访问 AP 的客户机的 MAC 地址,实现物理地址过滤。这个方案要求 AP 中的 MAC 地址列表必须随时更新,可扩展性差;而且 MAC 地址在理论上可以伪造,因此是较低级别的授权认证。物理地址过滤属于硬件认证,而不是用户认证。这种方式要求 AP 中的 MAC 地址列表必须随时更新,目前都是手工操作;如果用户增加,则扩展能力很差,因此只适合小型网络规模。

7.3.3 无线局域网的配置

无线局域网的配置包括接入点 AP 的配置和入网终端计算机的配置。在配置之前,需要进行无线网络的配置规划。规划的内容包括:本网络 IP 地址、服务集标识符(SSID)、通信信道、报文加密算法的选择和 IP 地址获取方式。

1) 配置规划

如果无线网络是一个企业网、政府网的一个子网,就需要像为其他网段分配地址一样,为无线网络分配网络的 IP 地址。无线网中的接入点 AP 和入网机器都应在这个网络地址指定的范围分配 IP 地址。如果无线网分配的 IP 地址为 192.168.1.0、255.255.255.0,AP 和入网机器的地址范围就是 192.168.1.1~192.168.1.254。

服务集标识符(SSID)又称 ESSID,可以简单把它理解成网络中"工作组"的概念,用来区分不同的无线网络。同一无线局域网中无线 AP 和接入终端计算机的 SSID 需要设置相同,才可相互通信。接入终端计算机的无线网卡可通过设置不同 SSID 的方法,选择进入不同的无线网络。在配置规划中,我们可以自由定义本无线网络的 SSID。

另外,SSID 还具备一定的安全机制。SSID 存在于每个无线节点中,是无线客户端与无线接入点正常连接所必需的特定的"网络密匙"。SSID 一般通过 AP 广播出来,供接入终端计算机中的扫描功能查看周围可用的 SSID。

我们知道,无线网络使用 2.4 GHz 频点附近的频段进行传输。为了避开无绳电话、蓝牙、微波炉以及相邻的 WLAN 等干扰源,802.11b/g/n 设计了 11 个 2.4GHz 附近的信道,分布在不同频段上,每个频段的宽度为 20 MHz。例如,信道 6 的中心频率是 2.437GHz,使用 2.427GHz～2.447GHz 范围内的频段。

因此,需要规划我们网络究竟使用哪个信道。选择信道时要避开潜在的干扰源。我们的无线网络会由多个 AP 组成。这些 AP 如果使用相同的信道,可能会造成彼此干扰而降低信号强度。通常我们采取"依次选择信道"的方法。例如,我们规划网络中使用 1、6、11 三个信道,第一个 AP 选择了信道 1,后面的就选择 6、11、1、6…,可以有效地避开 AP 之间的干扰。

在专业的无线网络建设前,通常使用无线波普分析器进行深度探寻,寻找周围的干扰源,进而有效地规划网络使用的频道。

网络中的无线接入终端计算机的信道选择通常配置为"自动",这样就可以自动寻找我们的网络。

2) 配置 AP

下面,我们来学习接入点 AP 的配置方法。

要对 AP 设备进行配置,需要使用计算机连接到 AP,在计算机上打开 AP 的设置界面,在设置界面完成必要的设置。AP 产品通常提供 RJ45 以太网端口,用 UTP 电缆将该端口与用来进行 AP 设置的计算机的网口连接。然后,查看 AP 产品说明书中本产品出厂时默认的 IP 地址,如 192.168.1.1、255.255.255.0。将用来进行 AP 设置的计算机的网卡 IP 地址也设置在 192.168.1.0 网段上,如 192.168.1.100、255.255.255.0。上面两个操作完成后,便做好了对 AP 的设置准备。

接下来,在用来进行 AP 设置的计算机上打开浏览器,在地址栏输入无线网络接入点(AP)的地址,如"http://192.168.1.1/",输入说明书上给出的出厂默认管理密码,就可以进入 AP 的设置界面,如图 7.19 所示。

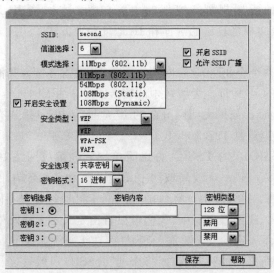

图 7.19　AP 的设置界面

SSID 是自由定义的,最多可以由 32 个字符组成。注意,厂家在出厂时,AP 的 SSID 有默认设置,必须修改为自己网络的 SSID。若采用厂家在出厂时的默认设置,则可能发生因网络中存在多台相同型号 AP 的 SSID 号相同而导致无线冲突的问题。例如,我们通常会遇到一堆 SSID 为"TP-LINK"的 AP,这是因为 TP-LINK 厂家的 AP 产品,默认 SSID 都是"TP-LINK"。

在设置窗口的右侧有一个"允许 SSID 广播"的选项。如果勾选了该选项,AP 将把自己的 SSID 号广播给覆盖区域内的所有计算机,接收到本广播的计算机,会这个 SSID 配置到本机的无线网卡中,进而可以加入本 AP 的网络中。不过,开启此功能后,所有可以接收到本 AP 发送的 SSID 的终端都可以实现自动登录,也包括"非法"用户的登录。所以,出于安全性考虑,可以禁止 SSID 广播。这样,要接入该无线网络,接入计算机必须事先知道本无线网络的 SSID,预先输入计算机之后,才可以顺利进入。这在一定程度上增加了无线网络的使用安全。

在信道选择项中,我们应该按照网络规划进行设置。本例中选择了信道 6。多数 AP 产品的设置提供"Auto"选项。如果选择该选项,AP 会根据周围环境内的频段占用情况,选择最不拥挤的频段。

在本例的模式选择中,有"108Mbps"的选项。这是俗称 Super G 的标准,是厂家自己定义的,不是国际规范。Super G 的最高速度是 108Mbps。简单地说,Super G 其实就相当于同时使用两个 802.11g 的信道,从而使速度最高能达到 108Mbps。

在安全类型选择中列出了 WEP、WPA 和 WAPI 三种加密方式。常用的是 WEP 和 WPA 两种。WPA 是后于 WEP 开发的加密方式,相对 WEP 具有明显优势。WEP 使用一个静态的密钥来加密所有的通信。WPA 是动态的,即不断地转换密钥。WPA 采用有效的密钥分发机制,可以跨越不同厂商的无线网卡实现应用。WPA 的另一个优势是,它使安全地部署无线网络成为可能。而在此之前,公共场所使用 WEP 暴露了很多问题。WEP 的缺陷在于其加密密钥为静态密钥而非动态密钥。这意味着,为了更新密钥,IT 人员必须亲自访问每台机器,而在一些公开场所,入网的机器是随机的,无法召集密钥更新。另一种办法是让密钥保持不变,而这会使用户容易受到攻击。由于互操作问题,学术环境和公共场所一直不能使用专有的安全机制。

AP 配置中的"安全选项"有两个,分别是"开放式系统验证"和"共享密钥验证"。后一种验证方法被称为"挑战的验证方法",目前被多数 AP 选用。

"密钥格式"可选 16 进制或 ASCII 码,这里的设置对安全性没有任何影响。"密钥类型"有 64 位、128 位和 152 位三种选择。如果"密钥类型"选择 64 位密钥则需输入 16 进制数字符 10 个,或者 ASCII 码字符 5 个。选择 128 位密钥需输入 16 进制数字符 26 个,或者 ASCII 码字符 13 个。选择 152 位密钥需输入 16 进制数字符 32 个,或者 ASCII 码字符 16 个。一般来说,密钥越长,安全性就越好。但是,密钥越长,网卡花在报文加密、解密上的时间就越多。

上述配置项目是无线 AP 初始化设置必须完成的,需要对无线网络中的所有 AP 逐一完成上述配置。

7.4 局域网建设

7.4.1 建设方案与原则

局域网建设方案的主要目标是根据建设需求,满足网络使用单位的大多数应用。在现有建筑物的基础上,构建主要建筑物之间的网络,对楼层中的办公室,按照子网分割的规划,搭建出楼内网络。局域网建设方案所包括的主要内容有:

1) 根据网络应用单位对信息点的安排和网络应用的需求制定合理的局域网总体建设规划和实施方案;

2) 对主要建筑物实施局域网结构化布线;

3) 完成从网络中心所在建筑物到其他建筑物的室外主干网光缆的铺设;

4) 完成各建筑物内楼层间室内干线光缆的铺设;

5) 实现网络中心三层路由交换机(核心交换机)与二级交换机的连接、安装、配置和调试;

6) 实施对服务器和部分计算机网络工作站的连接和入网调试。

图 7.20 是一个大中型企业网络方案的例子,用以给读者一个直观的网络设计的概念。

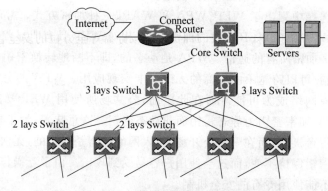

图 7.20 大中型企业网络方案的例子

此方案采用分布式交换网络设计方案,具有清晰的分层模型:接入层、分布层、核心层。这种方案充分考虑了各个主机的流量需求,关键设备实现冗余备份,路由技术和交换技术有机结合,是一个典型的高速、稳定、可靠的多业务实施解决方案。

接入层配置二层交换机,用以连接网络终端。设备可选用华为的 S2000、S3000 系列交换机,为网络终端提供 100Mbps 的接入。主机可依据部门、楼层、建筑物划分 VLAN。

分布层选用两台三层交换机(如华为的 S3500 或者 S5500 系列),与接入层的二层交换机分别互联,提供主备链路,确保可靠性。对于数据流量大的网段,也可以同时应用链路聚合技术,保证带宽。传输介质选用千兆光纤连接到接入层设备,可以在三层交换机上实施路由策略配置,合理规划子网地址,路由协议配置,实施安全访问控制,Qos,流量分类,VLAN 聚合和路由。

核心层是一台三层交换机,承担网络中各 VLAN 之间的最高层次的报文转发服务。核心层应该保证足够的带宽,实现快速数据传输。核心交换机可以选用华为的 S8000 或 S6000 三层交换机。核心交换机可以直接连接网络中心服务器,也可以先连接到一台二层交换机上,建立一个服务器子网。核心交换机与分布层交换机和服务器子网采用千兆链路连接。服务器通过千兆链路连接到核心交换机,有效地保证了服务器的传输带宽。所有分布层和核心层设备,以及服务器、网管工作站等放置在一个机房,方便统一管理。

如果要考虑核心层的安全问题,可以采用在核心层部署两台核心的方案,分别连接到不同的 ISP,保证网络足够可靠。

本方案中,局域网通过接入路由器,采用百兆光纤或者电缆接入互联网。

这种方案大量采用千兆链路、三层交换机,投入比较大。大部分特派办、审计厅局的局域网建设采用双层设计方案,通常会省略图 7.20 方案中的分布层,核心交换机直接通过千兆链路连接到接入层的二层交换机,节省投入成本。

不管网络的复杂性如何,采用简单的双层方案,还是采用三层或三层以上的方案,局域网建设都应遵循下列主要原则。

1) 实用性:网络建设从应用实际需求出发,坚持为领导决策服务,为经营管理服务,为生产建设服务。

2) 先进性:采用成熟的先进技术,兼顾未来的发展趋势,即量力而行,又适当超前,留有发展余地。

3) 可靠性:确保网络可靠运行,在网络的关键部分应具有容错能力。

4) 安全性:提供公共网络连接、通信链路、服务器等全方位的安全管理系统。

5) 开放性:采用国际标准通信协议、标准操作系统、标准网管软件,采用符合标准的设备,保证整个系统具有开放特点,增强与异机种、异构网的互联能力。

6) 可扩展性:系统便于扩展,保证前期投资的有效性与后期投资的连续性。

7.4.2　网络建设的实施

1) 网络布线建设

网络建设的第一步工作就是布线建设。一个良好的结构化布线系统对整个网络系统建设具有基础平台的重要性。

对于多建筑物的网络,可采用多设备间的方法,分为中心设备间和楼栋设备间部分。中心设备间是整个局域网的控制中心,设有对外(互联网)对内通信的各种网络设备(交换机、路由器、视频服务器等)。中心交换机通过光缆与楼栋设备间的交换设备相连,以保证数据的高速传输。在此设备间放置布线的线架和网络设备,端接楼内来自在各层的主干线缆,并端接连接网络中心的光纤。

在网络布线设计与实施中,楼群间均采用光缆连接,可提供千兆位的带宽,有充分的扩展余地。楼内垂直布线位于高层建筑物的竖井内,通常采用多模光缆。楼内布线包括水平布线和主干布线。水平系统采用超五类双绞线,新的楼宇采用暗装墙内的方式,旧的楼宇采用 PVC 线槽明装的方式。

按照国际商用建筑物布线系统标准(EIA/TIA 568B)、ISO11801 和国家网络布线标准规范的设计要求,网络布线建设中不仅要选择符合国际标准的布线材料和设备,而且要按照其标准进行设计和施工,以确保网络布线建设的质量。

在网络布线建设完成后,要组织严格的测试与验收。测试与验收要使用专业的网络测试设备进行,然后通过国际商用建筑物布线系统标准(EIA/TIA 568B)、ISO11801 和国家网络布线标准规范进行严格的评审,确认设备材料数量型号与设计相符,得到 100% 信息点测通及性能测试报告。

2) 子网划分

局域网划分在网络的方案设计时应该已经完成。在建设实施时,需要进一步利用第4章介绍的方法,规划网络中各子网的 IP 地址,以及相应的主机 IP 地址分配方案。

如果 IP 地址采用内部地址方案,根据 RFC1597 的有关规定,为便于以后与互联网相连及综合考虑网络的发展,通常选择 A 类网络地址,网络号为 10,子网掩码为 255.0.0.0,或使用 B 类网络,网络号为 172.16,对应的子网掩码为 255.255.0.0。对于大、中型局域网,不应考虑 192.168 等 C 类网络。

如果网络中有面向互联网的服务器,这些服务器要求有固定的外部 IP 地址,路由器也要求有固定的公网 IP 地址,而且 NAT 地址池也需要有固定的公网 IP 地址。因此,必须向 ISP 提供商申请一定数量的公网 IP 地址。对于小型网络来讲,需要申请 8 个左右;对于中大型局域网来说,要求 16 个以上才够用。

在为各个子网分配 IP 地址时,需要使用本书第 4 章介绍的 IP 地址分配方法。但是,第 4 章介绍的只是一种"定长掩码"的分配方法。这种分配方法的最大缺陷是各个子网的 IP 地址空间大小相同。这会造成大量的 IP 地址浪费,在内网也使用公开 IP 的时候,这个方法是不适合的。但是,目前大部分内网使用的是内部 IP,许多单位都使用 B 类地址,甚至 A 类地址,有巨大的 IP 地址可以使用。在这种场合下,"定长掩码"的分配方法简捷、清晰,仍然为很多单位采用。

非"定长掩码"的分配方法称为"变长的子网掩码"方法。在学习、掌握了"定长掩码"的分配方法后,很容易学习"变长的子网掩码"的方法。读者可以查询其他教材学习这种方法。

3) 带宽分析

在网络建设中,需要对整个网络各条链路上的带宽需求进行客观的分析,以确保网络传输速度的需求。

网络干线是中心交换机与二级交换机(对于规模不太大的网络环境,也就是接入级)之间以及中心交换机与服务器之间的连接信道。对于交换式以太网来说,其带宽有 100M 和 1 000M 两种。根据网络规模、应用特点并结合使用单位的意见,主干带宽一般选择 1 000M。中心交换机与服务器之间,可根据服务器的规模和应用类型在 100M 或 1 000M 之间选择,而中心交换机与各楼层的接入交换机之间宜采用 1 000M 全双工方式。

对于规模不是十分庞大且地域不是太分散的局域网,以尽可能减少交换机或集线器的级连级数为宜,以免增加延时,通常只设两级。

4) 网络设备配置

需要综合考虑网络设备的配置,既要满足网络对性能、功能和可靠性的要求,又要节省投资。在为网络配置网络设备时,无法量体裁衣,只能根据自己的需要从市场各厂商现有的产品选择尽可能接近所需的档次和型号。选的配置过高,将造成资源浪费;配置太低,不仅没有扩展余地,而且会影响网络性能。不同网络厂商在设计产品各档次的规模和性能时,会由于自身的技术和工艺水平而产生较大的差异。对于性能和配置相近的产品,不同国别、不同品牌、不同厂商的售价都存在较大的差异。一般而言,国外知名品牌的产品的价格要远远高于国内的产品,即便是国内的网络产品也存在高端、中端和低端几个档次之分。在选择网络的核心中心交换机时需要权衡考虑。

目前,在国内较流行的国外品牌有 CISCO,AVAYA,3COM 等。这类产品的特点是技术工艺成熟、性能稳定、可靠,功能丰富等,但属于高端产品,价格相对较高。高端产品在要求较高的金融、证券、政府和大型企业中应用较广。神州数码、华为、港湾、TCL、实达等国内知名产品属于中端。这些厂家的产品在功能和性能上与国外同类产品已不相上下,而在配置和端口组合方面却更具灵活性,特别是在价格上具有优势,也是政府单位、事业单位和企业很好的选择。

对于中心交换机的选择,重点要考虑它的交换容量、扩展能力、是否具有很好的第二层交换性能和第三层路由功能。为网络选择的核心交换机,应选择专为发挥千兆以太网潜在的巨大交换能力而设计,具有无阻塞结构,可以保证每个端口均轻松具备全线速交换能力,在巨大的通信量和网络负载下能够实现线速的第二层和第三层交换。不过,在具体选择核心交换机的档次和规模时,还要结合使用单位的网络规模和应用特点,适当留有扩充余地。

二级交换机的选用,首先要求注意的是可网络管理。只有配置具有网络管理功能的交换机,才能在网络的网管工作站上对该交换机进行远程监控和设置调整。网络管理的技术将在第 11 章介绍。

一般要求二级交换机可以千兆上连,以分别独立地高速连接到核心交换机。通常还需要选用可堆叠交换机,用于接入端口密集的场合。为节省光纤链路和千兆上连端口,可将各交换机以 4Gb 的带宽堆叠在一起(最大可堆叠 6 台),然后,再以两条千兆链路按汇聚方式连接到核心交换机。

小结

讨论了构造一个网络系统的主要设备——传输介质、网卡、集线器、交换机、路由器和中继器,以及控制通信所需要的协议。

本章讨论了如何构建局域网络。这里涉及了如何级联交换机,如何使用虚拟子网 VLAN 技术来高效率地划分子网,如何使用路由技术将 VLAN 连接到一起,以及如何将多个交换机连接到一起,对于带冗余链路的交换机网络如何避免循环报文。

本章还讨论了无线网络的相关技术,这是越来越重要的一项网络技术。在本章的最后,我们总结式地讨论了局域网的建设方案和具体实施问题。

本章综合介绍了局域网建设从方案到实施的要点。在构建局域网时,三层路由交换机扮演了重要的角色。三层交换从概念的提出到今天的普及应用,虽然只经历了几年的时间,但其在网络建设中的应用越来越广泛,从最初骨干层、中间的汇聚层一直渗透到边缘的接入层。三层交换机以其速度快、性能好、价格低等众多的优势把路由器排挤到网络的"边缘"。凡是没有广域网连接需求,同时又需要路由器的地方,都可以用三层交换机代替。随着 ASIC 硬件芯片技术的发展和实际应用的推广,三层交换的技术与产品会得到进一步发展。

本章是我们对局域网讨论的最后一章,从第 9 章开始,我们将讨论比局域网规模更大的网络。

第8章 网络服务器

网络服务器是网络上能为客户站点提供各种服务的计算机,它在网络操作系统的控制下,将与其相连的硬盘、磁带、打印机、Modem 及昂贵的专用通信设备提供给网络上的客户站点共享,也能为网络用户提供集中计算、数据库管理等服务。网络服务器是承载域名服务、活动目录服务、DHCP 服务等网络服务的服务器。本章主要介绍网络服务器的性质和分类,网络操作系统的安装和配置,常用服务器的安装与配置,服务器数据安全等内容。

8.1 网络服务器的性能与分类

服务器的硬件构成与计算机类似,主要由处理器、硬盘、内存、系统总线等组成,它是针对具体的网络应用而特别定制的,因而服务器在处理能力、稳定性、可靠性、安全性、可扩展性、可管理性等方面均优于计算机。

8.1.1 网络服务器的性能

服务器承担数据的存储、转发、发布等关键任务。选择服务器时,通常要注意处理器架构、可扩展能力、服务器外形、新技术的支持和品牌等方面的性能。

1. 处理器架构

处理器架构决定了服务器的性能水平和整体价格。中小型企业通常选择复杂指令集架构和 AMD 的 x86-64 架构。这类处理器并行扩展路数一般在 8 路以下,采用微软 Windows 服务器系统。在性能、稳定性和可扩展能力方面要求较高的大中型企业和行业用户,则可选择基于精简指令集架构处理器的服务器,采用的服务器操作系统一般是 UNIX 或者 Linux。

2. 可扩展能力

服务器的可扩展能力主要通过处理器的并行扩展和服务器群集扩展来实现。一般中小型企业通常采用前者,因为这种扩展技术容易实现、成本低。处理器的并行扩展技术中最常见的是对称处理器技术,它允许在同一个服务器系统中同时安插多个相同的处理器,以实现服务器性能的提高。服务器扩展能力还表现在诸如主板总线插槽数、磁盘架位和内存插槽数等方面。

3. 服务器外形

服务器外形是指服务器的机箱结构,即台式服务器、机架式服务器、机柜式服务器和刀片式服务器 4 种服务器外形。

刀片式服务器技术发展迅速,既可以满足中小型企业的业务扩展需求,又可以满足大中型企业高性能的追求,还有智能化管理功能,是未来发展的一种必然趋势。

4. 新技术的支持

服务器的主板决定了主机的整体性能和技术水平,而主板的性能由相应的芯片组决定。芯片组可以决定的参数主要包括支持的处理器类型和主频、总线类型、内存类型和容量、磁盘接口类型和磁盘阵列支持等。可以根据实际的应用需求选择技术支持较好的主板芯片。

5. 品牌

服务器产品的国外品牌有 IBM、HP、SUN 等,称为国际服务器市场的"三甲";国内有联想、浪潮和曙光等,称为国内服务器市场的"三甲"。选购服务器并非一定要选国外品牌,国内品牌的服务器同样具有较高的技术水平和性能。

8.1.2　网络服务器的分类

服务器发展到今天,适应各种不同功能、不同环境的服务器不断出现,服务器的分类标准并不唯一,主要有以下 4 种分类。

1. 按应用层次划分

按应用层次划分,服务器可分为入门级服务器、工作组级服务器、部门级服务器和企业级服务器 4 类。

(1) 入门级服务器

入门级服务器使用一块 CPU,并根据需要配置内存和大容量硬盘,采用磁盘阵列技术保证数据的可靠性和可恢复性。入门级服务器主要针对基于 Windows NT、NetWare 等网络操作系统的用户,可以满足中小型网络用户的文件共享、打印服务、数据处理、因特网接入及简单数据库应用的需求,也可以在小范围内完成诸如电子邮件、代理、域名系统等服务。对于一个小部门的办公需要而言,服务器的主要作用是完成文件和打印服务。文件和打印服务是服务器的最基本应用之一,对硬件的要求较低。

(2) 工作组级服务器

工作组级服务器一般支持 1~2 个处理器,可支持大容量纠错内存,功能全面,可管理性强、且易于维护,具备了小型服务器所必备的各种特性,适用于为中小企业提供 Web、Mail 等服务,也能够用于学校等教育部门的数字校园网、多媒体教室的建设等。

(3) 部门级服务器

部门级服务器支持 2~4 个处理器,具有可靠性、可用性、可扩展性和可管理性,集成了监测及管理电路,具有服务器管理能力,可监测如温度、电压、风扇、机箱等状态参数。部门级服务器具有良好的系统展性,当用户在业务量迅速增大时能够及时在线升级系统,可保护用户的投资。目前,部门级服务器是企业网络中各分散的基层数据采集单位与最高层数据中心保持顺利连通的必要环节,适合作为数据中心、Web 站点等。

(4) 企业级服务器

企业级服务器属于高档服务器,支持 4~8 个处理器,拥有独立的双 PCI 通道和内存展板设计,只有高内存带宽、大容量热插拔硬盘和热插拔电源,具有超强的数据处理能力。这类产品具有高度的容错能力、优异的扩展性能和系统性能、极长的系统连续运行时间,能保护用户的投资,作为大型企业级网络的数据库服务器。

企业级服务器适用于需要处理大量数据、高处理速度和对可靠性要求极高的大型企业和重要行业,可用于企业资源、电子商务、办公自动化等服务。

2. 按服务器用途划分

按服务器用途划分,服务器可分为通用型服务器和专用型服务器两类。

(1)通用型服务器

通用型服务器是并非为某种特殊服务而专门设计的服务器。这类服务器在设计时兼顾多方面的应用需要,提供各种服务功能,服务器结构复杂,性能要求高。

(2)专用型服务器

专用型服务器是为某一种或某几种功能专门设计的服务器。如光盘镜像服务器主要用来存放光盘镜像文件,在服务器性能上需要具有相应的功能与之相适应。

3. 按服务器的机箱结构划分

按服务器的机箱结构,服务器可分为台式服务器、机架式服务器、机柜式服务器和刀片式服务器 4 类。

(1)台式服务器

台式服务器也称为塔式服务器。有的台式服务器采用大小与普通立式计算机大致相当的机箱,有的采用大容量的机箱,像个硕大的柜子。低档服务器由于功能较弱,整个服务器的内部结构比较简单,所以机箱不大,都采用台式机箱结构。

(2)机架式服务器

机架式服务器的外形像交换机,有 1U(1U=1.75in)、2U、4U 等规格。机架式服务器安装在标准的 19in 机柜里。这种结构多为专用型服务器。

(3)机柜式服务器

在一些高档企业服务器中由于内部结构复杂、内部设备较多,几个服务器放在一个机柜中,这种服务器就是机柜服务器。

(4)刀片式服务器

刀片式服务器是一种高可用、高密度的低成本服务器平台,是专门为特殊应用行业和高密度计算机环境设计的,其中每一块"刀片"就是一块系统母版,类似一个个独立的服务器。在这种模式下,每一个母版运行自己的系统,服务于指定的不同用户群,相互之间没有关联,可以使用系统软件将这些母版集合成一个服务器集群。刀片式服务器适合群集计算和为 IXP 提供互联网服务。

4. 按服务器的处理器采用类型划分

按服务器的处理器采用类型划分,服务器可分为复杂指令集架构服务器、精简指令集架构服务器和超长指令集构架服务器三类。

(1)复杂指令集架构服务器

从计算机诞生以来,人们一直沿用复杂指令集方式。在复杂指令集架构微处理器中,程序的各条指令是按顺序串行执行的,每条指令中的各个操作也是按顺序串行执行的。顺序执行的优点是控制简单,但计算机各部分的利用率不高,执行速度慢。复杂指令集架构的服务器主要以英特尔架构为主,而且多数为中低档服务器所采用。

（2）精简指令集架构服务器

精简指令集架构服务器的指令系统相对简单，它只要求硬件执行很有限且最常用的那部分指令，大部分复杂的操作则使用成熟的编译技术，由简单指令合成。目前在中高档服务器中普遍采用这一指令系统的 CPU，特别是高档服务器全都采用精简指令系统的 CPU。

（3）超长指令集架构服务器

超长指令集架构采用先进的清晰并行指令设计。超长指令架构的最大优点是简化了处理器的结构，删除了处理器内部许多复杂的控制电路。超长指令架构的结构简单，从而能够降低芯片制造成本，价格低廉，能耗少，而且性能也比超标量芯片高得多。

8.2 服务器操作系统

服务器操作系统是安装在大型计算机上的操作系统，是 IT 系统的基础架构平台。在一个具体的网络中，服务器操作系统要承担额外的管理、配置、稳定、安全等功能，处于每个网络的心脏部位。本节从网络操作系统安装、常用服务器配置介绍服务器系统。

8.2.1 基于 Windows 的网络服务器与安装

Windows Server 2003 是在 Windows Server 2000 的可靠性、可伸缩性和可管理性的基础上构建的，是一个与互联网充分集成的多功能网络操作系统。它不仅适用于高安全、高稳定性的服务器领域，而且可以安装到家用计算机上，因为此款操作系统比以前的版本更稳定、更安全、更容易使用，而且其安装比较容易。但是要注意，其安装时需要最低 128M 的内存和不低于 600MHz 的 CPU 主频。下面介绍 Windows Server 2003 安装过程。

1. 安装 Windows Server 2003

（1）将安装光盘放入光驱，进入我们熟悉的安装界面，直接按 Enter 键开始安装全新的 Windows，然后出现许可协议界面，阅读协议后，用户按 F8 键继续安装。接着安装程序会自动搜索系统中已安装的操作系统，并询问用户将操作系统安装到系统的哪个分区中，请根据实际情况选择。接着会询问采用何种方式对分区格式化，推荐选择 NTFS 格式。然后，按 Enter 键对其进行格式化。格式化完成后，安装程序会将安装所需的文件复制到磁盘分区的 Windows 文件夹中，文件复制到硬盘上后会提示重启计算机。

（2）重新启动计算机后，进入安装的实质界面。安装程序开始收集必要的安装信息，并在左下角给出安装的完成时间。接着系统出现"区域和语言选项"互动窗口。一般采用默认值，单击"下一步"按钮继续。

（3）出现"自定义软件"对话框，输入姓名及单位，单击"下一步"继续。

（4）出现如图 8.1 所示的"您的产品密钥"对话框，输入产品安装序列号，一般在光盘封面或说明书里可找到。单击"下一步"按钮继续。

（5）出现如图 8.2 所示的"授权模式"对话框时，选择合适的授权模式，按"下一步"按钮继续。对于服务器的安装来说，最好设置允许多少客户端同时连接服务器；而对于单机用户来说，直接按"下一步"按钮即可。

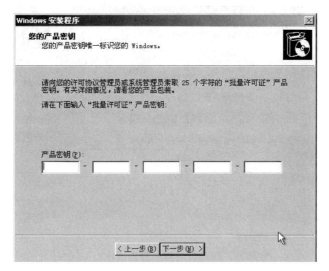

图 8.1 "您的产品密钥"对话框

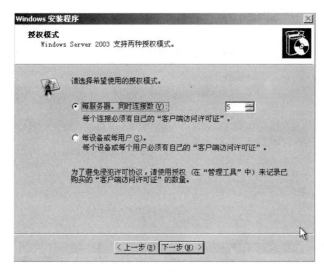

图 8.2 "授权模式"对话框

（6）在如图 8.3 所示的对话框中输入唯一的计算机名称以及系统管理员密码。单击"下一步"，如果密码不符合要求，则出现"建议密码"对话框，选"Y"。如果密码符合要求，则出现"日期和时间设置"对话框。

（7）在出现"日期和时间设置"对话框时，确定正确的日期和时间，然后单击"下一步"按钮开始安装网络。

（8）经过一段时间后，网络安装完成，出现如图 8.4 所示的"网络设置"对话框，选择使用典型设置还是自定义设置，然后单击"下一步"继续。

（9）出现如图 8.5 所示的"启用网络组件"对话框时，在选择列表中选择"Internet 协议（TCP/IP）"，然后单击右侧的"属性"。

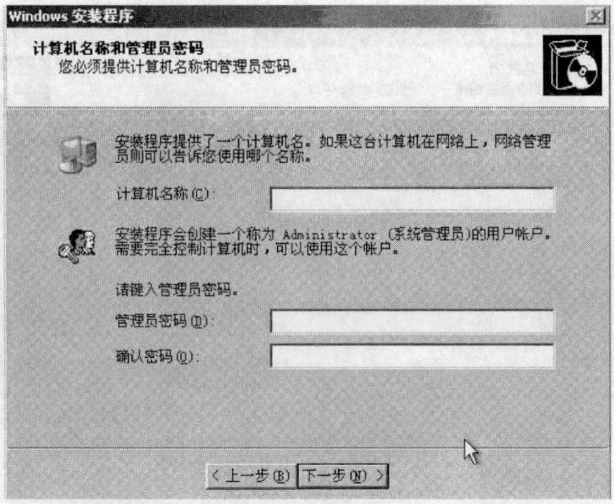

图 8.3 “计算机名称和管理员密码”对话框

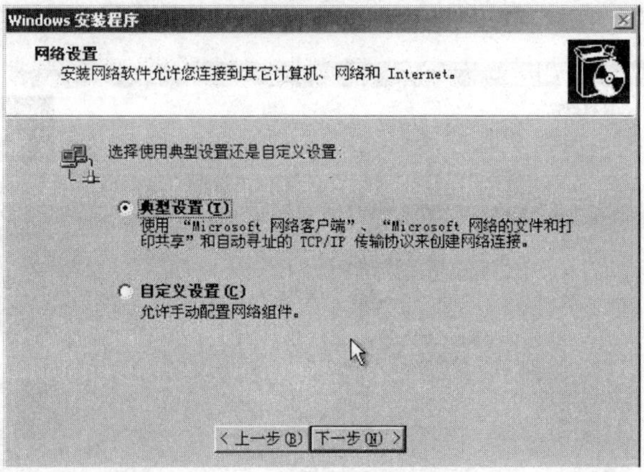

图 8.4 “网络设置”对话框

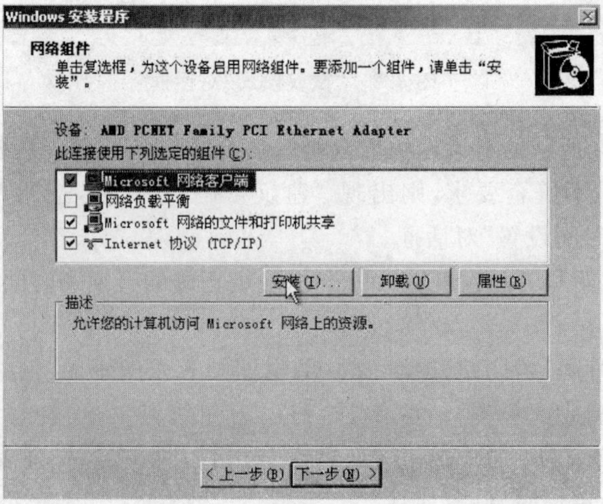

图 8.5 “网络组件”对话框

（10）出现"TCP/IP 属性"属性对话框时，选择"使用下面的 IP 地址"，输入 IP 地址、子网掩码、默认网关及 DNS 服务器地址，单击"确定"按钮继续。

（11）出现如图 8.6 所示的"工作组或计算机域"对话框，询问是否将这台计算机加入域，建议选择"不，此计算机不在网络上，或者在没有域的网络上把此计算机作为下面工作组的一个成员"，待把系统安装完毕后再进行详细的设置。单击"下一步"按钮，计算机开始复制网络组建文件。

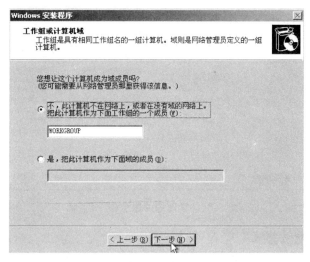

图 8.6 "工作组或计算机域"对话框

（12）复制完文件后，安装程序继续完成下面的安装任务，并且会在安装完成后自动重新启动计算机。然后就可以登录系统了。

（13）当屏幕上显示"请按 Ctrl＋Alt＋Del 开始"对话框时，需同时按下 Ctrl＋Alt＋Del 组合键。

（14）当出现如图 8.7 所示的"登录到 Windows"对话框时，输入系统管理员的名称和密码，并按"确定"按钮。

图 8.7 "登录到 Windows"对话框

（15）进入系统之后，将会自动弹出一个如图 8.8 所示的"管理您的服务器"对话框，在对话框里进行文件服务器、打印服务器、IIS 服务器、邮件服务器、域控制器、DNS 服务器以及 DHCP 服务器等方面的配置，请根据网络的实际需要进行。对于单机用户来说，将此对话框关掉即可。

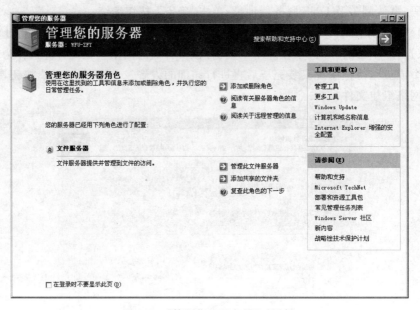

图 8.8 "管理您的服务器"对话框

2. 配置 DNS 服务器

DNS 是域名解析系统的缩写，它是嵌套在域名结构中的主机名称解析和网络服务的系统。当用户提出利用计算机的主机名称查询相应的 IP 地址请求的时候，DNS 服务器从其数据库提供所需的数据，实现 IP 地址与域名间的相互转换。

配置 DNS 服务器主要包括设置"域名系统（DNS）"、启动 DNS 服务器的配置以及在客户机上启用 DNS 服务。

（1）设置"域名系统（DNS）"

安装 DNS 服务器的过程如下。

① 默认情况下 Windows Server 2003 系统中没有安装 DNS 服务器，首先需要安装 DNS 服务器。依次单击"开始/管理工具/配置您的服务器向导"，在打开的向导页中依次单击"下一步"按钮。配置向导自动检测所有网络连接的设置情况，若没有发现问题则进入"服务器角色"向导页。如果是第一次使用配置向导，则还会出现一个"配置选项"向导页，点选"自定义配置"单选框即可。

② 在"服务器角色"列表中单击"DNS 服务器"选项，并单击"下一步"按钮。打开"选择总结"向导页，如果列表中出现"安装 DNS 服务器"和"运行配置 DNS 服务器向导来配置 DNS"，则直接单击"下一步"按钮。否则单击"上一步"按钮重新配置，如图 8.9 所示。

③ 向导开始安装 DNS 服务器，并且可能会提示插入 Windows Server 2003 的安装光盘或指定安装源文件，如图 8.10 所示。

如果该服务器当前配置为自动获取 IP 地址，则"Windows 组件向导"的"正在配置组件"页面就会出现，提示用户使用静态 IP 地址配置 DNS 服务器。

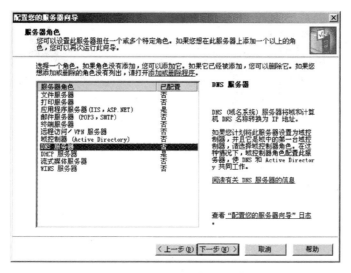

图 8.9 "服务器角色"对话框

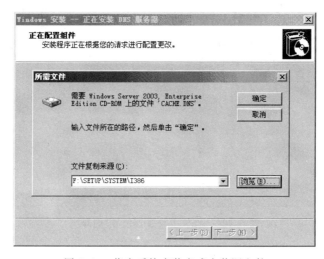

图 8.10 指定系统安装盘或安装源文件

（2）启动 DNS 服务器的配置

启动 DNS 服务器的配置，创建 DNS 区域。DNS 服务器安装完成以后会自动打开"配置 DNS 服务器向导"对话框。用户可以在该向导的指引下创建区域。

① 在"配置 DNS 服务器向导"的欢迎页面单击"下一步"按钮，打开"选择配置操作"向导页。在默认情况下适合小型网络使用的"创建正向查找区域"单选框处于选中状态。保持默认选项并单击"下一步"按钮，如图 8.11 所示。

② 打开"确定主服务器的位置"向导页，如果所部署的 DNS 服务器是网络中的第一台 DNS 服务器，则应该保持"这台服务器维护该区域"单选框的选中状态，将该 DNS 服务器作为主 DNS 服务器使用，并单击"下一步"按钮，如图 8.12 所示。

③ 打开"区域名称"向导页，在"区域名称"编辑框中输入一个能反映公司信息的区域

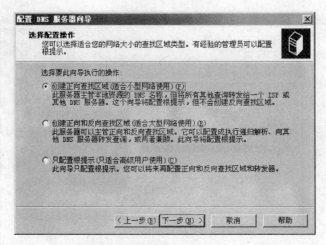

图 8.11 "选择配置操作"向导页

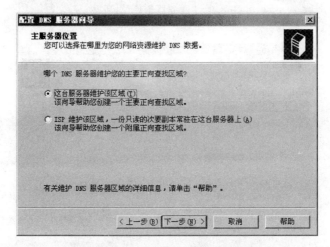

图 8.12 确定"主服务器位置"向导页

名称,如"bistu. edu. cn",单击"下一步"按钮。

④ 在打开的"区域文件"向导页中已经根据区域名称默认填入了一个文件名。保持默认值不变,单击"下一步"按钮。

⑤ 在打开的"动态更新"向导页中指定该 DNS 区域能够接收的注册信息更新类型。允许动态更新可以让系统自动地在 DNS 中注册有关信息,在实际应用中比较有用,因此选择"允许非安全和安全动态更新"单选框,单击"下一步"按钮,如图 8.13 所示。

⑥ 打开"转发器"向导页,保持"是,应当将查询转送到有下列 IP 地址的 DNS 服务器上"单选框的选中状态。在 IP 地址编辑框中输入 ISP(或上级 DNS 服务器)提供的 DNS 服务器 IP 地址,单击"下一步"按钮。通过配置"转发器"可以使内部用户在访问互联网上的站点时使用当地的 ISP 提供的 DNS 服务器进行域名解析。

⑦ 依次单击"完成"按钮结束创建过程和 DNS 服务器的安装配置过程。

我们已经利用向导成功创建了 bistu. edu. cn 区域,但内部用户还不能使用这个名称

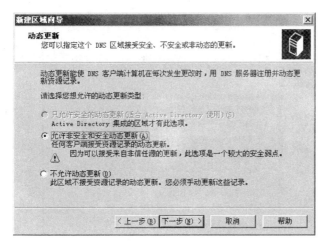

图 8.13 "动态更新"向导页

来访问内部站点,因为它还不是一个合格的域名。接着还需要在此基础上创建指向不同主机的域名才能提供域名解析服务。例如,创建一个用以访问 Web 站点的域名"www. bistu. edn. cn",具体操作步骤如下。

① 依次单击"开始"→"管理工具"→DNS 菜单命令,打开 dnsmgmt 控制台窗口。

② 在左窗格中依次展开 ServerName→"正向查找区域"目录。然后用鼠标右键单击 bistu. edu. cn 区域,执行快捷菜单中的"新建主机"命令。

③ 打开"新建主机"对话框,在"名称"编辑框中输入一个能代表该主机所提供服务的名称,如 www。在"IP 地址"编辑框中输入该主机的 IP 地址,单击"添加主机"按钮。很快就会提示已经成功创建了主机记录。最后单击"完成"按钮结束创建。

(3) 在客户机上启动 DNS 服务

尽管 DNS 服务器已经创建成功,并且创建了合适的域名,然而在客户机的浏览器中却无法使用"www. bistu. edu. cn"这样的域名访问网站。这是因为虽然已经有了 DNS 服务器,但客户机并不知道 DNS 服务器在哪里,因此不能识别用户输入的域名。用户必须手动设置 DNS 服务器的 IP 地址。在客户机"Internet 协议(TCP/IP)属性"对话框中的"首选 DNS 服务器"编辑框中设置刚刚部署的 DNS 服务器的 IP 地址(本例为"211.82.96.6",如图 8.14 所示)。

3. 配置 FTP 服务器

FTP 是文件传输协议。FTP 服务是指使用文件传输协议进行通信服务,由 FTP 服务器和 FTP 客户端构成。客户端使用 FTP 命令,将文件上传到服务器或从服务器下载文件。使用 FTP 传输文件稳定、快捷,并可以进行多种权限设置,应用灵活。

默认情况下,初次安装 IIS 服务后,系统并不包含 FTP 服务器组件。要想使用该服务,需要先进行安装。安装步骤如下。

① 从开始菜单中打开控制面板,双击"添加删除程序",打开"添加删除程序"窗口。

② 单击"添加删除程序"窗口左边的"添加/删除 Windows 组件"图标,打开"Windows 组件向导"对话框。

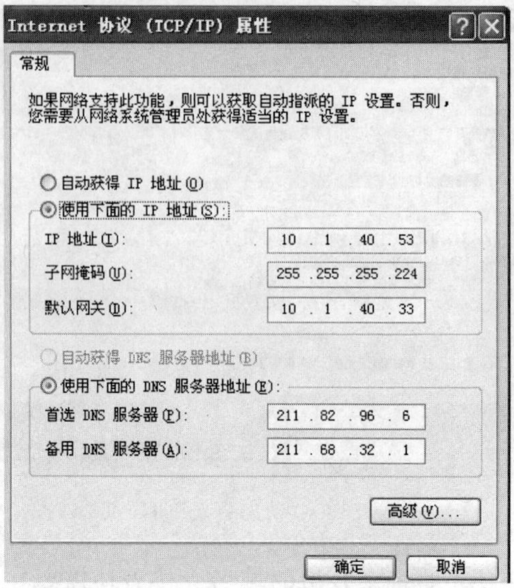

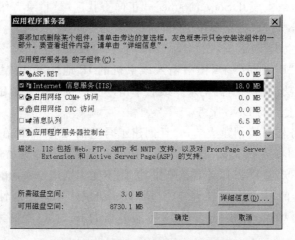

图 8.14　设置客户端 DNS 服务器地址

③ 在"Windows 组件向导"对话框的"组件"列表框中选择"应用程序服务器",单击"详细信息"按钮,打开"应用程序服务器"对话框,如图 8.15 所示。

图 8.15　"应用程序服务器"对话框

④ 在"应用程序服务器"对话框的"子组件"列表框中选择"Internet 信息服务(IIS)",单击"详细信息"按钮,打开"Internet 信息服务(IIS)"对话框,如图 8.16 所示。

⑤ 在"Internet 信息服务(IIS)"对话框的"子组件"列表框中选择"文件传输协议(FTP)服务",单击"确定"按钮,直到返回"Windows 组件向导"对话框,单击"下一步"按钮,开始安装 FTP 服务。

在安装过程中,需要用到 Windows Server 2003 的安装盘,安装完成后,弹出"Windows 组件向导"对话框,单击"完成"按钮,关闭向导对话框。

FTP 服务安装完成后,默认会有一个 FTP 站点,采用默认设置。与创建 Web 站点类

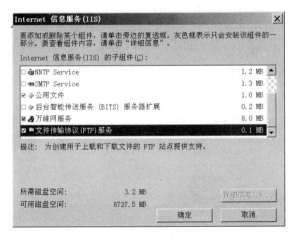

图 8.16 "Internet 信息服务(IIS)"对话框

似,使用 FTP 站点创建向导程序创建一个新的 FTP 站点。创建一个 FTP 站点的步骤如下:

① 选择"开始"→"管理工具"→"Internet 信息服务(IIS)管理器",打开"Internet 信息服务管理器"窗口,在左侧窗格中选择"FTP 站点"。右击"FTP 站点",在快捷菜单中选择"新建"级联菜单的"FTP 站点"命令,如图 8.17 所示。

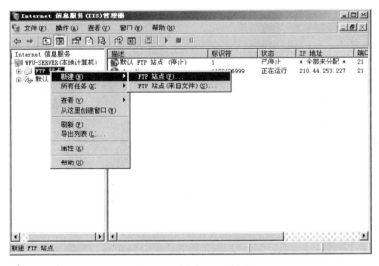

图 8.17 创建 FTP 站点

② 选择"FTP 站点"命令后出现"FTP 站点创建向导—开始"对话框,单击"下一步"按钮。

③ 出现"FTP 站点创建向导—输入 FTP 站点描述"对话框,在该对话框中输入一个关于 FTP 站点的描述,并单击"下一步"按钮。

④ 出现"FTP 站点创建向导—设置 IP 地址和端口"对话框,指定 FTP 站点的发布地址为服务器的静态 IP 地址,使用默认端口"21",单击"下一步"按钮。

⑤ 出现"FTP 站点创建向导—FTP 用户隔离"对话框,如图 8.18 所示。在该对话框中指定 FTP 服务器隔离用户的方式。如果用户可以访问其他用户的 FTP 主目录,选择"不隔离用户",如果不同用户只能访问不同的 FTP 主目录,则选择"隔离用户",如果根据活动目录中的用户来隔离 FTP 主目录,则选择第三个选项。这里使用默认选择,单击"下一步"按钮。

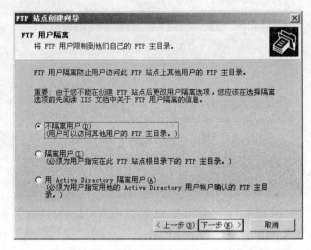

图 8.18 "FTP 站点创建向导—FTP 用户隔离"对话框

⑥ 出现"FTP 站点创建向导—FTP 站点主目录"对话框,在该对话框中输入主目录路径,这里输入路径:C:\Inetpub\ftproot,如图 8.19 所示。单击"下一步"按钮。

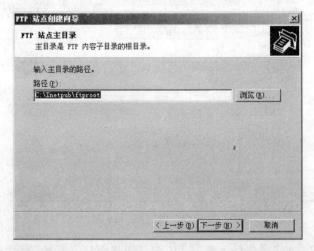

图 8.19 "FTP 站点创建向导—FTP 站点主目录"对话框

⑦ 出现"FTP 站点创建向导—FTP 站点的访问权限"对话框,在该对话框中指定 FTP 站点的访问权限,这里指定为"读取",单击"下一步"按钮。

⑧ 出现"FTP 站点创建向导—完成"对话框,单击"完成"按钮。

⑨ 在 Internet 信息服务管理器中停止默认 FTP 站点,启动自建的 FTP 站点。

⑩ 验证 FTP 站点。使用设定的 FTP 地址来访问该 FTP 站点,并测试下载文件。

4. 配置 DHCP 服务器

DHCP(Dynamic Host Configuration Protocol),动态主机配置协议,是一个简化主机 IP 地址分配管理的 TCP/IP 标准协议。它能够动态地为网络中的每台设备分配独一无二的 IP 地址,并提供安全、可靠且简单的 TCP/IP 网络配置,确保不发生地址冲突,帮助维护 IP 地址的使用。

在 DHCP 服务器内,必须建立一个 IP 作用域,确定所分配的 IP 地址的范围。只有这样,DHCP 服务器才能响应客户端的请求,并从该作用域内选择一个未使用的 IP 地址分配给客户端。

安装 DHCP 服务器的方法与上面介绍的 DNS 和 FTP 的方法类似,这里就不再赘述。DHCP 服务器安装好后并不是立即就可以给 DHCP 客户端提供服务,它必须经过"授权"的步骤。授权的操作步骤如下。

① 单击"开始"→"管理工具"→DHCP,出现 DHCP 对话框。

② 鼠标右键单击要授权的 DHCP 服务器,选择"管理授权的服务器"→"授权"菜单,输入要授权的 DHCP 服务器的 IP 地址,单击"确定"按钮,可以看到"管理授权的服务器"对话框,单击"关闭"按钮完成授权操作。

在 DHCP 服务器内,必须设定 IP 的地址范围,当 DHCP 客户端请求 IP 地址时,DHCP 服务器将从此段范围提取一个尚未使用的 IP 地址分配给 DHCP 客户端。建立 DHCP 作用域的步骤如下。

① 用鼠标右键单击要创建作用域的服务器,选择"新建作用域"。

② 出现"欢迎使用新建作用域向导"对话框时,单击"下一步"按钮,为该域设置一个名称并输入一些说明文字,单击"下一步"按钮。

③ 出现如图 8.20 所示的对话框,在此定义新作用域可用 IP 地址范围、子网掩码等信息。例如,可分配供 DHCP 客户机使用的 IP 地址是 210.44.253.222～210.44.253.224。单击"下一步"按钮。

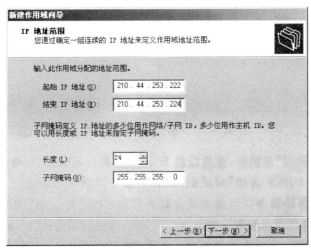

图 8.20 "IP 地址范围"对话框

④ 如果在上面设置的 IP 作用域内有部分 IP 地址不想提供给 DHCP 客户端使用,则可以在如图 8.21 所示的对话框中设置需要排除的地址范围。例如,210.44.253.223~210.44.253.224,单击"添加"按钮。单击"下一步"按钮。

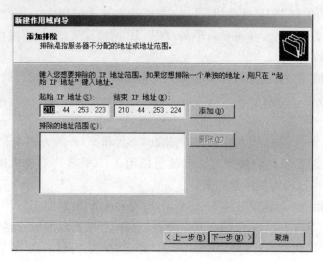

图 8.21 "添加排除 a"对话框

⑤ 出现对话框,如图 8.22 所示,则会把 210.44.253.223~210.44.253.224 间的地址删除。单击"下一步"按钮。

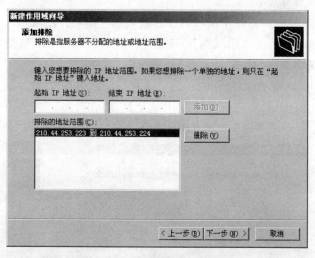

图 8.22 "添加排除 b"对话框

⑥ 出现"租用期限"对话框,在此设置 IP 地址的租约期限,然后单击"下一步"按钮。

⑦ 出现"配置 DHCP 选择"对话框,DHCP 服务器给客户机分配 IP 地址的同时,还会将网关、DNS 服务器和 WINS 服务器等数据提供给客户机。如果用户立即配置 DHCP 选项,则选择"是,我想现在配置这些选项"。当然,也可以稍后配置,如果这样则选择"我想稍后配置这些选项",完成作用域创建。如果用户立即进行配置,则使用默认选项,单击

"下一步"按钮。

⑧ 出现"路由器(默认网关)"对话框。在该对话框中输入路由器的 IP 地址,如果目前网络还没有路由器,则可以不必输入任何数据,直接单击"下一步"按钮。

⑨ 设置客户端的 NDS 域名称,输入 DNS 服务器的名称与 IP 地址,或者只输入 DNS 服务器的名称,然后单击"解析"按钮让其自动找到这台 DNS 服务器的 IP 地址。单击"下一步"按钮,如图 8.23 所示。

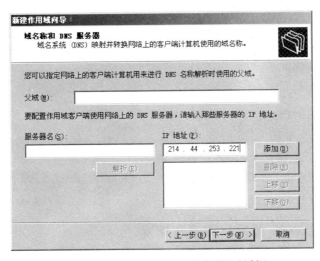

图 8.23 "域名称和 DNS 服务器"对话框

⑩ 输入 WINS 服务器的名称与 IP 地址,或者只输入名称,单击"解析"按钮让其自动解析。如果网络中没有 WINS 服务器,则可以不必输入任何数据,直接单击"下一步"按钮即可,如图 8.24 所示。然后选择"是,我想现在激活此作用域",开始激活新的作用域,然后在"完成新建作用域向导"中单击"完成"。

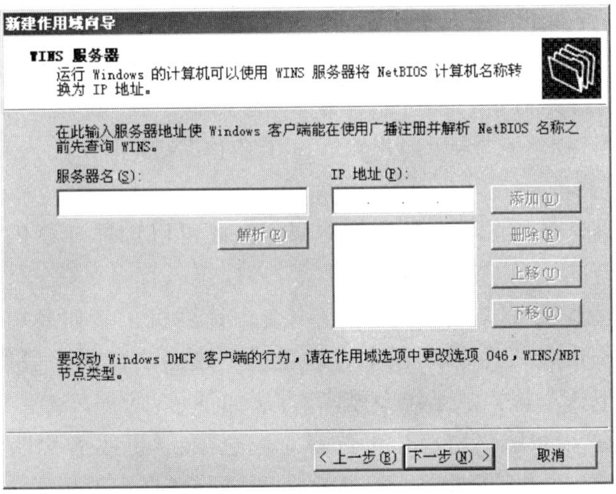

图 8.24 "WINS 服务器"对话框

完成上述设置，DHCP 服务器就可以开始接受 DHCP 客户端索取 IP 地址的要求了。

DHCP 服务器配置完成后，客户机就可以使用 DHCP 功能，通过设置网络属性中的 TCP/IP 通信协议属性，设定采用"自动获得 IP 地址"方式获取 IP 地址，设定"自动获取 DNS 服务器地址"获取 DNS 服务器地址，而无须为每台客户机设置 IP 地址、网关地址、子网掩码等属性。

设置客户机使用 DHCP 时方法如下。

① 用鼠标单击"本地连接"→"属性"→"Internet 协议（TCP/IP）"→"属性"，打开"Internet 协议（TCP/IP）属性"对话框，选择"自动获得 IP 地址"，如图 8.25 所示。

② 单击"确定"按钮，完成设置。这时如果查看客户机的 IP 地址，就会发现它来自 DHCP 服务器预留的 IP 地址。

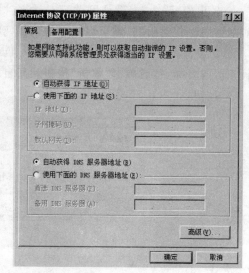

图 8.25　设置"自动获得 IP 地址"对话框

8.2.2　基于 Windows 的网络终端及配置

下面以 Windows XP 工作站为例介绍 Windows 网络终端的配置。网络终端的配置主要包括本地用户管理和网络管理。

1. 本地用户管理

本地用户是在 Windows XP 中建立的用户，使用此类用户可以登录 Windows XP 系统，在几个人共用一台计算机时，通过创建账户，用户可以使用自己的账户登录，避免相互影响。在新建立用户账户之前，应该先规划好新用户的名称、密码等信息，并做好记录和备案。新建账户过程如下。

① 通过"开始"→"设置"→"控制面板"，打开"控制面板"对话框。

② 选择"用户账号"命令，打开"用户账户"对话框。在"挑选一项任务"列表中选择"创建一个新账户"选项。在"为新账户输入一个名称"文本框中输入新账户的名称，然后单击"下一步"按钮。

③ 在出现的图中选择新用户账户的类型。在此可以选择计算机管理员还是受限用户，选择新账户适合的类型，然后单击"创建账户"按钮。

新建用户账户后，就可以通过建立的账户使用计算机了。如果用户账户的某些属性不合适，或者要进一步定义其他属性，则可以通过更改用户账户手段修改属性；如果账户不再使用，则最好把这个账户从系统中删除，方法如下。

④ 打开创建的"用户账户"窗口，可选择对应选项："更改名称"、"创建密码"、"更改图片"、"更改账户类型"、"删除账户"等，根据需要进行选择和设置。

2. 网络管理

网络管理的主要任务是把网络终端加入 IP 子网、工作组和域。

(1) 配置 IP 地址

配置 IP 子网的过程如下。

① 在桌面上右键单击"网上邻居",打开"网络连接"对话框。

② 右击"网络连接",选择快捷菜单中"属性"选项,打开"本地连接属性"对话框。

③ 选择"Internet 协议（TCP/IP）"选项,然后单击"属性"按钮,打开"Internet 协议（TCP/IP）属性"对话框,如图 8.26 所示。

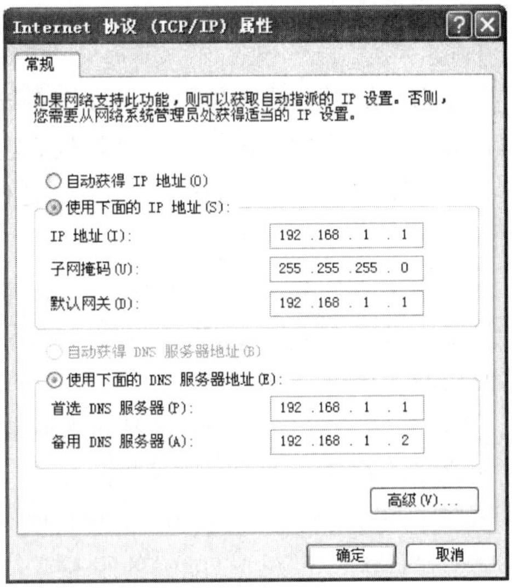

④ 选择"使用下面的 IP 地址"单选项,然后在"IP 地址"文本框中输入 IP 地址,在"子网掩码"文本框中输入子网掩码。如果局域网中还存在其他的 IP 子网,而且本计算机要与其中的计算机通信,则要在"默认网关"文本框中输入网关的 IP 地址,然后单击"确认"按钮。

图 8.26 "Internet 协议（TCP/IP）属性"对话框

(2) 加入工作组

如果计算机与网络连接正常、计算机位于合法的 IP 子网内,则可以把计算机加入工作组。计算机加入工作组的方法如下。

① 通过"开始"→"设置"→"控制面板",单击"系统",打开"系统属性"对话框,选择"计算机名"选项卡,单击"更改"按钮,打开"计算机名称更改"对话框。

② 在"计算机名称更改"对话框中单击"隶属于"下面的"工作组",输入要加入的工作组的名称,然后单击"确定",弹出提示用户重启计算机界面,使上述设置生效。单击"确定"按钮,重启计算机即可。

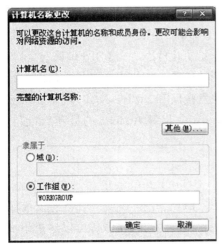

图 8.27 "计算机名称更改"对话框

(3) 加入域

在正确配置了 DNS 服务器、域控制器,并在域中创建了要加入的账户后,通过管理员身份登录,就可以把计算机加入域了。

计算机加入域中的步骤如下。

① 在如图 8.27 所示的对话框中,单击"隶属于"下面的"域",输入要加入的域的名称,然后单击"确定"按钮。出现提示提供将计算机加入域的用户名和用户密码的对话框。输入已经存在的用户名,然后输入密码,单击"确定"按钮即可。

② 出现对话框后,单击"确定"关闭"系统属性"对话框。系统将提示用户重新启动计算机以便应用所做的改动。

8.2.3 基于 UNIX 和 Linux 的服务器与终端

UNIX 是历史最悠久的通用操作系统。UNIX 操作系统具有多用户、多任务、用户界面良好、设备独立性、很好的可移植性、支持网络功能和系统安全可靠的特点。

UNIX 操作系统一个很大的缺点是价格昂贵。Linux 是一个自由软件,它对各厂家的 UNIX 造成了巨大的冲击。Linux 是一套免费使用和自由传播的类 UNIX 操作系统,它主要用于基于 Intel x86 系列 CPU 的计算机上。这个系统是由全世界各地的成千上万名程序员设计和实现的,其目的是建立不受任何商品化软件的版权制约的、全世界都能自由使用的 UNIX 兼容产品。

Linux 是互联网上一个重要的服务器平台,它能为互联网协议和服务提供低价、稳定的支持。随着许多第三方软件厂家的支持,Linux 正在本地网络中被用作服务器、提供文件和打印服务、数据库、内部网以及其他许多服务。

Red Hat Linux 可以配置的服务器包括 Web 服务器、电子邮件服务器、FTP 服务器、samba 服务器等。基本上基于 Windows 平台的所有服务器都可以用 Linux 平台来搭建。Linux 平台配置的网络服务器具有硬件配置要求低、软件免费、安全性及可靠性的优点。

基于 Linux 平台服务器的配置主要有两种方法。第一种是基于文本命令的方式,在这种方式下主要是对 Linux 各种配置文件进行修改。这种方式的优点是功能强大,缺点是配置相当复杂,对网络管理员要求较高,配置效率不高,不适合初学者。第二种是基于图形界面的配置方式。在这种方式下可以利用 Linux 本身所带的 GUI 工具或者使用 Webmin 管理工具对服务器进行配置。这种方式的优点是简便易学、操作方便,能实现服务器配置的主要功能。

Linux 平台服务器的两种配置方法效果是一样的,很难说哪种配置方式更好,在实际配置时用户可以根据实际需要进行选择。

下面以 Red Hat Linux 为例,介绍 HTTP、FTP 及 E-mail 服务器的配置。

1. Apache 服务器的配置

Apache 名称的由来是为了纪念美洲印第安人土著中的一支,因为这支土著拥有最高超的作战策略和无穷的耐性。Apache 是 Web 服务器端软件之一。它快速、可靠、扩展性好、完全免费、完全源代码开放。目前全世界众多的 Web 服务器采用 Apache。运行 Apache 对硬件要求并不太高,它在有 6~10 MB 硬盘空间和 8MB。RAM 的 Linux 系统上运行得很好,用户可以在 http://www.apache.org 中获得 Apache 的最新版,而且几乎所有的 Linux 发行版中均包含 Apache 软件包。

(1) Apache 的安装

在得到了 Apache 的 RPM 包后(RPM 包是 Red Hat Linux 提的一种包封装格式,RPM 可以让用户直接以 binary 方式安装软件包,并且可替用户查询是否已经安装了有关的库文件;在用 RPM 删除时,它会询问用户是否要删除有关的程序),可以通过下面的命令方式进行安装:

```
# rpm – Uvh apache x.x.x.rpm
```

其中,x.x.x 为 Apache 的版本号。通过 Red Hat Linux 提供的软件包管理工具也可进行 Apache 的安装,在软件包管理工具双击 apache.x.x.x.rpm 即可。

（2）Apache 的配置

在 Red Hat Linux 中可以使用 HTTP 配置工具来配置 Apache HTTP 服务器。HTTP 配置工具对/etc/httpd/conf/httpd.conf 进行配置,Apache 从 l.3.4 版开始,服务器运行配置都保存在 http.conf 中。

通过 Linux 图形化界面可以配置 Apache 各种指令,例如虚拟主机、记录属性和最大数量连接等。只有包括在 Red Hat Linux 中的模块可以使用 HTTP 配置工具来配置。如果安装了额外的模块,就不能使用这个工具来安装。

用户需要安装 Httpd 和 redhat-config-httpd RPM 软件包才能使用 HTTP 配置工具。使用它还需要 X 窗口系统和根权限。要启动这个程序,单击"主菜单"→"系统设置"→"服务器设置"→"HTTP 服务器",或在 shell 提示中输入"redhat-config-httpd"命令。HTTP 配置工具主界面如图 8.28 所示。

图 8.28 "Apache 配置"对话框

① 在"主"选项卡下配置基本设置。

在"服务器名"字段中输入完整域名。该选项和 httpd.conf 中的 Server Name 指令相对应 Server Name 指令设置万维网服务器的主机名。它用来创建 URL 的重导向。

在"网主电子邮件地址"字段中输入服务器维护者的电子邮件地址。该选项与 httpd.conf 中的 Server Admin 指令相对应,默认值是 root@localhost。

在"可用地址"字段定义服务器接受进入连接请求的端口。该选项与 httpd.conf 中的 Listen 指令相对应。Red Hat 默认配置 Apache HTTP 服务器在端口 80 上进行监听。

② 单击"虚拟主机"选项卡来配置默认设置。

单击"虚拟主机"选项卡,然后单击上面的"编辑默认设置"按钮,在该窗口为万维网服务器配置默认设置。虚拟主机允许为不同的 IP 地址、主机名或同一机器上的不同端口运行不同的服务器。如果添加了一个虚拟主机,则该虚拟主机配置的设置会被优先采用。如果虚拟主机内没有新的定义,则会使用默认值。

③ 在"服务器"选项卡下配置服务器设置。

"服务器"选项卡允许配置基本的服务器设置,默认设置在多数情况下都是适用的。

"锁文件"的值和 Lockfile 指令相对应。在服务器用 USE_FCNTL_SERILIZED_ACCEPT 或 USE_FLOCK_SERIALIZED_ACCEPT 编译时,该指令把路径设为锁文件所用的路径。它必须存储在本地磁盘上,除非 Logs 目录位于 NFS 共享上。

"PID 文件"的值和 Pidfile 指令相对应。该指令设置服务器记录进程 ID(PID)的文件。该文件应该只能够被根用户读取。多数情况下,应该使用默认值。

"核心转储目录"的值和 CoreDumpDirectory 指令相对应。Apache HTTP 服务器在转储核心前会试图转换到该目录中,默认值是 SererRoot。

"用户"的值和 User 指令相对应。它设置服务器回答请求所用的 Usetid。用户的设置决定服务器的访问权限。该用户所无法访问的文件,你的网站来宾也不能够访问。默认的 User 是 apache。

④ 在"性能微调"选项卡下配置连接设置。

单击"调整性能"选项卡来配置想使用的服务器子进程的最大数量,以及客户连接方面的 Apache HTTP 服务器选项。这些选项的默认设置在多数情况下是恰当的。改变这些设置会影响万维网服务器的整体性能。

把"最多连接数量"设为服务器能够同时处理的客户请求的最多数量。服务器为每个连接创建一个 httpd 子进程。进程数量达到最大限度后,直到某子进程结束,万维网服务器才能够接受新客户连接。如果不重新编译 Apache,用户为该选项设置的值将不能超过 256。该选项与 MaxClients 指令相对应。

"连接超时"定义服务器在通信时等候传输和回应的秒数。"连接超时"默认设为300s,这在多数情况下都是适用的。该选项与 TimeOut 指令相对应。"每次连接最多请求数量"设为每个持续连接所允许的最多请求次数。默认值为 100,该选项与 MaxRequestPerChild 指令相对应。

如果选择了"允许每次连接可有无限制请求"选项,MaxKeepAliveRequests 指令的值就会是 0,这会允许无限制的请求次数。

把"持续连接"设为一个较大的数值可能会导致服务器速度减慢,这要依据试图连接该服务器的用户数量而定。该选项的数值越大,等候前一个用户再次连接的服务器进程就越多。

⑤ 退出程序并保存设置。

(3)测试 Apache 服务器

在网络的另一台计算机上启动 IE 浏览器,输入以下 Apache 服务器的 IP 地址,就可以见到 Apache 服务器的界面了。

2. FTP 服务器的安装

FTP 是互联网上常用的功能,它的作用是用来进行文件传输,用户可以从 FTP 服务器上下载文件,也可以把文件上传到 FTP 服务器上。目前 UNIX 或者类 UNIX 平台上的 FTP Server 十分有限,常见的有 wu-ftpd、proftpd 等,在 Red Hat Linux 中默认安装的是 vsftpd。vsftpd 是 very secure ftpd 的缩写,它具有安全、性能好、可靠性高的特点。下面以 vsftpd 为例介绍在 Linux 环境下 FTP 服务器的安装。

(1) vsftpd 的安装

由于在 Red Hat Linux 中默认安装的是 vsftpd,所以一般情况下不需要另外安装。如果要重新安装,可以在图形界面方式下选择"主菜单"→"系统设置"→"添加/删除应用程序"来安装 vsftpd。安装完成后要对 FTP 服务器重新启动,做法是选择"主菜单"→"系统设置"→"服务器设置"→"服务",然后在"服务设置"窗口中选中 vsftpd 选项,就可以对 vsftpd 进行启动、关闭和重启等操作了。

（2）vsftpd 的配置

vsftpd 的主要配置文件是/etc/vsftpd.conf，/etc/vsftpd.use 和/etc/vsftpd.user_list 等。其中/etc/vsftpd.conf 比较重要，对 vsftpd 的配置主要就是修改/etc/vsftpd.conf 文件。vsftpd 的配置是比较简单的，它的作用是定义用户登录控制、用户权限控制、超时设置、服务器功能选项、服务器性能选项、服务器响应消息等 FTP 服务器的配置。

vsftpd 的配置主要是修改/etc/vsftpd.conf，相关参数及说明如下：

```
anonymous_enable = YES               # 允许匿名
local_al enable = YES                # 允许本地用户登录
write_enable = YES                   # 允许各种形式的写

local_umask = 022                    # 默认的 Umask 码
anon_upload_enable = YES             # 允许匿名用户上传文件
anon_mkdir_write_enable = YES        # 允许匿名用户创建新目录
    dimessage_enable = YES           # 显示目录说明文件
xferlog_file = /var/log/vsflpd.log   # 传输日志的路径和名字,默认是/var/log/vsfipd.log
xferlog_std_format = YES             # 设置日志文件为标准 ftpd xferlog 格式
xferlog_enable = YES                 # 允许记录上传下载的日志
connect_from_port_20 = YES           # 确信端口传输来自 20(FTP-data)
chown_upload = YES
    chown_username = username        # 改变上传文件的属主
idle_session_timeout = 600           # 设置会话过程超时值
data—connection_timeout = 120        # 数据传输超时时间
anno_max_rate = 50000                # 设置单个客户端的最高下载速度 50KB/s
chroot_local_user = YES              # 将本地用户限制在他们的 home 目录下
max_clients = 10                     # 限制连接的用户数
no_access = 192.168.1.1              # 拒绝某些 IP 地址的连接
nopriv_user = ftpsecure              # 运行 vsftpd 需要的非特权系统用户,默认是 nobody
ascii_download_enable = YES          # 使用 ASCII 码方式上传和下载文件
ftpd_bannerr = Welcome to chenlf FTP service       # 定制欢迎信息
deny_email_enable = YES
banned_email_file = /etc/vsftpd.bannede_mails
    # 是否允许禁止匿名用户使用某些邮件地址,如果是,输入禁止的邮件地址的路径和 # 文
    件名
chroot_list_enable = YES
chroot_list_file = /etc/vsftpd.chroot_list
    # 是否将系统用户限制在自己的 home 目录下,如果选择了 YES,那么 chroot_list_file = # /
    etc/vaftpd.chroot_list 中列的是 Chroot 的用户的列表：Max_clients = Number。如果以 #
    Standalone 模式启动,那么只有 $ Number 个用户可以连接,其他用户将得到错误信息,默认
    是 0 不限制；Message_file 设置访问一个目录时获得的目录信息文件的文件名,默认
    是 message
```

（3）测试 FTP 服务器

在 FTP 客户端安装下载工具，例如 Cuteftp，并对 Cuteftp 设置 FTP 站点信息、用户

名及口令。如果能够进行文件的传输,则说明 vsftpd 配置成功。

3. E-mail 邮件服务器

Red Hat 带有两个 MTA(Mail Transport Agent),即 sendmail 和 postfix,默认使用 sendmail。sendmail 是一款运行在 UNIX/Linux 平台下的基于简单邮件传输协议 SMTP 的电子邮件消息传输软件。在互联网上,sendmail 邮件系统所存储和转发的电子邮件数量比其他任何一种邮件系统处理的都多。sendmail 是一个免费软件,它支持数千甚至更多的用户,而且它所占据的资源非常少,是一款优秀的电子邮件服务器软件。这里以 sendmail 为例进行说明。

(1) sendmail 的安装

完全安装 Red Hat Linux 9.0 时,Sendmail 就会自动内置,版本号为 8.12.8-4。可以输入[root@ahpeng root] rpm – qa grep sendmail 以下命令查看。

如果确定没有安装,可在图形界面下依次选择单击“主菜单”→“系统设置”→“添加删除应用程序”,然后在打开的“软件包管理”窗口里选中“邮件服务器”选项,单击“更新”后按照提示安装即可。安装后即可启动 sendmail 服务系统,建议使用带参数的 sendmail 命令控制邮件服务器的运行:

[root@ahpeng root]# sendmail – bd – q12h

其中:

-b:设定 sendmail 服务运行于后台。

-d:设定 sendmail 以 Daemon(守护进程)方式运行。

-q:设定当 sendmail 无法成功发送邮件时,将邮件保存在队列里,并指定保存时间。上面的 12h 表示保留 12 小时。

此外,要检测 sendmail 服务器是否正常运行,可以使用命令行:

[root@ahpeng root]#/etc/rc.d/init.d/sendmail status

(2) 配置 sendmail

Linux 自带有一个模板文件,位于/etc/mail/sendmail. mc。可以直接通过修改 sendmail. mc 模板来达到定制 sendmail. cf 文件的目的。配置步骤如下。

① 用模板文件 sendmail. mc 生成 sendmail. cf 配置文件,并导出到/etc/mail/目录下,使用命令行:m4/etc/mail/sendmail. mc＞/etc/mail/sendmail. cf。

② 再用[root@ahpeng root]/etc/rc. d/init. d/sendmail restart 命令行重启 sendmail。

至此,邮件服务系统配置完成,已经可以正常工作。接下来就是创建具体的账户了。创建账户步骤相对简单,只需在 Linux 里新增一个用户即可。依次进入“主菜单”→“系统设置”→“用户和组群”选项,接着打开“Red Hat 用户管理器”对话框,单击“添加用户”按钮,在出现的“创建新用户”窗口中输入用户名及密码即可。

创建 E-mail 使用账号,命令行方式为:[root@ahpeng root]♯ adduser mailuser -p Password,表示创建了一个 mailuser 的账号,密码为 Password。

如果对用户的邮件容量不加限制,服务器的硬盘是不堪重负的。可以使用“邮件限额”功能来进行限制。因为电子邮件的暂存空间是位于/var/spool/mail 目录下的,所以只需通过磁盘配额设定每一个邮件账户在此目录下能使用的最大空间即可。

经过以上步骤，应该就可以用 Outlook Express 正常发送邮件了，但这时还不能用 Outlook Express 从服务器端收取邮件，因为 sendmail 默认状态并不具备 POP3 功能，我们还得自己安装并启用它。POP3(IMAP)服务器安装过程如下：

① 用以下命令行检查系统是否安装：

```
[root@ahpeng root]# rpm – qa imap
imap－2001a－18
```

② 插入第 2 张安装光盘，使用下面的命令行开始安装：

```
[root@ahpeng root]# cd /mnt/cdrom/RedHat/RPMS
[root@ahpeng root]# rpm – ivh imap－2001a－18.i386.rpm
```

安装 POP3(IMAP)服务后，即可启动 POP3 服务：先修改/etc/xinetd.d/ipop3 文件，将其中的 disable＝yes 改为 disable＝no 后保存；然后重新启动 xinetd 程序来读取这个修改过的配置文件，使之生效。

命令行：[root@ahpeng root]# /etc/rc.d/init.d/xinetd reload

启动 IMAP 服务的步骤跟 POP3 一样，只不过 IMAP 的配置文件为/etc/xinetd.d/imap。

（3）测试 sendmail 邮件的收发

启动 Outlook Express，当设置完 SMPT、POP3 服务器以及用户账户和口令等信息后，就能进行邮件收发了。

8.3 服务器数据安全

现在服务器数据安全的信息越来越多，而且越来越重要；为防止服务器数据安全发生意外或受到意外攻击，而导致大量重要的数据丢失，服务器一般都会采用许多重要的安全保护技术来确保其安全。下面介绍一些主要的服务器数据安全技术：磁盘镜像、服务器容错和常用的备份软件。

8.3.1 磁盘镜像

硬盘数据的备份为计算机系统的正常运行提供了有力的保证，所以人们通常采用磁盘镜像来实现。但对于网络系统来说，仅使用磁盘镜像并不能达到预期的目的。服务器是网络系统的核心，大多数网络用户为保证服务器的安全性、可靠性均使用相同配置的两台计算机（主、从服务器）来解决数据的备份。实际情况通常是大部分局域网用户均使用一台高性能的 PC 机充当服务器的角色，所以服务器中的硬盘一旦出现故障将很可能引起整个网络系统的崩溃，从而对使用者造成不可弥补的损失。而 Windows 2000 Server 及其更高版本的操作系统所提供的磁盘动态镜像和磁盘双工技术具有系统容错和备份的功能，对高性能的 PC 机作为服务器使用有很大的帮助。

1. 磁盘镜像工作特点

在计算机网络的服务器中,磁盘镜像位于不同的磁盘上用一个硬盘控制卡来管理两个硬盘,能将计算机全部信息及数据通过控制卡复制到两个物理磁盘,当用户向服务器写入数据时,可随时动态将写入的数据复制到两个硬盘。如果其中一个物理磁盘出现故障,则该磁盘上的数据将无法使用,但通过镜像了的计算机系统仍可以使用未损坏的另一磁盘进行操作,并从该硬盘上获得数据,维持网络的正常运行。

2. 磁盘镜像实现

这里以 Windows Server 2003 系统为例,介绍磁盘镜像的实现。要创建镜像卷首先需要保证有两个或以上的动态磁盘。如果这里包括安装 Windows Server 2003 操作系统的磁盘,则转换成动态磁盘后,需要重新启动操作系统。而且这个磁盘上所安装的其他操作系统就不能再启动了,所以当要在这个磁盘上启动其他系统时,就不要把系统磁盘转换成动态磁盘。

下面以系统磁盘和另外一个磁盘转换成动态磁盘为例介绍镜像磁盘的有关管理任务。基本磁盘转换成动态磁盘过程如下:

① 通过"开始"→"所有程序"→"管理工具"→"计算机管理",打开"计算机管理"对话框,如图 8.29 所示。选择要升级的磁盘 0,单击鼠标右键,选择"转换到动态磁盘"将基本磁盘转换成动态磁盘。

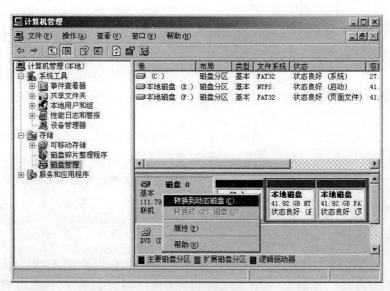

图 8.29 "计算机管理"对话框

② 返回上述操作,直到磁盘 0 和磁盘 1 都升级为动态硬盘。重新启动系统后,设置成功。

创建磁盘镜像也可以有"Windows 界面"和"命令行"两种方式,下面分别介绍。

(1) Windows 界面方式镜像卷的创建

创建过程如下:

① 在动态磁盘的某一个要创建镜像卷的未分配空间单击右键,在弹出的菜单中选择"新建卷"选项,弹出"新建卷向导"对话框。

② 单击"下一步"按钮,弹出"新建向导"对话框。选择"镜像"单选项(只有存在两个以上的动态磁盘时,此选项才可选)。

③ 单击"下一步"按钮,打开"选择磁盘"对话框。在这个对话框中可为镜像磁盘选择磁盘,并指定磁盘空间大小。首先要确保两个动态磁盘上有足够的未分配空间,把两个镜像的磁盘都添加到对话框右边"已选的"列表中,然后在"选择空间量"滚动列表中指定新建卷的磁盘空间大小。

④ 单击"下一步"按钮,弹出"指派驱动器号和路径"对话框。在这个对话框中为镜像卷指定驱动器符号(从未分配的盘符中分配),注意这时两个镜像卷使用同一个驱动器符号,当做一个驱动器使用,实际上这就是 RAID-1 磁盘阵列模式。

⑤ 单击"下一步"按钮,弹出"卷区格式化"对话框。在这个对话框中选择以何种格式和方式格式化镜像卷。如果磁盘完好,最好选择"执行快速格式化"复选项,进行快速格式化,这样对磁盘的操作最小,速度也最快。

⑥ 单击"下一步"按钮,弹出一个"向导完成"对话框,在对话框中显示了前面新卷过程中所做的各项配置,单击"完成"按钮后系统即对所选卷进行格式化。在此次镜像磁盘创建过程中,是利用磁盘 0 上两个未指派的磁盘卷,而在磁盘 1 上利用了与磁盘 0 上两个指定的未指派磁盘卷空间合并的磁盘大小。镜像磁盘与简单卷状态颜色不同,镜像卷状态颜色为红色,而简单卷为绿色。

⑦ 完成后,这两个动态磁盘上的镜像卷就开始同步了,在各镜像磁盘卷上显示"重新同步"进程。同步完后,显示"状态良好"状态。

这里需要注意的是,只能在运行 Windows 2000 Server、Windows 2000 Advanced Server、Windows 2000 Datacenter Server 或 Windows Server 2003 家族操作系统的计算机上创建镜像卷。而且在系统中必须存在两个动态磁盘才能创建镜像卷。镜像卷具有容错功能并使用 RAID-1,它通过创建两份相同的卷副本提供冗余性。

(2) 命令行方式

① 进入命令提示符状态,输入:diskpart 命令。

② 在 DISKPART 提示符下,输入:list disk 命令。并记下将构成镜像卷的动态磁盘的磁盘号。

③ 在 DISKPART 提示符下,输入:select disk n 命令。

④ 在 DISKPART 提示符下,输入:create volume simple[size＝n] [disk＝n]命令。

⑤ 在 DISKPART 提示符下,输入:add disk n 命令。将具有焦点的简单卷镜像到指定磁盘,其中 n 是磁盘号。指定磁盘必须至少有与所要镜像的简单卷同样大小的未分配空间。

3. 常用磁盘镜像工具

在我们的计算机中,最有价值的并不是 CPU、硬盘等硬件设备,而是数据、工作文档、数码照片、视频资料。过去,人们通常使用备份或者数据移植工具来保护这些无形资产。磁盘镜像工具同时拥有这两项功能,而且易用性也很好。下面介绍 5 款磁盘镜像工具。

(1) Acronis True Image 10 Home

近年来,Acronis 公司(www.acronis.com)在磁盘镜像领域取得了显著的成长。

True Image 10 安装过程简单,只需要输入正确的产品序列号,安装完成后重启系统即可。Acronis 为同一项任务提供了多种操作渠道。程序窗口的工具栏中提供了 5 个主要的功能图标,程序窗口的主区域被划分为 3 个部分:选择任务、管理任务或选择工具。在选择任务中,只能选择两种任务之一:备份或者恢复。选择"备份"任务后,它会启动"创建备份"向导程序,可以选择备份整个磁盘、某个分区或者仅备份指定的文件夹或文件。

向导程序允许选择"全盘备份"或"增量备份"方式,用户还可以对备份文件添加注释、访问密码等,所有这些都设定好之后,只需按一下 Proceed 按钮就完成了。

Acronis True Image Home 是一款功能强大、选项丰富的磁盘镜像软件。它还是常用产品中唯一支持 Microsoft Vista 操作系统的产品。

(2) Paragon Hard Disk Manager 8 Personal

Paragon Hard Disk Manager 8 Personal 不仅提供磁盘镜像和备份功能,还提供了硬盘修复和维护方面的工具。这些工具包括:主引导记录 更新、扇区编辑、磁盘碎片整理、文件系统转换、磁盘表面检测等。

Paragon 采用了标准的 Install shield 安装向导,安装完成后重启系统就可以使用了。与其他磁盘镜像软件相比,Paragon Hard Disk Manager 8 Personal 由于提供了额外的磁盘管理工具,产品价格要贵一些,而它的备份速度也略慢于平均水平。尽管该软件的虚拟模式会让一些用户产生困扰,但其丰富的功能使它不失为一款出色的产品。

(3) R-Tools R-Drive Image 3.0

R-Tools(www.r-tt.com)是加拿大的一家软件公司,该公司推出的磁盘镜像软件 R-Drive Image 拥有非常易于使用的用户界面。R-Drive Image 提供了图形化的重启模式,可以选择在 Windows 启动之前进入该模式,然后进行数据恢复操作,而不用每次都找出应急恢复光盘。R-Tools 的安装向导异常简单迅速,但也需要进行系统重启。

软件的运行窗口提供了 8 个可能的任务:创建镜像、从镜像中恢复、磁盘复制、虚拟逻辑盘、创建启动盘、检测镜像文件、编写备份脚本和解除虚拟逻辑盘。它没有提供更多的菜单或者工具条,而且所有的操作都使用向导方式。

(4) Runtime Software Drive Image XML

Runtime 公司的 Drive Image XML 的最大优势在于可以免费下载。Drive Image XML 使用 XML 格式来保存镜像文件,可以用众多的第三方工具访问。由于这是一款免费工具,用户注定无法指望得到太多的技术支持。Drive Image XML 只能对某个逻辑分区和整个硬盘进行备份。如果想备份多个逻辑分区,必须分成多次进行操作。起始屏幕提供了如下的选项:备份、恢复、磁盘复制和浏览。可以通过左边的按钮访问这几项功能,也可以通过下拉菜单进行操作。

(5) Symantec Norton Save & Restore 2006

Symantec 是一家历史悠久的软件公司。Norton Save and Restore 2006 是基于 Ghost 技术开发的一款新产品。与其他前面的版本相比,Norton Save and Restore 2006 提供了一些新的功能:能对指定文件和文件夹进行备份、能对指定的文件类型进行备份、能与 Norton Protection Centre 控制台相配合、能够以 Norton Internet Security 2006 发现病毒或木马作为触发时间来进行备份等。

实验结果表明：在计算机网络中，为保证服务器数据的安全可靠，利用磁盘镜像实现动态备份的操作好理解、易操作，而且经济、科学，适用于中小规模的局域网场所。磁盘镜像在长期的使用中取得了良好的效果。

8.3.2 服务器容错

网络服务器在很多情况下处理的是关键性任务，任何信息的丢失和破坏、服务器的异常停机都会产生重大的影响，因此要求网络服务器有容错能力和连续运行的能力，即具有高可用性(high availability)。

服务器的可用性这一术语描述的是在一段时间内服务器可供网络用户正常使用的时间所占的百分比。服务器的故障处理技术越成熟，向用户提供的可用性就越高。提高服务器可用性的策略有两种：一种是通过完全的硬件电路冗余来实现，但价格昂贵，如Stratus公司的硬件容错机；另一种是在出现故障时自动执行系统或部件切换以避免或减少意外停机。本节主要介绍利用RAID技术、双机容错技术和群集(CLUSTER)技术实现服务器容错。

1. RAID技术

美国加利福尼亚州立大学伯克利分校的Patterson教授于1987年首先提出了RAID(redundant array of inexpensive disks，廉价磁盘冗余阵列)技术。它利用一台磁盘阵列控制器统一管理和控制一组磁盘驱动器，组成一个高可靠的、快速的、大容量磁盘系统。RAID是用多个小容量磁盘代替一个大容量磁盘，并且定义了一种数据分布方式，使得能同时从多个磁盘中访问数据，因而提供了磁盘I/O的性能。

RAID的贡献在于它有效地解决了对冗余的要求。尽管RAID允许多个磁头同时操作，可能使多个设备失败的可能性增加，但为补偿可靠性的降低，RAID通过存储奇偶校验信息使得能够从一个磁盘的失败中恢复丢失的数据。

RAID技术有7级：RAID 0～RAID 6，不同的级别分别代表了不同的设计结构。RAID技术提供给用户存储方面的高可用性和容错特性，如热备份、根据校验码重建数据和坏扇区重新分配等，在故障处理过程中，不会影响系统的正常运行和数据访问。目前，市场上使用较多的是0,1,3,5,6等级别，然而RAID 2和RAID 4没有商业性的产品，它们各有特点，因而适用范围也不同，详细说明见表8.1。

表8.1　RAID级别

分　类	级别	说　　明	典　型　应　用
简单并行访问	0	非冗余	对速度要求高，但对数据的可靠性要求不高的应用
镜像	1	镜像	对可靠性要求很高的文件
并行访问	2	海明码位校验	适用于I/O请求量比较大的应用
	3	位校验，单独校验盘	
	4	块校验，单独校验盘	适用于I/O请求的速度要求高、量比较大、读操作密集的操作
独立访问	5	校验块交错分布	
	6	双重校验块交错分布	对可靠性要求极高的应用

2. 双机容错技术

双机容错技术是指两台服务器通过网络链路和通信链路联结起来,一台是主服务器;另一台是从服务器,从服务器作为主服务器的热备份。正常时主服务器担任全部工作,一旦主服务器发生故障,从服务器立即自动接管主服务器的全部工作。为使两台服务器的数据实时保持一致,常用的方法有两种:一是从服务器通过专门的通信链路或网络链路实时镜像主服务器的硬盘甚至内存;二是两台服务器通过 SCSI 电缆共享外置磁盘阵列柜。

双机容错基本架构有两种模式:双机互备援模式和双机热备份模式。

(1) 双机互备援

双机互备援(dual active)就是两台主机均为工作机,在正常情况下,两台工作机均为信息系统提供支持,并互相监视对方的运行情况。当一台主机出现异常(如系统软件或应用程序出错、硬件系统出错),或为切换时机,不能支持系统正常运行时;另一台主机主动接管异常机的工作,继续提供服务,保证系统不间断地运行,达到不停机的目的。

(2) 双机热备份

双机热备份(hot standby)就是一台主机为工作机(primary server);另一台主机为备份机(standby server),在系统正常情况下,工作机为系统提供服务,备份机监视工作机的运行情况(工作机也同时监视备份机是否正常,如备份机出现异常,则系统管理员应提前解决,确保下一次切换的可靠性)。当工作机出现异常(如系统软件或应用程序出错、硬件系统出错),或为切换时机,不能提供系统正常运行时,备份机主动接管工作机的工作,继续提供系统服务,从而保证系统不间断地运行。工作机经过修复后,系统管理员通过管理命令将备份机的工作切换回工作机;这时也可以激活监视程序,监视备份机的运行情况,将原来的备份机设置成工作机,原来的工作机设置成备份机。

网络服务器获取高可用性的代价是主从服务器资源完全冗余。正常工作时,主服务器承担全部任务,从服务器处于热备份。尽管有的方案中备用系统可以是一个小一点、性能低一点的系统,但是当主服务器失败时,它必须有保证资源可达性的处理能力。因为服务器的资源很少被利用,所以浪费较大。

3. 群集技术

计算机群集技术是指两台或两台以上的服务器通过网络联结组成的服务器集合。这些服务器不一定是高档产品,但是可以提供相当高性能的不停机服务。从用户的角度看,群集系统是单一系统,数台服务器共同为用户提供服务,而用户无须关心资源具体存放在哪里,就像使用一台计算机一样。在这个结构中,每台服务器都分担一部分计算和处理任务,由于集合了多台服务器的性能,整体的计算及处理能力增强了。

群集技术同时具有容错能力,当某台服务器出现故障时,系统会在软件的支持下,将这台服务器从系统中隔离出去。通过各服务器之间的负载转嫁机制,完成新的负载分担,其他服务器会立即接管相应的工作。这个过程称为故障过渡。

群集系统通过功能整合和故障过渡实现了系统的高可用性和可靠性。此外,群集技术还提供相对低廉的总体拥有成本和强大的系统扩展能力。用户可以在系统创建之初以较少的服务器组成群集系统。组建规模以能够完成当前需要的计算及处理任务量为标准,以后规模扩大时,用户可以通过增加服务器数量来适应更高的性能要求。在系统软件的支持下,群集系统可以在原服务器和新增服务器之间均衡负载,从而实现自如的可扩展性。

图 8.30 为一个计算机群集管理系统。图中 3 台服务器通过以太网相连,并通过 SCSI 电缆分别接到磁盘阵列柜上,磁盘阵列柜作为 3 台服务器的共享数据存储设备。正常工作时,3 台服务器分别作各自的应用,并通过网络链接及 SCSI 接口相互侦测工作状态;当有一台服务器发生故障时,另两台服务器中工作量较少的一台服务器自动接管发生故障的服务器的数据、用户及应用进程,故障服务器恢复正常后,自动恢复到初始的正常状态。

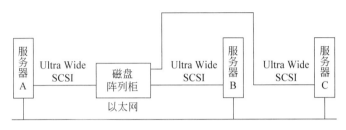

图 8.30　计算机群集管理系统

尽管群集技术在网络服务器获取高可用性方面有着不可替代的优势,然而目前的群集技术仍然是一个发展中的技术。这项技术本身与完善之间还存在一些差距,特别是在群集队列的软件管理方面、一些故障过渡的细节技术方面以及支持多节点、大容量计算的群集应用方面。

通过双机容错技术和群集技术来提高网络服务器的可用性,不论采用哪种技术,都离不开系统或部件冗余这个基础,但这同时提高了系统的成本。所以在一定的成本下,恰当的解决方案是根据任务的要求在性能和冗余之间取得平衡。

8.3.3　常用的备份软件

优秀的备份软件便于用户灵活制定备份策略,快速备份数据,支持各种操作系统平台及数据库系统。同时包括加速备份、自动操作、灾难恢复等特殊功能,对于安全有效的数据备份是非常重要的。

1. 备份软件的作用

(1) 磁带驱动器的管理

一般磁带驱动器的厂商并不提供设备的驱动程序。对磁带驱动器的管理和控制工作,完全是备份软件的任务。磁带的卷动、吞吐磁带等机械动作,都要靠备份软件的控制来完成。所以,备份软件和磁带机之间存在一个兼容性的问题,这两者之间必须互相支持,各份系统才能正常工作。

(2) 磁带库的管理

与磁带驱动器一样,磁带库的厂商也不提供任何驱动程序,机械动作的管理和控制也全权交由备份软件负责。与磁带驱动器相区别的是,磁带库具有更复杂的内部结构,备份软件的管理相应地也更复杂,如机械手的动作和位置、磁带仓的槽位等。这些管理工作的复杂程度比单一磁带驱动器要高出很多,所以几乎所有的备份软件都免费支持单一磁带机的管理,而对磁带库的管理则要收取一定的费用。

（3）备份数据的管理

作为全自动的系统,备份软件必须对备份下来的数据进行统一管理和维护。在简单的情况下,备份软件只需要记住数据存放的位置,这一般是依靠建立一个索引来完成的。然而随着技术的进步,备份系统的数据保存方式也越来越复杂多变。例如,一些备份软件允许多个文件同时写入一盘磁带,这时备份数据的管理就不再像传统方式那么简单了,往往需要建立多重索引才能定位数据。

（4）多数据格式的支持

就像磁盘有不同的文件系统格式一样,磁带的组织也有不同的格式。一般备份软件会支持若干种磁带格式,以保证自己的开放性和兼容性,但是使用通用的磁带格式也会损失一部分性能。所以,大型备份软件一般仍偏爱某种特殊的格式。这些专用的格式一般都具有高容量、高备份性能的优势。但是需要注意的是,特殊格式对恢复工作来说是一个小小的隐患。

（5）备份策略的制定

需要备份的数据都存在一个 2/8 原则,即 20% 的数据被更新的概率是 80%。这个原则告诉我们,每次备份都完整地复制所有数据是一种非常不合理的做法。事实上,真实环境中的备份工作往往是基于一次完全备份之后的增量或差分备份。完全备份与增量备份和差分备份之间如何组合,才能最有效地实现备份保护,是备份策略所关心的问题。

（6）工作过程的控制

根据预先制定的规则和策略,备份工作何时启动、对哪些数据进行备份以及工作过程中意外情况的处理,都是备份软件不可推卸的责任。这其中包括与数据库应用的配合接口,也包括一些备份软件自身的特殊功能。例如,很多情况下需要对打开的文件进行备份,这就需要备份软件能够在保证数据完整性的情况下,对打开的文件进行操作。另外,由于备份工作一般都是在无人看管的环境下进行的,一旦出现意外,正常工作无法继续时,备份软件必须能够具有一定的意外处理能力。

（7）数据恢复工作

数据备份的目的是恢复,所以这部分功能自然也是备份软件的重要组成部分。很多备份软件对数据恢复过程都给出了相当强大的技术支持和保证。一些中低端备份软件支持智能灾难恢复技术,即用户几乎无须干预数据恢复过程,只要利用备份数据介质,就可以迅速自动地恢复数据。而一些高端的备份软件在恢复时,支持多种恢复机制,用户可以灵活地选择恢复程度和恢复方式,这极大地方便了用户。

2. 备份软件的选择

数据备份工作毕竟算是系统的一个"额外负担",或多或少地会给正常应用系统带来一定性能和功能上的影响。所以,建设数据备份系统时,如何尽量减少这种"额外负担",从而更充分地保证系统正常业务的高效运行,也是数据备份技术发展的一个重要方向。对一个相当规模的系统来说,完全自动化地进行备份工作是对备份系统的一个基本要求。

除此以外，CPU占用、磁盘空间占用、网络带宽占用、单位数据量的备份时间等都是需要重点考察的方面。千万不可小看备份系统给应用系统带来的影响和对系统的资源占用，在实际环境中，一个备份作业运行起来可能会占用一个中档小型机服务器CPU资源的60%，而一个未经妥善处理的备份日志文件可能会占用数据量30%的磁盘空间。这些数字都来源于完全真实的实际环境，而且属于普遍现象，由此可见，备份系统的选择和优化工作也是一个至关重要的任务。选择的原则并不复杂，一个好的备份系统应该能够以很低的系统资源占用率和很少的网络带宽进行自动而高速度的数据备份。

3. 常用的备份软件

(1) Veritas NetBackup

Veritas NetBackup软件是一个功能强大的企业级数据备份管理软件，它为Windows NT，UNIX和Netware环境提供了完整的数据保护机制，具有保护企业中从工作组到企业级服务器的所有数据的能力。管理员能够通过直观的用户图形界面来管理备份和恢复的所有方面，制定企业统一的备份策略。NetBackup针对Oracle、SAP R/3、Informix、Sybase、Microsoft SQL Server和Microsoft Exchange Server等数据库提供了备份和恢复的解决方案。

NetBackup的数据中心级介质管理使企业具有了包括带库共享在内的管理介质的各方面能力，并且NetBackup的Java界面提供了对所有备份和恢复操作的完整的实时和历史情况分析，以上特性已经成功地应用于甲骨文、克莱斯勒、波音等大型企业中。NetBackup成为企业数据安全方面最广泛的选择，全球1 000多家大型企业选择了NetBackup软件。

Veritas NetBackup的技术特点如下。

① 灵活设置。NetBackup的安装和实现相当简单。实际上，NetBackup在Windows上的版本提供了Wizard安装和配置程序。管理员可以用图形界面来定义备份的策略，该策略可以灵活定义完全备份、增量备份和差分备份的方式。策略的灵活性体现在它不仅可以定义日、星期和月为时间单位的备份，而且能够通过小时来定义备份。

② 灾难恢复。灾难发生时，要求不但能从主要的备份中完全和部分恢复，而且能够在远端(或库外)恢复应用。NetBackup能够自动创建主要备份的复制，这个复制磁带既可以是异地磁带库，也可以是作为库外管理的本地磁带。NetBackup库外管理体现在：NetBackup可以记录介质的有效存放地点，无须人工记录。NetBackup提供进行库外管理的能力，为完整的计算机灾难恢复创造了条件。

③ 并行处理。NetBackup可以实现多磁带机并行操作，因此可以有效地增加带宽。如果数据被并行定位到多盘磁带上，执行选择性恢复的过程将会很快。NetBackup可以通过策略共享实现多作业复用磁带，从而大大加快了备份进度，减少了磁带操作过程的开销。

④ 数据可靠性。NetBackup备份到磁带上的文件格式是标准TAR格式，NetBackup按它的方式向磁带移动和写数据，并确保其可靠性，同时也提供了磁带上的数据能够被UNIX工具读取的能力。

⑤ 使用简便。备份和恢复方便与否对于不同的人有不同的理解。某些系统管理员喜欢用命令行方式，而有些则喜欢用图形界面方式，有些数据库管理员喜欢采用与系统管理员相同的接口管理数据库的备份和恢复。NetBackup在管理方面提供了多项选择，如

命令行、Motif、Java 方式以及 Explore 风格的接口。

⑥ 监控能力。NetBackup 提供强大的监控能力,备份进度条监视备份进度,磁带卷、驱动器和磁带库情况显示可以报告磁带利用情况和驱动器配置等。详细的日志信息便于在主控台上显示,也可以通过 SNMP(简单网管协议)进行网络管理。

⑦ UNIX 和 Windows 解决方案。NetBackup 在 UNIX 和 Windows 环境下具有相同功能和性能,用户在不牺牲可扩展性或易用性的前提下可以选择 UNIX 作为服务器,也可以选择 Windows 作为服务器或者两者的组合作为备份服务器。

⑧ 系统数据恢复。对于不同操作系统环境,可以通过 Veritas Bare Metal Restore (裸机恢复)功能来简化服务器的恢复过程,以完成系统的快速灾难恢复。这样,当系统数据完全丢失时,系统管理员仅仅通过一个启动命令就可以进行系统数据的完整恢复,而不必通过光盘进行操作系统重新安装、硬盘重新分区、IP 地址重新设置以及备份软件重新安装等复杂的步骤。

(2) Veritas Backup Exec-Symantec

Veritas Backup Exec-Symantec 可提供全面、经济高效、高性能和经过认证的备份和恢复,包括基于磁盘的最快速恢复。基于 Web 的直观用户界面借助易用向导,能够简化备份和远程服务器的安装和管理。集中管理可提供分布式备份和远程服务器的可扩展管理。向导可以简化任意级别的用户和任何规模的网络的数据保护与恢复程序。采用高性能代理和选件的完全系列,能够保护 Windows、Linux 和 UNIX 服务器数据,以及台式计算机和笔记本电脑,Veritas Backup Exec-Symantec 能够提供简单、灵活、准确的数据保护。其主要技术特点如下。

① 统一的控制台。Veritas Backup Exec-Symantec 有一个统一的控制台,可以让管理员快速、有效地备份大量数据。这一管理能够支持高效率的备份和恢复行为,增加了操作弹性。管理员可以用新型基于磁盘的备份功能来增强管理能力,因为新功能可以减少备份和存储时间,并对远程服务器、Microsoft 解决方案、数据库应用、台式机和笔记本电脑等提供保护。

② 持续不断的数据保护。Veritas Backup Exec-Symantec 可以保护那些处于高度暴露场所中的、非常关键的商业信息。这个易于管理的综合性解决方案满足了管理员在通过网络保护数据与存储资源时所需要的可见性。管理员使用 Veritas Backup Exec-Symantec 进行持续的数据保护时,只需要使用现有的网络结构,不需要购买额外的硬件设备或者是扩大 IT 员工队伍。所有受保护的数据都可以存储到磁带上或归档以备长期数据恢复或灾难性恢复需要,确保持续的数据保护。

③ 快速的基于磁盘的恢复。基于磁盘的恢复技术是以一种更加实用的方法使数据对终端用户的可用性达到最大化,因此它具有比磁带备份更高的性能。Veritas Backup Exec-Symantec 引入了基于磁盘的高级备份选件,能够使管理员以更少的精力执行更快速的备份操作,其结果是需要的停机时间减少,应用程序的可用性增强,存储设备的使用效率提高,因此降低了所有者的成本。这样一来,管理员只需要花很少的时间就能完成备份工作。

④ 扩充简单。Veritas Backup Exec-Symantec 对分布式备份和恢复采用集中管理的方案,使管理员的效率达到最大。中央管理服务器选件使管理员能够从统一的 Veritas

Backup Exec-Symantec 控制台上跨组织管理和监控多个 Veritas Backup Exec-Symantec 服务器。控制台对备份和恢复操作提供统一的管理、监测、报告和通知。集中管理方法显著降低了管理多个 Veritas Backup Exec-Symantec 服务器所需的成本和精力,并且随着存储资源的扩充可以很容易地变更它的规模。Veritas Backup Exec-Symantec 还将多种管理任务合并在一起,使管理员能用更少的精力管理更多的设备。

此外,Veritas Backup Exec-Symantec 为 Microsoft Share Point Portal Server 2003 提供了代理,并且结合了 Microsoft Operations Manager 功能,还支持 Microsoft Live Communication Server 2005,并能够对运行 Oracle 10g、Lotus Domino 的服务器进行增强性保护,同时引入了对 Linux 和 UNIX 服务器的高性能远程代理,支持完全的差分、增量工作集和用户定义的备份类型。

(3) Time Navigator

Time Navigator 是一个先进的、高性能备份和恢复方案。该软件通过一个功能强大且操作简易的工具给予用户最先进的多层数据保护。无论是管理几个服务器、一个部门工作组或一个多点企业网络,Time Navigator 可以确保用户在数据生命周期内无缝管理。Time Navigator 集成了多种数据保护技术(如快照、复制、D2D 备份、磁带备份以及归档),协助用户完成数据整个生命周期的管理,通过异构系统的集中管理和简便操作减少数据备份以及恢复带给管理员的压力。其技术特点如下。

① 简单快速地恢复。Time Navigator 专注于快速恢复,需要的时候可以在很短的时间内恢复所需数据。通过宏多路技术,在多个备份任务并行处理时利用磁盘及缓冲池,在备份磁带上存储大块的备份数据,通过减少磁带定位时间以及单次读取大量数据,提高系统的恢复速度,同时由于减少了磁带的频繁定位次数,可对磁带机设备提供充分的保护。

② 高性能的数据库以及应用备份。在一般的备份策略中,往往每个星期的周末需要进行一次完全备份,剩下的 6 天每天进行一次增量备份,而对于全时在用的系统,完全备份的大量磁盘读/写将不可避免地影响生产系统的应用性能;采用合成完全备份功能,可以在备份数据存储的设备上,利用上一个完全备份以及接下来的增量备份生成一个完全备份。这一过程对于生产系统不会产生任何影响;Time Navigator 还提供了多数主流数据库(Oracle、Sybase、Informix、DB2 等)以及应用(SAP R3、Exchange、Lotus Notes 等)的集成备份、恢复的管理方式。它针对数据库的物理对象和逻辑对象提供了统一的图形界面进行管理,支持数据库的在线备份,而不需要系统停顿,同时可以提供简单快速的诊断以及恢复。

③ 安全性。通过用户权属文件确保用户在权限范围内进行备份以及恢复;通过防火墙的安全备份机制不至于暴露公司的内部数据;支持备份数据的加密;同时写多份复制以备系统容灾需要。

④ 集中实时的备份管理界面。对于所有平台的(包括 UNIX、Windows、Linux 以及 Mac 等操作系统)统一界面减少了对于管理员的培训;针对备份以及恢复任务的统一实时监控技术可以同时显示大量的主机以及数据库等的备份情况;从小的客户机/服务器备份环境到大型多点的备份环境,管理员都可以由任意点登录进行管理。

⑤ 针对 SAN 的备份解决方案。支持在同传统的客户机/服务器备份架构相结合的 SAN 环境下的简单的备份/恢复操作;支持根据序列号的动态设备检测;广泛兼容主要

SAN 产品的提供商；提供在异构环境下真正的磁带机动态共享。

⑥ NAS 架构支持。提供对于 NAS 服务器优化的备份方法，通过 NDMP 协议或者基于 Windows 平台的 SAK 代理进行 NAS 的备份；对于分布的 NAS 进行集中地备份；在企业备份环境中全面集成 NDMP 的特性以及 NAS 的备份。

⑦ 监控及报表。基于浏览器的远程管理界面，方便用户使用，并提供针对全局 IT 监控和计费系统在内的集成备份与恢复 XML/HTML 报表功能。

⑧ 备份到磁盘与磁带。Time Navigator 将磁盘以及磁带备份进行了完美结合，方便不同备份目的采用。由于 Time Navigator 内置了虚拟磁带库的功能，可以将各种类型的磁盘空间虚拟为磁带库，同真实磁带库相比，具有更快的读/写速度与一致的操作手段，不仅大大减少了备份窗口，而且提高了备份的恢复速度。

在具有大数据量的应用环境中，可以采用虚拟磁带库作为近期的备份数据存储空间，如把最近一个月或数个星期的数据存储于虚拟磁带库中，以备出现故障时快速恢复；长期的数据则由用户定义的策略定期迁移到真实的磁带库系统以降低存储成本，并提供长时间的数据保留以及异地的系统容灾。

⑨ 支持异构平台。支持大多数平台（UNIX、Linux、Windows 以及 Mac OS），而且不同平台拥有同样直观的图形操作界面、完全相同的操作方式以及功能支持，可以大大缩短管理员的学习周期，简化日常的管理难度，提高工作效率；Time Navigator 提供统一管理多种平台的备份、恢复等工作的功能，管理员可以在自己熟悉的平台上远程完成系统管理的所有操作。

⑩ 介质管理能力。提供企业级的介质管理功能、介质管理图形化，比如进行磁带的拖曳式操作等。介质生命周期管理可以降低风险，增强可靠性，同时提供针对离线存储和容灾的介质复制技术。

（4）NetVault Backup

NetVault Backup 是模块化的备份和恢复存储管理软件，为从单个服务器到数据中心的操作提供全面数据保护。NetVault Backup 具有支持多平台操作、灵活的可扩展性和易于操作的特点，为用户提供数据保护解决方案。其技术特点如下。

① 集中管理和自动功能。

备份、恢复、数据迁移、报告、磁带介质管理都可以通过 NetVault 的任务安排和设备管理特性进行自动化设置。

② 图形化操作界面。

无须针对每个操作平台学习使用方法，NetVault 在每个平台上都使用相同的界面。

③ 开放的平台和应用。

任何 NetVault 服务都可以备份和恢复所有支持 UNIX、Linux、FreeBSD、Windows、NetWare 或 Mac OS X 操作系统下的客户端，也可以通过网络连接对任何数量的 NetVault 服务进行远程控制。

④ 共享内存。

NetVault 的共享内存特色使管理员能够确定占用了多少 I/O 缓冲区以更好地调整备份和恢复性能。

⑤ 网络压缩。

针对数据带宽较低的网络,NetVault 客户端能压缩数据块然后传输到网络中去,有效提高了数据传输率。

⑥ 广泛支持 DAS/SAN/NAS。

NetVault 对磁盘机、自动加载机和带库的支持最为广泛。NetVault 支持的网络存储协议包括 SCSI、光纤通道、NAS 和 TCP/IP。NetVault 的多种工具可创建灵活高效的备份存储架构以满足各种需求。

⑦ 合并式备份。

通过将增量备份与先前的全备份合并,NetVault 可通过磁带的复制操作建立新的全备份。这样使得管理能针对大的文件系统服务器进行定时的增量备份,无须进行麻烦的全备份即可达到对数据的完全保护。除了减少备份时间外,NetVault 的备份合并特点是基于备份服务器的 I/O 过程,对于数据发生的网络客户端没有影响。

⑧ 高级管理特点。

NetVault 还包括更高级的功能,使管理员能够监控性能并在确保数据安全的情况下分配备份权限给其他用户。策略管理、用户级的访问、基于 HTML/CSV/Text 的报告、Windows 通信、打印、邮件通知以及其他丰富的功能使管理员可以有效地节省时间来关注其他繁杂的任务。

小结

本章详细介绍了网络服务器的性能与分类;网络操作系统的安装与配置;服务器的数据安全问题。在具体实现过程中需要着重掌握的要点如下:

(1) 网络服务器的分类;

(2) Windows Server 2003 网络服务器的安装方法;

(3) Windows 网络终端的 TCP/IP 配置;

(4) 安装和配置 DHCP 服务器;

(5) 安装和配置 DNS 服务器;

(6) 磁盘镜像方法;

(7) 服务器容错的常用方法。

第9章 广　域　网

　　广域网（wide area network，WAN）是指一个很大地理范围内由许多局域网组成的网络，它是一种跨地域的网络，其作用范围通常为几十千米到几千千米。随着政府机构、大型企业日益网络化，局域网互联已经成为必不可少的技术。多个局域网跨地区、跨城市甚至跨国家地互联在一起，就组成了一个覆盖很大区域的广域网。例如，金审网就是国家审计署、特派办的局域网互联形成的一个地域覆盖范围巨大的广域网。我国到目前为止，各政府部门、银行系统都建立了自己的广域网。需要强调的是，广域网是由多个局域网远距离互联而形成的网络。本章将主要讨论广域网的互联方案和所涉及的技术。

9.1　广域网的基本概念

9.1.1　广域网的建设方案

　　如前所述，广域网是由多个局域网远距离互联而形成的网络。那么，建设广域网的关键是对局域网的互联。互联局域网的方案主要有两个：一个是用光缆直接连接；另一个是选用公共网络的线路互联。图 9.1 是一个使用光缆远程连接三个局域网的例子。在这个例子中，总部局域网 Lan1 通过光缆，与分部的局域网 Lan2 和 Lan3 远程连接，构成了一个跨地域的广域网。

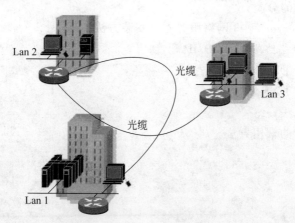

图 9.1　使用光缆远程连接局域网

　　使用光缆连接局域网，可以使局域网的连接带宽达到千兆，是质量最高的局域网互联方案。光缆铺设成本，包括施工费用，每千米约 1 万元。在几十千米的距离内，参加局域网连接的数量有限的情况下，应该考虑使用这个方案。如果局域网之间距离远，参加互联的局域网数量较多,投资会急剧上升。在城市中,普通单位、企业,包括大多数政府部门没有管线、立杆资源,因此无法选用光缆的连接方案。

在不具备光缆连接的条件下,可以考虑租用公共数据网络的方案。公共数据网络是指电话公司建设的服务网络,如电话网、ChinaDDN 网、ChinaFrame 网、ChinaNet 网、互联网等。电话公司建设这些网络后,通过出租线路服务,为我们提供网络远程互联的方法,如图 9.2 所示。

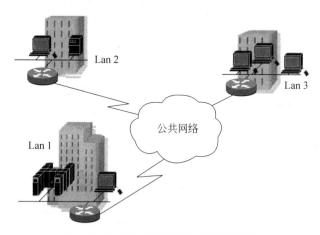

图 9.2　使用公共网络远程连接局域网

这样,我们不需要铺设局域网之间的连接线路,通过与连接服务商签订线路租用合同,就得到了远程连接的线路。我们需要做的工作仅仅是配置好与公共网络连接的路由器,互联的工作就完成了。

公共网络与局域网的连接线路称为本地线路,也称为最后几英里(last miles)线路。本地线路在与电话公司签订线路租用合同后,由电话公司负责铺设。

最普通的公共网络是电话网。电话网已经有一个多世纪的历史了,是世界上覆盖最为广泛的通信网络。使用电话网的优点是不用电话公司铺设本地线路,因为电话网的本地线路已经铺设到局域网附近了。电话网的传输速度(56kb/s)是很多局域网互联放弃这个方案的重要原因。

ISDN 网是利用原电话网的本地线路为用户服务的数字通信网络,因此它与电话网一样具有不用专门铺设本地线路的优点。ISDN 网提供的传输速度可以达到 128kb/s,需要改造本地线路的宽带 ISDN 可以提供更高的传输速度(1.544Mbps)。电话网和 ISDN 网的共同缺点是在局域网需要长时间在线连接的情况租用价格高。这对局域网互联的运行成本构成了压力。

我国在 20 世纪 90 年代中期由政府组织投资建设的 ChinaPAC 网、ChinaDDN 网和 ChinaFrame 网为局域网互联提供了更为可行的解决方案。ChinaDDN 网和 ChinaFrame 网与电话网、互联网络不同,它们既提供语音、多媒体,也提供数据传输。ChinaDDN 和 ChinaFrame 是为数据传输专门建设的大型网络,能够提供承诺的带宽和更便宜的运行成本,是银行、大型企业建设广域网首选的公共服务网络。

9.1.2 调制解调器

在租用公共网络远程连接局域网时，需要把局域网连接到最近的电话局。这段称为"本地线路"的通信线路通常使用电缆。一般情况下，本地线路的距离都是几千米。这样长度的电缆传输，电缆的频带宽度急剧下降，数字信号衰减严重，无法完成传输。这时，需要一种称为"调制解调器"的设备，把数字信号调制成模拟信号进行传输。调制解调器是用于数字信号与模拟信号之间转换的设备，通常配置在发送端和接收端（见图9.3）。

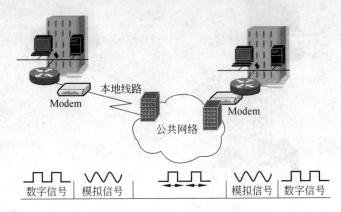

图 9.3 调制解调器的功能

最典型的有限频宽的电缆是电话线电缆。电话线电缆的频带宽度约为 2MHz，而目前的数字信号的频宽在 8～80MHz 之间，均大于电话线电缆能够传输的频率。因此，直接将数字信号放到电话线电缆上是无法传输的。

为了在电话线电缆上传输数字信号，需要使用调制解调器把电压表示的 0、1 数字信号转换为用其他方式表示的 0、1 模拟信号。调制解调器可以用正弦波的频率、幅值和相位三种不同的方法来表现 0、1 信号。

调制解调器用正弦波的频率表示 0、1 信号时，发送端的调制解调器可以用一个频率（如 1.5kHz）表示 0，用另外一个频率（如 2.5kHz）表示 1。接收端的调制解调器根据信号的频率就能识别目前接收的是 0 还是 1。而 1.5kHz 和 2.5kHz 的正弦波信号都落在电话线电缆的频率响应范围内，数字信号利用这种调频的正弦波就可以使用电话线电缆进行传输了（见图9.4）。

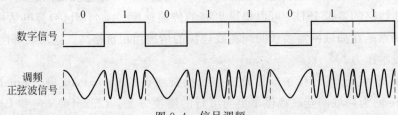

图 9.4 信号调频

上述利用正弦波的频率变化来表示数字信号，而幅值不变的方法，称为调频。

利用正弦波信号的幅值也可以表现 0、1 数字信号，如图9.5所示。与调频不同，调幅时的调制解调器不改变正弦波信号的频率,而是改变自己的幅值,用较高和较低的幅值来表现 0、1 数字信号。

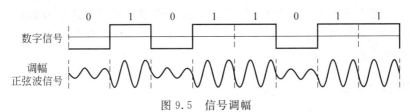

图 9.5　信号调幅

调相也是一种常用的信号调制方法。正弦波信号的相位同样也可以表现 0、1 数字信号。如图 9.6 所示,正弦波信号自采样点开始首先由零向正方向变化称为正相位,表示数字 0;那么正弦波信号自采样点开始首先由零向负方向变化则称为负相位,就可以区别表示数字 0 而表示为 1。

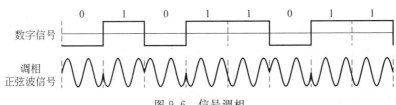

图 9.6　信号调相

从图 9.6 可以有趣地发现,连续的 1 或连续的 0 在采样点的相位是保持不变的。因此有的教科书上解释调相调制解调器是用相位的突然改变来表示 0 到 1 的变化或 1 到 0 的变化。

使用正弦波,利用其频率、幅值和相位的变化来表示数字 0、1 信号,我们称这种用途的正弦波信号为载波信号。只要载波信号的频率落在电话电缆的频带内,我们就可以利用载波信号来传输数字信号。

通信术语中,二进制数字信号转换成模拟正弦波信号的过程称为调制,在接收端将模拟正弦波信号还原成二进制数字信号则称为解调。调制解调器是由调制和解调两个词复合而成的。最典型的调制解调器是用于将以太网的数字信号调制为电话网络能够传输的 Modem。几乎所有笔记本电脑都标配电话调制解调器。图 9.7 标出了笔记本电脑上的 RJ11 Modem 接口。

RJ11 Modem 接口

图 9.7　笔记本电脑上的 RJ11 Modem 接口

电视电缆的数字传输中也使用调制解调器。有线电视电缆中使用调制解调器,不仅是为了降低数字信号所占用的频率宽度,而且是为了把数据信号调制到设定的频段上去。

租用公共数据网络构造广域网,通常需要使用调制解调器。这是因为从公共数据网络到用户端的这段距离,目前都是采用电缆连接的。这样的远距离传输的电缆,其频率宽度都是有限的,必须使用调制解调器来降低信号的带宽才能传输。

9.1.3 DTE 设备与 DCE 设备

在广域网互联中,将各个局域网连接到公共数据网络上,通过公共数据网中的租用线路,就实现了局域网的互联。

局域网与公共数据网络的连接中,局域网的最外端设备通常是路由器,公共数据网络最外端通常是类似 CSU/DSU、调制解调器这样的设备。我们称局域网的最外端设备为数据终端设备(data terminal equipment,DTE),称公共数据网络的最外端设备为数据通信设备(data communication equipment,DCE)。

DTE 设备和 DCE 设备都放置在用户端(见图 9.8)。

与电话公司签订了线路租用合同后,电话公司会铺设自电话公司到用户端的本地线路电缆,并调通自 DCE 设备到电话公司网络的连接。事实上,广域网互联非常简单,我们只需要将自己的 DTE 设备与电话公司的 DCE 设备连接上,然后正确配置 DTE(如路由器),就完成了连接的任务。

图 9.9 中的 CSU/DSU 是在用户与公共数据网中使用的数字信号传输设备。如果这段距离使用模拟信号传输,DCE 设备就需要使用调制解调器。DTE 设备与 DCE 设备使用串行连接。在我国,由路由器作为 DTE 来与 DCE 设备的连接多使用 V.35 标准,而不是使用我们熟悉的 232 标准(232 标准是 TIA/EIA 发布的,CCITT 也有相同的标准称为 V.24)。

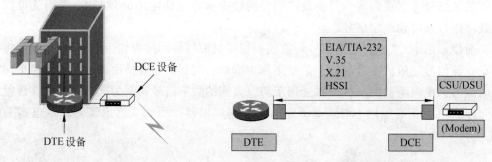

图 9.8 DTE 设备和 DCE 设备   图 9.9 DTE 与 DCE 的连接

9.2 远程连接局域网

9.2.1 使用光缆远程连接局域网

采用光缆远程连接局域网时,需要把局域网边界路由器的输出转换为光信号传输。负责将电信号转换为光信号的设备称为光电转换器,也称为光纤收发器。通常使用的以太网光纤收发器分单模光纤和多模光纤两种产品,支持 IEEE 802.3标准。可将100BASE-T/1000BASE-TX 以太网双绞线信号转换成 100Base-FX 以太网光纤信号。通常的光纤收发器提供一个双绞线 RJ-45 接口和一个光纤接口(一般为 SC 头)。以太网单模光纤收发器可以传输 40~60km,以太网多模光纤转换器可以传输 2~4km。

图 9.10 是 TP-Link 光纤收发器的实物图。在正面提供一对 SC 型光纤端口和一个RJ-45 端口,分别连接光纤和双绞线,实现两种光、电不同信号的转换。在选择光纤收发器时,需要注意选择适用的光缆类型。由于远程连接局域网的光缆距离都在几千米、几十千米,所以需要使用单模光纤。光纤收发器也需要配置单模的。

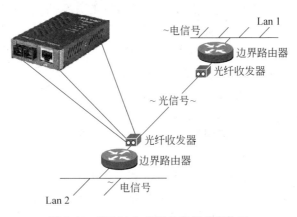

图 9.10　TP-Link 光纤收发器的实物图

远程光缆有 4 芯、6 芯、8 芯、12 芯、32 芯,甚至更多芯,分铠装和全绝缘型。光纤成对使用,一根发送一根接收,负责一路信号的传输。

因为光纤施工比电缆施工要求严格得多,任何施工中的疏忽都可能造成光纤损耗增大,甚至断芯。因此,铺设光缆需要选择高素质的施工单位。光缆铺设经过的路由需要认真勘察,了解当地道路建设和规划,尽量避开坑塘、打麦场、加油站等潜在的隐患,解决跨越高速路、河流的问题。

光缆的铺设方式分为:架空铺设、管道铺设、直埋式铺设和水下铺设。光缆线路施工工序复杂,工序之间必须衔接恰当,应按严格管理方法进行作业程序,计划实施工程日期,确定具体路由位置、距离、保护地段等。

9.2.2　使用电话网远程连接局域网

1. 连接方案

由于不用向电话局报装,使用电话线远程连接局域网是非常便捷的方案,通常用于临时搭建两个或多个局域网之间的连接链路。

在局域网通信中,广泛使用 TCP(或 UDP)、IP 与 IEEE 802.3 三个协议联合完成寻址和通信控制任务。IEEE 802.3 是一个局域网的链路层工作协议,不能在广域网中使用。在使用诸如电话网、ISDN 网这样的广域网连接中,需要在电话网的传输端中使用另一个称为点对点通信 PPP 的协议,如图 9.11 所示。

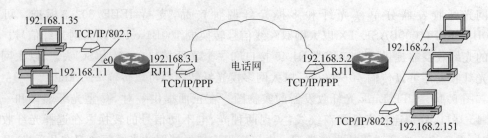

图 9.11　采用电话线连接两个局域网的方案

图 9.11 给出了一个采用电话线连接两个局域网的方案例子。在图中,两个局域网的边界路由器需要有电话线拨号模块,用于数字信号于模拟信号转换的调制解调以及拨号操作。局域网的边界路由器的一端使用 TJ45 口(e0),用于连接内部以太网。另外一端是 RJ11 口,是路由器拨号模块上的模拟信号输出/输入端口,用于连接电话线。两个局域网通过电话公司的电话网远程互联在一起。

在如图 9.11 所示的两个使用电话线点对点的连接中,假设左侧网络中的主机 192.168.1.35 要将报文发往远程网络 192.168.2.0 中的主机 192.168.2.151。前面学习到,主机 192.168.1.35 会发觉目标主机不在本网段,将把报文发给 192.168.1.1 路由器(左侧)。在报文从主机 192.168.1.35 发往 192.168.1.1 路由器的网段上,报文采用的封装是 TCP 报头、IP 报头和 802.3 报头。左侧路由器收到报文后,将拆除链路层的 802.3 报头,通过查路由表,确定将向右侧端口转发。这时,路由器将为报文封装新的链路层报头。由于路由器的右侧端口(192.168.3.1)使用的是 PPP 协议,所以新封装的链路层报头为 PPP 报头。

报文从左侧路由器的 192.168.3.1 端口发出送往电话网。电话网将把报文传送给右侧路由器的 192.168.3.2 端口。在电话网中传输时,报文的链路层封装了 PPP 报头。报文到达右侧路由器后,右侧路由器将拆除 PPP 报头。通过查路由表,确定将通过右侧端口(192.168.2.1)发给内网的主机 192.168.2.151。右侧路由器需要给已拆除帧报头的报文封装新的帧报头。新的帧报头显然是以太网 802.3 报头。

由上例可见,在电话网的传输过程中,传输在链路层需要使用 PPP 协议程序来完成链路层的数据封装。控制数据往 RJ45 端口上发送数据的工作,也由 PPP 协议程序完成。

在这里,发送主机的链路层仍然使用 IEEE 802.3 协议,因为主机直接连接的是以太网络。数据报到达路由器 A 后,左侧路由器将使用 PPP 封装数据报,继续将数据报转发到电话网的链路上。在接收方,右侧路由器也将使用 PPP 程序控制从 RJ45 端口接收数据报。然后,右侧路由器将用 IEEE 802.3 程序重新封装数据帧,发送到自己的以太网中,交目标主机接收。我们应该已经注意到了这个 802.3→PPP→802.3 的报头转换过程。

2. PPP 协议

PPP 协议是一个链路层协议,工作在电话网、ISDN 网这样的点对点通信的连接上。PPP 是 Point-to-Point Protocol 的缩写,称为点对点连接协议。

PPP 协议因为工作在点对点的连接中,因此具有如下两个特点。首先,点对点的连接不需要物理寻址。这是因为发送端发送出的数据报,经点对点连接链路,只会有一个接收端接收。在数据传输开始前,数据转发线路已经由电话信令信号沿电话网或 ISDN 网中的交换机建立起来了。开始传送数据后,电话网或 ISDN 网中的交换机不再需要根据报头中的链路层地址判断如何转发。在接收端,也不需要接收主机像以太网技术那样根据链路层地址辨别是不是发给自己的数据报。因此,PPP 协议封装数据报时,不需要再在报头中封装链路层地址。

我们来看一下 PPP 报头的格式,以便更好地了解 PPP 协议。如图 9.12 所示的 PPP 报头中,虽然有地址字段,但是已经是个作废的字段,固定填写 11111111(这个字段是 PPP 协议继承其前身 HDLC 协议得到的,PPP 协议虽然没有使用这个字段,但是还是在自己的报头中保留了下来),这是因为 PPP 协议现在只用点对点通信,不需要像点对多点那样把目标主机的地址写在链路层报头中。

图 9.12　PPP 报头格式

PPP 协议的第二个特点也是因为点对点通信。点对点连接的线路两端只有两个终端节点,所以不再需要介质访问控制来避免介质使用冲突。

基于上述两个特点可见,虽然 PPP 协议是一个链路层协议,但是它不再需要完成介质访问控制的工作,也不用像以太网需要 MAC 地址一样为数据报封装链路层地址。

PPP 协议程序的基本功能是在点对点通信线路上取代 IEEE802 协议程序,完成控制数据从内存向物理层硬件(移位寄存器)的发送,以及从物理层硬件接收数据的工作。PPP 协议除了控制数据的发送与接收的基本功能外,由于扩大了许多功能,使之非常适合在点对点连接的线路上通信。这些增强的功能是:连接的建立、线路质量测试、连接身份认证、上层协议磋商、数据压缩与加密 5 个功能。

综上所述,PPP 协议的功能归纳为:

连接的建立:通过来回一对呼叫报文包,建立通信连接。

线路质量测试:通过来回一对或多对测试包,测试线路质量(延迟、丢包等)。

连接身份认证:通过来回一对或多个认证包,让被呼叫方确认合法身份。

上层协议磋商:通过来回一对或多对磋商包,磋商上层协议的类型。

控制数据的发送与接收:可选择数据压缩与加密。

连接的拆除:通过来回一对呼叫报文包,拆除通信连接。

在如图 9.12 所示的 PPP 报文格式中:

标记(Flag)字段(长度:1 字节):一个字节 01111110 的二进制序列,标明一帧数据的开始。

地址（Address）字段（长度：1 字节）：PPP 没有使用这个字段，放置一个固定的广播地址 11111111。

控制（Control）字段（长度：1 字节）：PPP 也没有使用这个字段，放置一个固定数值 00000011。这也是一个继承 PPP 前身 HDLC 协议的字段。在 HDLC 协议中使用这个字段放置帧序号来完成出错重发任务，而 PPP 协议放弃了出错重发任务，把这个工作留给 TCP 协议去完成。

上层协议（Protocol）类型字段（长度：2 字节）：这个字段用来指明网络层使用的是哪个协议。如 0x8021 代表上层协议是 IP 协议，0x802b 代表上层协议是 IPX 协议，0xC023 代表上层协议是身份认证 PAP 协议。

数据区（最大长度 1 500 字节）：报尾（长度：2 字节）：放置帧校验结果。

PPP 协议的基本操作分别在 6 个不同的周期内进行。

（周期 1）链路建立周期：LCP 程序发送"链路连接建立请求"包，向点对点连接的另一方请求建立连接。对方如果同意建立此连接，则返回一个"链路连接建立响应"包。在请求包应答包中，还携带了一些磋商参数，如最大报文长度、是否对数据压缩、是否对数据加密、是否进行连接质量检测、是否进行身份认证以及使用哪种身份验证协议等。

（周期 2）链路质量测试周期：LCP 程序通过发送测试包给对方，待对方回送该测试包，以测试线路质量，如延迟时间、是否丢包等（这是一个可选周期，在链路建立周期由双方磋商是否需要这个周期）。

（周期 3）身份验证周期：这也是一个可选周期。如果在链路建立周期中双方磋商需要这个周期，则 PPP 协议调用身份验证协议程序 PAP 或 CHAP，通过交换报文进行身份验证。如果身份验证失败，PPP 的连接将失败。

（周期 4）上层协议磋商周期：在这个周期，由 NCP 程序构造上层协议磋商报文包，发送给对方。这个 NCP 磋商报文包中放置上层协议编码（如 0x8021 表示上层协议是 IP 协议），如果对方同意使用邀请使用的上层协议，将在磋商应答报文包中使用相同的上层协议编码。

（周期 5）数据发送周期：完成了上述连接建立的工作后，就可以在这个周期内进行数据传输了。这个周期可以持续几分钟，直至几个小时。其间，LCP 程序可以发送"link-maintenance"报文来调整双方的配置，或维持连接。如果在第一个周期中双方磋商对数据进行压缩，以减少数据传送量，则 LCP 程序会对待发送的数据进行压缩后再发送。通常的压缩协议是 Stacker 和 Predictor。

（周期 6）连接拆除周期：通信结束后，任何一方的 LCP 程序都可以使用"连接拆除"报文来终止双方的链接。如果在数据发送周期里线路上长时间没有流量，LCP 程序就会认为对方异常终止，便会自行关闭连接，并通知网络层，以便其做出相应反应。由此可见，如果是正常情况下在数据发送周期暂时没有数据发送，就必须发送"Keep Alive"报文包，以避免对方自行拆除连接。"Keep Alive"报文包是由 LCP 程序生成并发送的。

在上述各个周期里，点对点连接的双方很容易从 PPP 报头的协议字段分清数据报的类型。例如，0xC021 指明数据报是链路层控制协议（LCP）报文，0xC023 指明是

Password Authentication Protocol 密码认证协议报文,0xC025 指明数据报是 Link Quality Report 链路品质报告报文,0xC223 是 Challenge Handshake Authentication Protocol 挑战—认证握手协议报文,而 0x8021 则是真正传送的数据(IP 报)。

9.2.3 使用专线远程连接局域网

电话公司向用户提供专线租用的方式,为局域网互联用户提供了远程连接链路。主要的专线有 DDN 线路和帧中继线路。其中,帧中继网络是目前局域网互联综合性能(可靠性、价格、传输速度、网络延时、响应时间、吞吐量、覆盖面等)最好的公共网络,可提供高达 45Mbps 的高速数据传输。帧中继网络正在逐渐替代 DDN 网络,成为局域网互联的主要公共服务网络。

通过租用帧中继专线,可以快速、方便地部署局域网之间的链路,实现局域网互联。

帧中继公共网络最早于 1992 年在美国投入公共服务。我国从 1996 年年底由中国电信(现在的电信和网通)开始建设 ChinaFRN,其一期主干网络于 1997 年 6 月建设完成,覆盖北京、上海、广州、沈阳、武汉、南京等 21 个省会城市,并在北京、上海和广州建立了国际出口,与其他国家的帧中继网络相联。目前,经过多年的建设,我国的 ChinaFRN 已经延伸到几乎所有地级市,部分地区甚至延伸到县级市,覆盖面非常广泛。

1. 帧中继网络的构造

帧中继网络是由帧中继交换机组成的一个跨地域的大型网络。帧中继网络的核心是帧中继交换机,是一个工作在链路层的网络设备。帧中继交换机之间使用光纤连接,采用时分多路复用的方式提供多条虚电路(见图 9.13)。

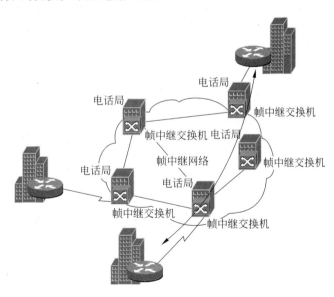

图 9.13　帧中继网络由帧中继交换机互联构成

帧中继网络是一个分组交换网,在帧中继交换机之间传输的数据报是与局域网一样带有帧报头的数据帧。帧中继数据帧的报头格式如图 9.14 所示。

帧中继报头		
DLCI地址＋标志位	IP/TCP/DATA	FCS校验
2 Bytes	最大 1500Bytes	2 Bytes

图 9.14　帧中继的报头格式

帧中继报头的头一个字节是 01111110 的二进制序列,标明一帧数据的开始。第二个字段是 16 位的地址字段,其中的 DLCI 地址占 10 位。另外还有 3 个标志位,分别是向前拥挤标志位 FECN、向后拥挤标志位 BECN 和丢弃标志位 DE。

DLCI 地址是帧中继网络中的交换机识别虚电路使用的虚电路号(data link channel identifier),作为帧中继技术中的链路层地址。帧中继网络中的帧中继交换机与局域网中的以太网交换机一样,拥有一个交换表。当帧中继交换机从一个端口收到报文后,交换机从帧报头的地址字段取出 DLCI 地址,通过查交换表就可以得知应该将报文向哪个端口转发,进而使报文沿着租用的虚电路传输。

帧中继交换机完成数据包转发的关键是数据报报头中的 DLCI 地址和交换机内的交换表。只是帧中继报头中只有一个 DLCI 地址,用来标识虚电路号;而以太网帧报头中有两个 MAC 地址,用来表示通信线路的两端节点。

2. 帧中继网络的虚电路

帧中继网络把它的每对交换机之间的连接线路采用时分多路复用方式划分为多条虚电路,带宽低的虚电路(如 64kb/s)分配的时隙少,带宽高的虚电路(如 2Mbps)分配的时隙多。虚电路(virtual circuit)是一条客观存在的通信线路,但是在物理上又无法独立存在。一条物理线路可以分解为多条虚电路。显然,一条物理线路承载的虚电路越多,每个虚电路的传输速度带宽就越小。

电话公司是通过出租虚电路的方式向用户提供远程连接服务的。当用户提出向电话公司租用一条 128kb/s 的虚电路时,电话局称这个带宽为承诺信息速率(committed information rate,CIR)。CIR 是用户向电话公司租用的线路传输速度,电话公司需要保证提供这一传输速度。电话公司在保证用户的 CIR 带宽的前提下,如果用户的数据发送速度超过 CIR,帧中继网络将占用其他用户的空闲时隙为用户传送,但超出 CIR 带宽的那部分数据,网络将只按尽力而为的转发策略提供转发。

用户局域网到电话局的本地线路上的数据传输速度称为链路速率。链路速率是用户和帧中继网络之间线路的速率。进入帧中继网络的最大数据量受链路速率的限制。

在如图 9.15 所示的例子中,B 网络租用两条虚电路(DLCI＝44 和 DLCI＝52)分别与 A 网络和 C 网络远程连接。52 号虚电路上的承诺速度 CIR＝64kb/s,44 号虚电路上的承诺速度 CIR＝128kb/s。这样,在电话局至网络 B 的本地连接线路上承载着两条虚电路,链路速度为 192kb/s(见图 9.16)。本地连接线路上的链路速度需要等于或高于所租用的两条虚电路的 CIR 之和。一般情况下,人们总是要求链路速度高于所租用的两条虚电路的 CIR 之和的 2~3 倍。

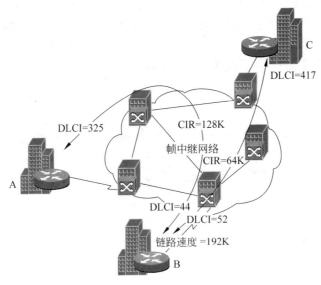

图 9.15　帧中继网络中的链路速率和承诺速率

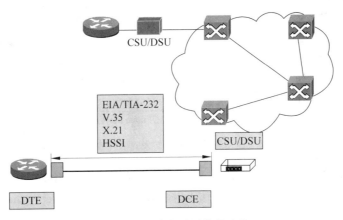

图 9.16　与帧中继网络的连接

3. DLCI 地址

当用户向电话公司租用了一条由局域网 A 至局域网 B 的虚电路时,电话局要为这条虚电路沿途分配一系列 DLCI 地址。一条虚电路是由一系列 DLCI 地址来标识的。

DLCI 地址是一个 10 位的编码,由于它是一个"本地地址",只标识一段线路上的某条虚电路,只在这段线路上唯一,所以,10 位的 DLCI 地址能为 1024 条虚电路编码,在用户至电话局和帧中继交换机之间的"本地线路"上是够用的(参见图 9.17)。根据国际电讯联盟电讯标准化机构(ITU-T)和美国国家标准协会(ANSI)的规定,只有 16～991 的 DLCI 地址是分配给出租线路的,其他的 DLCI 地址保留给用户至电话局和帧中继交换机之间传输控制信号的虚电路使用。

4. 将局域网连接到帧中继网络

当用户与电话公司签订完线路租用协议后,电话局将负责在帧中继线路两端,把本地连接电缆从电话局铺设到用户的指定位置，并发放一个 CSU/DSU 设备给用户。CSU/DSU 设备是帧中继网络的最外端设备（DCE），由电话局负责调试通帧中继线路两端的 CSU/DSU 设备。用户需要做的工作是把自己的路由器（DTE）使用串口（通常是 V.35）连接到 CSU/DSU 设备上，然后配置好自己的路由器，便完成了连接工作，并可以使用租用的线路了。

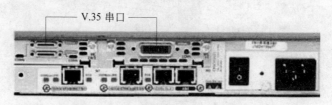

图 9.17　路由器的 V.35 串口

路由器在以太网和帧中继网络之间转发数据的原理如图 9.18 所示。

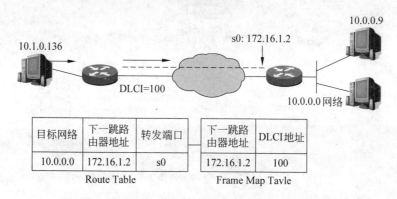

图 9.18　路由器在帧中继转发过程中的工作原理

在如图 9.18 所示的例子中，左侧 10.1.0.0 局域网通过租用帧中继线路与 10.0.0.0 网络连接。左侧路由器需要建立一个帧中继地址映射表（frame relay map table），记录前往 10.0.0.0 网络的下一条路由器端口 172.16.1.2 需要通过 DLCI 地址为 100 的虚电路传输。当路由器收到 10.1.0.136 主机发往 10.0.0.9 主机的报文时，通过查询路由表，得知这个数据报需要通过自己的 S0 端口转发，需要发给远端的路由器 172.16.1.2。当它查询自己的配置文件得知这个 S0 端口封装的是帧中继协议时，便查询帧中继地址映射表，得知前往目标网络 10.0.0.0 的帧中继虚电路号是 100，用该虚电路号作为 DLCI 地址，封装帧报头，发送给 CSU/DSU。CSU/DSU 设备会将这个数据报发送到帧中继网络的第 100 号虚电路中。报文将沿着帧中继网络中的第 100 号虚电路，发往目标网络。

路由器在这里查询帧中继地址映射表与在以太网时查询 ARP 表的性质完全相同，都是为了获得封装报头所需要的链路层地址。

图 9.19 给出了一个完整的连接帧中继网络的路由器的配置例子。例子中使用了 6 条路由器配置命令：

- 第一条命令声明后续 5 条是针对串口 S1 的配置命令；
- 第二条命令为 S1 端口配置 IP 地址；

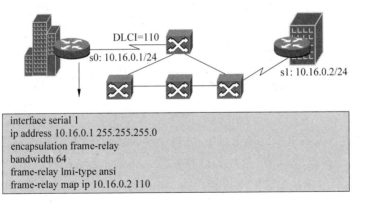

```
interface serial 1
ip address 10.16.0.1 255.255.255.0
encapsulation frame-relay
bandwidth 64
frame-relay lmi-type ansi
frame-relay map ip 10.16.0.2 110
```

图 9.19 配置路由器

- 第三条命令声明这个串口封装帧中继协议；
- 第四条命令确定 S1 端口的链路速率；
- 第五条命令通知路由器选择 ANSI 标准的 LMI 协议；
- 第六条命令填写帧中继地址映射表，把下一跳路由器的 IP 地址 10.16.0.2 与所租用的虚电路号 110 关联起来。

小结

广域网是通过局域网互联得到的。本章介绍的通过光缆、电话线和帧中继三种互联局域网的方法，是目前专业的网络互联方案，广泛用于政府、企业的广域网建设。光缆连接的优势在于能够得到最大限度的传输带宽。同时，由于产权属于建设单位，使得链路管理、分配非常容易。但是，当覆盖面积非常大，或者没有架设光缆的路由时，光缆方案将无法采用。

另外一种替代方案是租用线路。本章介绍的电话线和帧中继两种线路分别属于电话公网和公网专线。租用电话公司专线来获得局域网互联链路的方法，初期投资小，实施便捷，是快速实现广域网建设的捷径。

通过本章的学习，我们了解了广域网建设的基本技术，同时，也揭开了广域网的神秘面纱。实施上，规划、建设广域网，其难度要小于局域网的建设，但是从信息化的深度和广度来说，它具有深远的意义。

第 10 章 互 联 网

互联网技术自发明以来已经走过了 40 多个年头。今天,互联网不仅在不断地改变人们的生活方式,也在改变政府、企业的运作模式。目前,全球互联网用户总量已经达到 17 亿左右,据国家科学基金会(National Science Foundation)预测,2020 年前全球互联网用户将增加到 50 亿户。互联网规模的进一步扩大定将成为人们思索如何适应未来的主要考量因素之一。

《福布斯》杂志对 2010 年的信息业发展趋势进行了 10 大预测,其中包括云计算、互联网发展趋势、"部落"互联网形成等,其中五项是互联网技术。另外五项中,如医疗网络化、教育网络化、从化石燃料转向智能电网等,均间接涉及互联网络。互联网对人类文明发展的作用是无法估量的。

本章讨论的互联网接入,是指将用户端计算机或局域网与互联网络的连接。互联网接入技术是目前网络技术研究和应用的热点,以宽带接入、非对称数字用户线(ADSL)和电缆调制解调器(Cable Modem)为代表的、利用已建网络的接入技术成为目前的主导技术。

10.1 互联网的概念

10.1.1 什么是互联网

1995 年 10 月 24 日,美国联邦网络委员会(The Federal Networking Council,FNC)通过了一项关于互联网定义的决议,认为下述语言反映了我们对"互联网"这个词的定义:

"互联网指的是全球性的信息系统,

1) 通过全球性的唯一的地址逻辑地链接在一起。这个地址是建立在网间互联协议(IP)或今后其他协议基础之上的。

2) 可以通过传输控制协议和网间互联协议(TCP/IP),或者今后其他接替的协议或与网间互联协议(IP)兼容的协议来进行通信。

3) 可以让公共用户或者私人用户使用高水平的服务。这种服务是建立在上述通信及相关的基础设施之上的。"

上述定义是从技术的角度来描述互联网的。这个定义至少向我们揭示了四个方面的内容:首先,互联网是全球性的;其次,互联网上的每一台主机都需要有"地址";再次,这些主机必须按照共同的规则(协议)连接在一起;最后,互联网的定义中包括了服务的内涵。

上述互联网的定义虽然严谨,但是不够通俗。下面,我们为互联网这个名词重新定义：

"互联网是指覆盖全球的通信网络和在这个通信网络上提供的信息与服务。"

我们新的定义涵盖两个内容：一个是通信网络；另一个则是网络中提供的内容与服务。其中，通信网络是指由电话公司建设的骨干网和各种方式的互联网接入线路与设备，内容包括网站信息、航班购票等服务。

银行系统交换数据，政府通过互联网提供网上税务申报、缴费，人们从互联网中的网站得到各种信息。这些网络活动涉及的均为两类：利用互联网进行数据传输，向互联网或从互联网提供或获取信息与服务。更重要的是互联网还没有定型，还一直在发展、变化。因此，任何对互联网的技术定义也只能是当下的、现时的。与此同时，在越来越多的人加入互联网中，越来越多地使用互联网的过程中，也会不断地从社会、文化的角度对互联网的意义、价值和本质提出新的理解。

10.1.2 我国的互联网骨干网

互联网是世界上规模最大的广域网。我们在第 9 章学习到，广域网实际上是由局域网互联得到的。那么，互联网也是由局域网互联得到的吗？答案是确定的。我国的互联网由 5 个大的网络构成：中国公用计算机互联网（CHINANET）、中国教育与科研网（CERNET）、中国科学技术网（CSTNET）、国家公用经济信息通信网（CHINAGBN）和中国移动互联网（CMNET）。其中，中国公用计算机互联网（CHINANET）是由中国电信、中国网通（现在的联通）在全国的各个电话局大楼中的局网互联得到的。中国教育与科研网（CERNET）是由全国各大学的校园网互联得到的。中国教育与科研网（CERNET）是由中科院在全国的各个研究所互联得到的。国家公用经济信息通信网（CHINAGBN）是由全国政府、协会的局域网互联得到的。中国移动互联网（CMNET）则是由移动公司各主要办公楼内局网全国联网得到的。

这种由电话局互联、校园网互联得到覆盖全国的网络，就是我国互联网的骨干网，承担着我国互联网跨地域通信的基本数据传输任务。

从图 10.1 我们看到，局域网互联构成互联网的本质，是将各个局域网最外侧的边界路由器互联。这样的结果是，互联网就是一个路由器互联的网络。我们知道，路由器是工作在网络层的设备，报文转发方向的判断是依靠报头中的 IP 地址。所以我们也可以说，互联网骨干网是一个大量路由器互联的 IP 网络。

下面我们来看看我国主要的互联网骨干网。

1995 年 5 月，中国电信开始筹建中国公用计算机互联网（CHINANET）全国骨干网。1995 年 11 月邮电部委托美国信亚有限公司和中讯亚信公司承建的国家级网络，于 1996 年 6 月在全国正式开通。中国邮电部数据通信局是 CHINANET 直接的经营管理者。CHINANET 是基于互联网网络技术的中国公用互联网，是中国具有经营权的互联网国际信息出口的互联单位，也是 CNNIC 最重要的成员之一。CHINANET 不同于其他三大网络，它是面向社会公开开放的、服务于社会公众的大规模的网络基础设施和信息资源的集合，它的基本建设就是要保证可靠的内联外通，即保证大范围的国内用户之间的高质量的互通，进而保证国内用户与国际互联网的高质量互通。

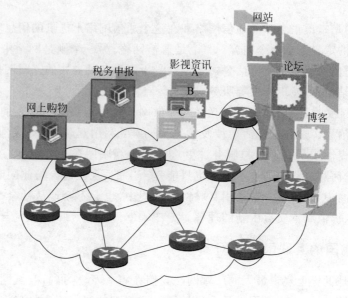

图 10.1　互联网的概念由通信网络、资讯和服务构成

　　2003 年 4 月 9 日,中国网通集团与中国电信集团的公众计算机互联网 (CHINANET)实施拆分,形成事实上的两个骨干网——中国网通 CHINANET(现在应该称为中国联通)和中国电信 CHINANET。

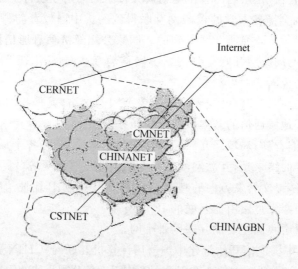

图 10.2　我国互联网的五大骨干网

　　中国移动互联网(CMNET)是一个全国性的、以宽带 IP 为技术核心,同时提供语音、传真、数据、图像、多媒体等服务的电信基础网络,接入号是"172"。中国移动通信集团公司(以下简称中国移动)是在原中国电信总局移动通信资产整体剥离的基础上新组建的国有重要骨干企业,2000 年 4 月 20 日正式成立。CMNET 从网络结构上可分为骨干网和省网,网络以 IP over DWDM 为核心技术,在北京、上海、广州、天津、杭州、南京 6 个城市

间建成中国移动互联网试验网,并在 2000 年 10 月底覆盖全国所有省市。

中国科学技术网是由中国科学院在全国各地的研究所的局域网互联形成的,是我国最早建设并获得国家正式承认具有国际出口的中国四大互联网骨干网之一。

CSTNET 开始是在中关村地区教育与科研示范网(NCFC)和中国科学院网(CASnet)的基础上,由中国科学院主持,联合清华、北大共同建设的。1994 年 5 月实现了与 Internet 的 TCP/IP 连接,到 1995 年年底完成"百所联网"工程后,形成了由 200 多个以太网互联的 CSTNET 的骨干架构。1997 年 6 月 3 日,受国务院信息化工作领导小组办公室的委托,中国科学院在中国科学院计算机网络信息中心组建了中国互联网络信息中心(CNNIC),行使国家互联网络信息中心的职责。同日,国务院信息化工作领导小组办公室宣布成立中国互联网络信息中心(CNNIC)工作委员会。

中国教育与科研网(CERNET)是由全国大专院校校园网互联形成的我国第一个由国内科技人员自行设计和建设的国家级大型计算机网络。该网络 1994 年启动,由国家投资建设,教育部牵头,由清华大学、北京大学、上海交通大学、西安交通大学、东南大学、华中理工大学、华南理工大学、北京邮电大学、东北大学和电子科技大学 10 所高校承担。1995 年 11 月 CERNET 完成首期工程。目前,包括北京信息科技大学在内的所有高校,都是 CERNET 的节点。CERNET 的全国网络中心设在清华大学,8 个地区节点分别设立在北京、上海、南京、西安、广州、武汉、成都和沈阳。CERNET 的主干带宽目前为 2.5Gbps,是为教育、科研和国际学术交流服务的非营利性网络。

国家公用经济信息通信网(CHINAGBN)也称为中国金桥信息网,是 1996 年 9 月国家计委正式批准立项的重要国家工程。金桥网以光纤、卫星、微波、无线移动等多种传播方式,形成天、地一体的网络结构,它和传统的数据网、话音网和图像网相结合并与互联网相连。根据计划,金桥网将建立一个覆盖全国,与国内其他专用网络相连接,并与 30 几个省市自治区、500 个中心城市、12 000 个大型企业、100 个重要企业集团相连接的国家公用经济信息通信网。

我国的五大骨干网通过若干称为网络交换点(NAP)的节点互联,就形成了互联互通的中国互联网。NAP 是互联网的路由选择层次体系中的通信交换点。每个网络接入点都由一个共享交换系统或者局域网组成,用来交换业务量。骨干网可以选择其中任何一个或所有的网络接入点与其他骨干网互联。它通常称为 IX(互联网交换)。在美国,网络接入点(NAP)是几个主要的互联网互联的点中的一个,它把所有的网络和接入提供商都捆绑在一起

我国互联网的 5 大网络体系在国民经济中所扮演的角色不同,其各自建立和使用的目的和用途也有所差别。CSTNET 和 CERNET 是为科研、教育服务的非营利性互联网;原邮电部的 CHINANET、现在中国移动的 CMNET 和原电子部的 CHINAGBN 是为社会提供互联网服务的经营性互联网。

要想促进互联网的发展,前提条件是骨干网应该有足够的带宽。中国最大的互联网提供商中国电信和中国网通(联通)的 CHINANET 在近年的发展中投入了大量资金,不断进行带宽扩展,其骨干网的带宽已经从过去的 155Mbps 拓展到目前的 2.5Gbps。其他几个互联网提供商,如金桥网、教育网和科技网,由于资金和其他资源的投入问题,骨干网

上的带宽仍不理想。另外,五大互联网提供商的网络互通性也在不断提高。

10.1.3　互联网接入的概念

互联网的概念就是数据传输和提供内容(信息或服务)。我们要把通过互联网提供给用户的内容送入互联网,用户才能"拿到"。为了通过互联网向用户提供内容,必须把我们的服务器接到互联网上。反之,当我们需要从互联网获取内容(信息或服务)时,我们也需要把计算机连接到互联网上。

将计算机或局域网接入互联网中,称为互联网接入。

图 10.3 是一个描述互联网接入的示意图。由图可见,新浪要想把 www.sina.com 的内容提供给社会,就需要把自己的网络接入互联网中。将自己的网络接入到互联网,就是将新浪公司的局域网接入最近的电话局局网中。由于全国的电话局局网互联形成的互联网骨干网,所以可以说,新浪公司的网络接入到了互联网中。

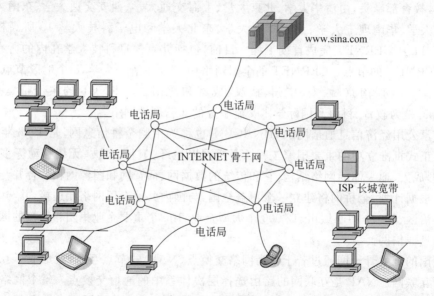

图 10.3　互联网接入

使用互联网的用户,要获得互联网中的信息或服务,也需要把自己的网络或主机接入互联网中。同样,接入的方法就是把自己与骨干网离我们最近的电话局连接起来。

在互联网中,为互联网提供内容(信息或服务)的单位被称为 ICP,全称为互联网内容提供商(Internet content provider)。新浪、雅虎、百度这样的企业都是 ICP。由图 10.3 可见,ICP 和用户都接入互联网骨干网后,在两者之间就建立起了数据传输链路。

我们注意到了图 10.3 右侧的两级接入。首先,长城宽带公司将自己的局域网接入骨干网中,向骨干网运营商租用一定的带宽。然后,长城宽带可以向用户提供链接,让用户先接入自己,通过自己接入互联网。这种间接地向社会提供接入服务的方法,有效地补充了骨干网运营商对互联网接入的服务。像长城宽带这样为用户提供间接互联网接入服务的企业,被称为互联网接入服务商(Internet service provider,ISP)。电信通、兰波万维、歌华有线这样的企业都提供互联网接入服务,它们都是 ISP。中国电信、中国网通、中国移动这样的骨干网运营商也都提供接入服务(见图 10.4),当然也是 ISP。

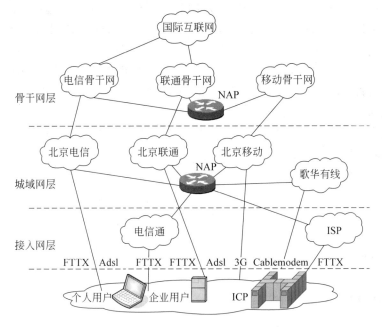

图 10.4　互联网接入在互联网层次结构的下层

10.1.4　互联网接入技术分类

互联网接入方式分为有线和无线两大类。其中无线接入方式的典型技术是 LMDS 技术。目前国际上主流并且比较成熟的有线接入技术包括:

- 光缆到局网 FTTX+LAN
- ADSL/VDSL
- Cable Modem

FTTX+LAN 方案也称光缆宽带接入,是基于 Ethernet 的宽带接入技术。FTTX 是"Fiber To The X"的缩写,意谓"光纤到 X"。X 代表光纤线路的目的地。例如,FTTB(Fiber-To-The-Building,光纤到建筑物)、FTTZ(Fiber-To-The-Zone,光纤到小区)、FTTC(Fiber-To-The-Curb,光纤到路边)、FTTH(Fiber-To-The-Home,光纤到户)和 FTTF(Fiber-To-The-Floor,光纤到楼层)等。

FTTB 是指 ISP 将光缆自 ISP 最近的大楼铺设至需要连接的大楼,通过大楼内的 LAN,为希望接入互联网的终端提供到互联网的链路。由于政府部门多是以大楼为办公区,所以多采用 FTTB+LAN 技术。同理,读者可以理解 FTTZ、FTTH、FTTF 等接入方案。

在 FTTX+LAN 接入方案中,传输介质是由光纤和 UTP 电缆两种材料构成的。FTTX +LAN 方案是电信、网通和 ISP 运营商(如长城宽带、电信通、兰波万维等)大力推荐,并展开激烈竞争的宽带接入方式。

非对称数字用户环线（asymmetrical digital subscriber loop，ADSL）和甚高速数字用户环线（very hight data rate digital subscriber loop，VDSL），是利用现有的电话线路作为接入链路的接入方案。ADSL/VDSL 可提供上、下行非对称的传输速率。理论上，ADSL的下传速率可达 1.5～8Mbps，上行速率为 640kb/s～1Mbps。ADSL 是一种比较成熟的技术。在使用 ADSL 进行联网数据传送的同时，仍然可以使用电话。因此，ADSL 是一种"两网合一"（电话网、宽带网）的接入方式，也是当前欧美发达国家常用的宽带技术之一。在美国目前已有 8 000 万左右用户的电话网地区有 ADSL 接入服务。在我国，76.7％的上网用户使用 ADSL。

与电话公司提供传统电话线作为互联网接入线路的方案对应，有线电视服务商通过使用 Cable Modem 技术，使用现有有线电视网（光纤同轴混合网 HFC）作为互联网接入线路，为用户提供互联网接入服务。目前，我国各地的有线电视网（HFC 网）由光纤干线和同轴电缆分配网络所组成。Cable Modem 技术的下行传输速率可达 40Mbps，上行传输最高速率可达 5Mbps。

10.2　互联网接入技术

10.2.1　光缆到局网 FTTX＋LAN

光缆到局网的接入方案是指包括 FTTZ＋LAN 和 FTTB＋LAN 的技术。在这种方案中，采用光纤到大楼（FTTBuilding）或光纤到小区（FTTZoon）的方式，将用户局域网与骨干网连接到一起。光纤到小区或建筑物后，经光电转换设备（O/E）与 LAN 的边界路由器相接。自边界路由器接入 LAN 的核心三层路由交换机，完成了局域网与互联网骨干网的接入连接，如图 10.5 所示。

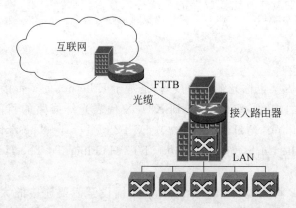

图 10.5　FTTB-Lan 方案

光缆到局网的接入方案思路是将电话局大楼内的以太网与建筑物或小区的以太网用光缆连接起来。由于自始至终都采用了以太网技术，符合我们熟悉的 TCP/IP/802.3 技术规范。如果不是 ISP 限速，接入光缆可以提供 1Gbps 的传输带宽。局域网内可以提供100Mbps 到 1 000Mbps 的传输速度。光缆到局网是技术最简单、最高效的接入解决方案。

FTTX＋LAN 方案的特点是：
- 基于 Ethernet 技术，技术简单。
- 自骨干网到局域网之间采用光缆，是接入线路使用的最专业的传输介质。
- 因为 LAN 内采用共享式网络技术，有潜在的网络安全问题。
- LAN 中终端共享接入链路，需要保证有足够的出口带宽。

在光缆到局网的方案中，电话局路由器与局网路由器之间的连接，需要使用被称为光电转化器或光纤转换器(fiber converter)的设备，通常称为光收发器。如图 10.6 所示，光收发器将来自电话局端骨干网的电信号转换为光信号，送到光缆中传输。在局域网一侧的光收发器，则反过来将光信号还原为电信号，送入局域网的接入路由器。

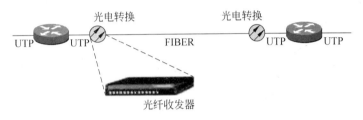

图 10.6　光缆传输中的光电转换

普通光纤收发器支持 75km 的传输距离。目前国外和国内生产光收发器的厂商有很多，产品很丰富。因为需要远距离传输，FTTX＋LAN 方案中使用的光缆和光收发器使用单模光纤。按速率来分，可以分为单 10Mbps、100Mbps 光收发器、10/100Mbps 自适应光收发器和 1000Mbps 光收发器。按外观来分，可以分为桌面式(独立式)和机架式。按光纤数量来分，可以分为单纤收发器和双纤收发器。按网管来分，可以分为可网管型和非网管型。所谓可网管型，是指光收发器可以响应 SNMP 的轮询，使其工作状态能够被网管工作站监控。

总体上看，光收发器将会朝着高智能、高稳定性、可网管、低成本的方向继续发展。同时为了保证与各个厂家的路由器、交换机、网卡、中继器等网络设备的完全兼容，光收发器产品必须严格符合 100Base-TX、100Base-FX、1000Base-FX、IEEE802.3u、IEEE802.3ab 和 IEEE802.3av 等以太网标准，在 EMC 防电磁辐射方面也应符合 FCC Part15 标准。

光收发器只是简单地将电信号转换为光信号，或将光信号还原为电信号，其主要原理是通过光电耦合实现的，对信号的编码格式没有什么变化，因此是一个物理层的设备。

由于网络设备及线缆的降价趋势明显，FTTB(或 FTTZ)＋LAN 的方式是一种宽带升级潜力大、扩容成本低的宽带接入方式。国内绝大多数政府部门、单位、校园网、写字楼和许多新建的住宅小区都采用了这种宽带接入技术。

10.2.2　非对称数字用户线(ADSL)

ADSL 是非对称用户数字线路的缩写，是在普通电话线上传输高速数字信号的技术。通过利用普通电话线 4kHz 以上频段，在不影响 3kHz 以下频段原有语音信号的基础上传输数据信号，扩展了电话线路的功能。是一种新的在传统电话电缆上同时传输电话业务与数据信号的技术。ADSL 可以在一条电话线上进行上行（从用户端至互联网）640kb/s～1.0Mbps，下行（从互联网到用户端）1Mbps～8Mbps 速度的数据传输，传输距离可达到 3km～5km 而不用中继放大。由于 ADSL 这种传输速度上非对称的特性与互联网访问数据流量非对称性的特点，所以是众多的 xDSL 技术中最普及的高速互联网接入技术。

ADSL 的优势包括：

- 利用覆盖最广的电话网将主机或多台主机连接到互联网。
- 获得远高于传统电话 Modem 的传输带宽。
- 数据通信时不影响语音通信。

ADSL 是 DSL(Digital Subscriber Line 数字用户线路，以铜质电话线为传输介质的传输技术组合)技术的一种。

1) ADSL 的体系结构

电话线铜缆理论上有接近 2MHz 的带宽，语音通信只使用了 0～4kHz 的低频段，ADSL 通过频分多路复用技术，把高速数据通信信号加载到电话线的 26kHz 以上频段。这样，在电话线路上可以完成语音、下行数据和上行数据三路信号的同时传输。

如图 10.7 所示，在 ADSL 体系结构中，用户端的设备是 ADSL Modem。电信局局端设备有 DSLAM、远程访问服务器 RAS、计费数据库服务器和局端网络与互联网连接的路由器。

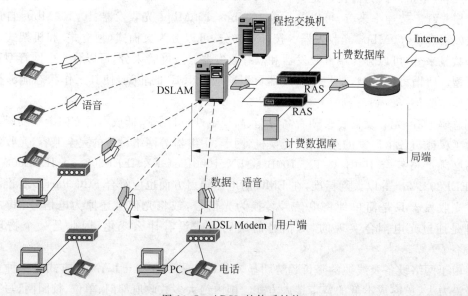

图 10.7　ADSL 的体系结构

在用户端，电话线先接入 ADSL Modem。ADSL Modem 中内置的信号分离器将 4kHz 以下频率段的语音信号分离出来，送往电话机。26kHz 以上频率部分的信号被分离出来，送往 ADSL Modem 中的解调器。ADSL Modem 中的解调器对来自互联网的下行数据信号解调成数字信号后，通过与计算机网卡相连接的以太网连线，将数据报传送给计算机终端。

计算机终端传送给互联网的上行数据报由 ADSL Modem 调制成模拟信号后,由 ADSL Modem 中内置的信号分离器与语音信号混合后,送往局端。

局端 DSLAM 中的信号分离器将语音信号分离出来后,送往程控交换机原接线端,保持原电话号码不变。DSLAM 将上行的模拟数据信号进行解调,解调出来的数据帧通过远程访问服务器 RAS 和局端路由器被送往互联网。DSLAM 是信号分离器群、ADSL Modem 群和以太网交换机的集成设备,全称为数字用户线多路复用器(digital subscriber liner multi plexer)。用户端的 ADSL Modem 和电话局端 DSLAM 中对应的 ADSL Modem 形成一对调制解调器对,将高频宽的数字信号调制成低频宽的模拟信号在铜制电话线上传输。一台 DSLAM 设备中通常可以装配数千个 ADSL Modem,可将数千个远端用户连接到电信局的局网中。

远程访问服务器 RAS 是控制用户的设备。RAS 只转发那些付费用户的数据报到连接互联网的路由器。ADSL 用户需要先与远程访问服务器 RAS 建立连接,通过身份认证后,才可以获得 RAS 的接入服务。RAS 在对接入用户请求连接的身份认证中,需要使用计费数据库服务器获得用户信息。同时,RAS 也将用户使用线路的流量、时间等信息存入计费数据库,供服务结算使用。

2) ADSL 的信道

ADSL 通过频分多路复用技术,在一对铜制电话线上划分出三个信息通道,分别传输语音信号、上行数据和下行数据。语音通信使用 0～4kHz 的低频段,是一个双向的信道。发向互联网的上行数据和来自互联网的下行数据,使用 26kHz～1.1MHz 的频段设置的两个数据信道(见图 10.8)。

图 10.8 ADSL 的信道

3) ADSL 的调制解调技术

ADSL 技术能提供高达 8Mbps 的高速传输带宽,要归功于调制解调技术的突破性发展。抑制载波幅度调相技术(carrier-less amplitude and phase,CAP)和离散多音复用技术(discrete multimode,DMT)是两种先进的调制解调技术,在 ADSL 中被广泛应用。

在 ADSL 中,使用 DMT 调制解调技术在一对铜制电话线的 26kHz～1.1MHz 频段划分出 255 个频段,每个频段 4kHz。每个 4kHz 频段作为一个 QAM 调制的传输信道,就在电话线中划分出 255 个子信道,同时传输数据。

255 个子信道中,使用 25 个作为上行子通道,230 个作为下行子通道,提供上行 1Mbps,下行 8Mbps 的宽带数据传输。并不是 DMT 划分出的所有子信道都适宜信号传输。DMT 调制解调技术可以根据线路的噪声情况动态地调整各个子通道的传输速率,在干扰较大的子通道上降低传输速率,进而保持良好的抗干扰能力。

在 ADSL Modem 接入线路中时,ADSL Modem 与电话局端的 DSLAM 会互相发送一些训练信息,进行收发器训练。ADSL Modem 根据接收到的信号对传输通道进行衰减特性、信噪比等分析,确定适合该信道的传输和处理参数。信道分析结束后,ADSL Modem 将与电话局端的 DSLAM 交换平均环路衰减估值、选定速率的性能容限、每个子载波支持的比特数量、发送功率电平、净负荷的传输速率等设定参数,确认各个子信道的使用。另外,在通信过程中,ADSL Modem 还会监测各个信道的传输特性,对相对衰减大和信噪比低的子信道增加信号功率,动态减少传输质量差的子信道的比特数,进而保证满足要求的通信性能。

DMT 技术的这种动态调整数据传输速率的特性,表现为 ADSL 用户得到的传输带宽的不一致。那些距离电话局局端设备较近、线路干扰较小的用户,可保持较高的传输速率。

4) ADSL 的主要设备

ADSL 技术的核心是信号分离器、ADSL Modem、DSLAM 和远程访问服务器(RAS)四种设备。

信号分离器(spliter)用于把低频语音信号与较高频率的上行数据信号合成到电话线上。同时,将电话线上的下行信号与语音信号分离开来,分别送往电话机和 ADSL Modem。

信号分离器实际上是一个简单的由电感线圈和电容器组成的无源器件(由低通滤波器和高通滤波器组成)。因此,信号分离器又称滤波器。电话线上 0~4kHz 的语音信号由低通滤波器取出,送往电话机,下行信号由高通滤波器取出,送往 ADSL Modem。

图 10.9 是信号分离器的实物图。从图中可见,信号分离器有三个 RJ11 端口,分别接电话外线、ADSL Modem 和电话机。

一些 ADSL Modem 的厂家把信号分离器与 ADSL Modem 合成在了一起(如北京网通提供的 ADSL Modem),所以很多用户没有感觉到信号分离器的存在。江苏等省份的电信电话公司提供的 ADSL Modem 不是二合一的,所以可以清晰地看到信号分离器的存在。

数字信号要利用有限频带宽度的电缆传输,就需要使用 Modem 调制到正弦波上,再进行传输。在接收端,还需要 Modem 将正弦波表示的数字信号解调成为 0、1 变化的方波信号。ADSL Modem 不仅完成方波数字信号与正弦波信号之间的调制和解调任务,还需要考虑频分多路复用,把上、下行信号分配到 26kHz~2MHz 之间的两个不同频段上。

目前国内华为、速捷等厂家生产的 ADSL Modem 均内置信号分离器,因此 ADSL Modem 可以直接连接电话外线。这样的 ADSL Modem 提供 3 个端口。两个 RJ11 端口分别接电话外线和电话机,一个 TJ45 端口经普通 UTP 电缆连接到计算机的以太网卡上(见图 10.10)。由于 ADSL Modem 的 RJ45 端口也是安排 1、2 脚是发送端,3、6 脚为接收端,所以 UTP 电缆的两端接线是交叉的,与 PC 对 PC 连接的交叉 UTP 电缆完全相同。

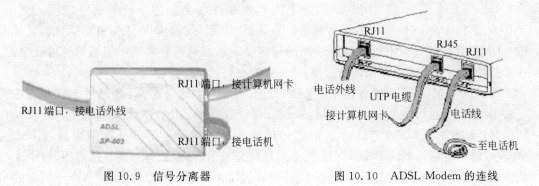

图 10.9　信号分离器　　　　　　图 10.10　ADSL Modem 的连线

电话局端的 DSLAM 设备中装置有数千或数百个 ADSL Modem,完成电话局端的信号调制解调任务。DSLAM 设备中的 ADSL Modem 与用户端的 ADSL Modem 组成电话线路两侧的、一对互逆的、调制解调器对,实现"数字信号—正弦波信号—数字信号"的转换工作。

DSLAM 是 DSL 访问多路复用器的英文缩写,其构造如图 10.11 所示。

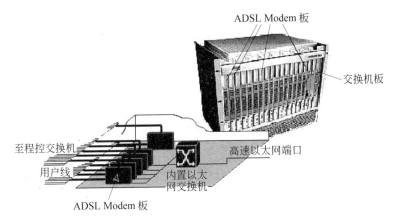

图 10.11　DSL 访问多路复用器(DSLAM)

DSLAM 一侧接用户电话线,经过用户插板上的信号分离器,将音频信号分离出来送往程控电话交换机。DSLAM 设备中的每个用户插板通常接十余个 ADSL Modem,每个 DSLAM 设备可插入多个,甚至几十个用户插板,提供数百或数千个 ADSL Modem。ADSL Modem 与内置的以太网交换机连接。由于 ADSL 使用 PPPoE 协议封装数据报,而 PPPoE 协议报头的最前部是一个 14 字节的标准的 802.3 帧报头,所以 ADSL Modem 输出的数据帧可以被内置以太网交换机当做 802.3 帧进行转发。

图 10.11 中的 DSLAM 是斯达康公司的产品 AN2000B-800。AN2000B-800 DSLAM 的 RAS 上行接口为百兆或千兆以太网接口,有 16 个通用业务插槽用以插入用户板。每块用户板支持 24 线的用户线接入,每台 AN2000B-800 DSLAM 因此可以接入 384 线。将 5 台 AN2000B-800 DSLAM 堆叠,可支持 2 304 线。

DSLAM 中的内置以太网交换机还需要支持 VLAN ID、用户端口、MAC 地址和 IP 地址等信息的多重绑定,以及 IEEE802.3x、全双工的流量控制等以太网交换机通常需要具备的诸项功能。

随着互联网的发展,DSLAM 在技术上、速度上、容量上的发展非常迅速。摩托罗拉、思科、3COM、阿尔卡特、华为、斯达康、诺基亚、爱立信等网络电讯设备公司不断推出高性能的 DSLAM 产品,为 ADSL 接入服务提供了满足各种需求的设备支持。

如图 10.12 所示,远程访问服务器(RAS)配置在 DSLAM 与互联网路由器之间,是服务商对用户接入服务计费的设备。

DSLAM 的高速以太网端口接远程访问服务器(RAS)。远程用户使用 ADSL 接入时,需要与 RAS 建立 PPPoE 连接,然后在用户端和 RAS 之间的连接上使用 PPPoE 帧传输数据。RAS 将 PPPoE 帧重新封装为 802.3 帧,传送给互联网路由器,进而送入互联

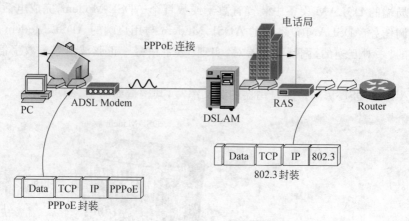

图 10.12　RAS 在 ADSL 技术中的使用

网。从图 10.12 可以看出，ADSL 的远程用户端发出的 PPPoE 帧正是终结在 RAS。反过来，来自互联网的 IP 报，在 RAS 处被封装为 PPPoE 帧，通过 DSLAM 送往用户。

远程用户在与 RAS 建立连接时，需要先建立起 PPPoE 连接，然后再建立起 PPP 连接。在建立 PPP 连接的时候，RAS 对用户身份进行验证。已经在电讯公司注册的计费用户将通过这个认证，开始使用 ADSL 提供的互联网接入服务。

RAS 在对用户身份进行验证时，要借助另外一台用户计费数据库服务器中的数据。RAS 提供一个以太网接口与用户计费数据库服务器相连接。在用户的通信过程中，RAS 还负责产生流量、连接时间长度等计费数据，保存到计费数据库中。

图 10.13　远程访问服务器(RAS)

RAS 通常配有三个以太网接口，分别接 DSLAM、网络出口路由器和计费数据库服务器(见图 10.13)。通常，一台 RAS 可支持 2 000～8 000 个并发用户数的 PPPoE 连接。RAS 转发在 Internet 和 ADSL 线路间的延迟通常在 $204.8\mu s$～$198.3\mu s$ 之间，提供 450Mbps 甚至更高的吞吐率。

远程访问服务器 RAS 汇聚了用户的 PPPoE 数据流，在 ADSL 和互联网之间实现帧报头更换的任务很重。因此，RAS 不能使用通用服务器。

为了提高 RAS 的数据报转发速度，远程访问服务器 RAS 需要专门的服务器硬件体系结构，如采用精简指令的分布式网络处理器、ASIC 芯片。专业的 RAS，其网络处理器采用专门针对电信网络设备而开发的专用处理器，有专门处理电信网络的各种协议和业务功能的指令集，可以大大提高设备的处理能力。同时，ASIC 芯片将 PPPoE 数据流的处理与转发分开，以尽量将转发过程的各个工作使用硬件来实现，高效率地实现报头拆卸与封装，以适应 ADSL 接入服务的吞吐量要求。

ADSL 互联网接入服务提供商完成对用户的管理与计费需要使用计费软件和计费数据库服务器。用户管理和后台计费远程接入服务器 RAS 和后台计费软件共同完成。RAS 进行计费用户认证、产生流量和上线时间等计费数据和执行计费软件的控制指令。

后台计费软件对计费数据库进行处理、提取计费数据、生成各种所需的计费结果报表和结算报表等。计费数据库安装于数据库服务器中。计费数据库根据 ISP 的规模，可以基于 ACCESS 小型数据库平台，也可以基于 ORACLE 这样的专业数据库平台。通常的规划中，多个 RAS 远程接入服务器共用一个计费数据库和一套计费软件。计费软件通常能够支持多达数十万个账户的管理和计费。

根据互联网接入服务的计费策略，可以采用包月制、时间计费、流量计费等方式。计费服务系统必须能提供按时间、按流量的计费标准，提供时间和流量上限控制、带宽切割、小区内和互联网接入分别计费等功能，以满足互联网接入服务的经营需求。

5) PPPoE 协议

ADSL 技术用于将用户数据报转发至互联网和将互联网数据报转发到用户计算机。ADSL 技术集中表现在用户计算机和电信运营商的接入服务器之间，在这之间的数据报传输使用了一个全新的链路层协议：PPPoE。

PPPoE 全称是 Point to Point Protocol over Ethernet（基于以太网的点对点通信协议）。PPPoE 是两个已经在广泛使用的协议的合成：局域网 Ethernet 和 PPP 点对点拨号协议。PPPoE 协议借助了以太网技术和 PPP 点对点连接技术，为 ADSL 实现了 MAC 地址寻址、以太网交换、PPP 拨号、用户验证、IP 分配等接入功能，为网络服务提供商和电信运营商提供可靠和熟悉的技术来部署高速互联网接入业务。

从图 10.14 可以看出，PPPoE 报头是由三部分组成，其两端是完整的以太网报头和 PPP 报头，中间有 6 个字节的 PPPoE 报头信息。PPPoE 封装也可以看做是对 PPP 数据报作了进一步的封装。由于前 14 个字节是标准的以太网帧报头，因此 PPPoE 数据报在以太网中传输的时候，以太网交换机、主机会把其当做一个标准的以太数据帧来处理。

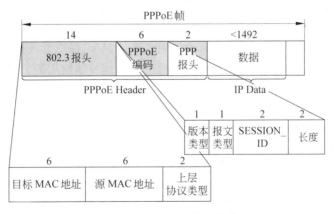

图 10.14　PPPoE 报文格式

PPPoE 这样封装数据报就成功地使用了 MAC 地址作为链路层地址。在图 10.15 中的访问服务器 RAS 与用户的主机之间靠 MAC 地址来互相识别，而不管它们的距离有多远。在用户主机开始寻找访问服务器 RAS 的时候，目标 MAC 地址为 0xFFFFFFFFFFFF 广播地址。这使得 DSLAM 中的内置交换机会把寻找访问服务器 RAS 的报文广播给所有访问服务器(RAS)。

用户主机从以太网报头的第三个字段"上层协议类型"中的编码 0x8863、0x8864 可以识别这是一个 PPPoE 封装的数据报(我们可以回忆,0x0800 是 IP 协议,0x0806 是 ARP 协议)。

6 个字节的 PPPoE 报头信息包括版本(PPPoE 规范版本定为 0x01)、类型(PPPoE 规范版本也定为 0x01)、PPPoE 报文类型编码、会话标识 ID 和报文长度。

PPPoE 报文类型码标识一个 PPPoE 帧是:用户主机发出的"RAS 发现请求"报(0x09)、RAS 回应的"发现响应"报(0x07)、用户主机发出的"PPPoE 服务请求"报(0x19)、"PPPoE 服务确认"报(0x65)、用户主机与访问服务器数据传输的 PPP 报(0x00)和"PPPoE 服务结束"报(0xa7)。用户主机或访问服务器 RAS 中的 PPPoE 程序如果看到此编码是 0x00,则不做任何处理便交给 PPP 程序。只有不是 0x00 编码的 PPPoE 报,PPPoE 程序才进行解读并作出响应。

PPPoE 报头信息中的最后一个字段是"长度"字段,用来标识 PPP 报的长度。

6) ADSL 接入服务的连接建立

用户通过 ADSL 接入互联网,首先要与电信运营商的访问服务器 RAS 建立连接,申请获得接入服务。这个工作是分两步进行的:访问服务器 RAS 发现;PPP 连接建立。

这两步工作,在 PPPoE 技术中被称为"访问服务器发现"阶段和"PPP 连接建立"阶段。"访问服务器 RAS 发现"的任务是选择一台电信运营商的访问服务器 RAS;让用户主机和访问服务器 RAS 相互发现对方的 MAC 地址;由访问服务器 RAS 为用户主机分配一个会话标识号(Session ID)。

上述工作的完成,PPPoE 为用户主机与访问服务器 RAS 建立 PPP 连接打下了基础。下面,"PPP 连接建立"的任务就是用户身份认证,并在访问服务器 RAS 中创建一个与用户主机通信的 PPP 进程。在访问服务器 RAS 和用户主机的内存中创建了一对 PPP 进程,两者之间就可以使用这一对进程进行数据传输了。

归纳起来,用户主机与电信运营商的访问服务器 RAS 建立起连接的标志是在访问服务器 RAS 和用户主机中开辟了一对用于其后进行数据传输使用的 PPP 进程。

7) 访问服务器发现与建立 PPP 连接

需要注意的是,"访问服务器发现"阶段结束后,访问服务器 RAS 和用户主机中都没有创建用于通信的进程(称这时双方处于无连接状态)。直到"PPP 连接建立"阶段的认证工作执行成功后,双方才创建了数据传输使用的 PPP 进程(称这时双方处于有连接状态)。

在数据传输的通信结束时,PPP 程序要拆除连接,删除数据传输使用的 PPP 进程;PPPoE 程序则释放所占用的会话标识号。

下面我们来看看"访问服务器发现"阶段和"PPP 连接建立"阶段的详细工作过程(参见图 10.15)。

在图 10.15 中的前 4 个报文,是"访问服务器发现"阶段用户与远程访问服务器 RAS 通信的数据报。

用户主机发出的第一个报文是"RAS 发现请求"(PADI 报)。这个报用来寻找能够提供 ADSL 接入服务的 RAS 服务器。PADI 是一个广播报,电信局端的所有 RAS 都能收

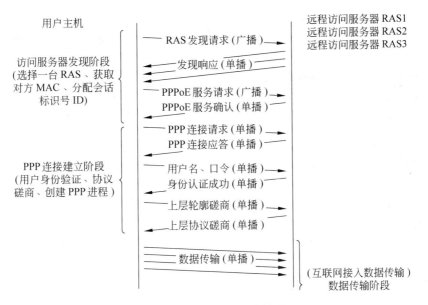

图 10.15　接入服务请求与应答的过程

到这个广播。几个或者全部的 RAS 会应答这个发现请求,发送"发现响应"报文(PADO 报)给用户主机,使用户主机知道自己的存在。

用户主机收到多个访问服务器的响应后,便会选择其中一个 RAS,向其发出"PPPoE 服务请求"报文(PADR 报),请求该访问服务器提供 PPPoE 的通信服务。收到"PPPoE 服务请求"的访问服务器将为这台用户主机提供 PPPoE 通信的服务。这时,访问服务器会为用户主机分配一个会话标识号,通过"PPPoE 服务确认"报文(PADS 报),确认为该用户计算机提供 PPPoE 通信服务。

经过上述两组 4 个 PPPoE 数据报的交换,用户主机便选择好了访问服务器,用户主机和访问服务器互相知道了对方的 MAC 地址,同时确定了双方连接的会话标识号,为进一步建立 PPP 连接打下了基础。

在"访问服务器发现"阶段的 4 个 PPPoE 数据报交换中,MAC 地址的使用是非常重要的。在第一个报文(PADI 包)中,PPPoE 帧报头中第一个字段(目标主机地址)放置的是广播 MAC 地址,这使得 DSLAM 中的内置交换机会以广播的方式把 PADI 包送给所有访问服务器 RAS。同时,RAS 也获得了用户主机的 MAC 地址。当 RAS 响应用户主机的请求,回送"发现响应"报文(PADO 包)给用户主机时,即将 RAS 自己的 MAC 地址告知了用户主机。

PPPoE 连接建立成功,并不代表访问服务器同意为用户提供互联网接入服务。需要使用 PPP 的用户身份认证成功后,访问服务器才会在双方建立的 PPP 连接上传输数据。因此,在 PPPoE 连接建立成功后,用户主机和访问服务器双方要进入 PPP 会话阶段,以建立 PPP 的连接。

"PPP 连接建立"阶段,用户主机与访问服务器 RAS 之间的会话与标准的 PPP 连接建立过程中的会话没有什么区别,包括 PPP 建立连接请求与应答、线路质量检测、用户身份认证、上层协议磋商等报文的交换。在用户身份验证成功后,访问服务器 RAS 将同意与用户主机建立 PPP 连接。当访问服务器 RAS 与用户主机中创建好 PPP 通信进程后,ADSL 数据传输的准备工作就完成了。

8) PPPoE 的通信数据传输

当访问服务器 RAS 与用户主机建立起 PPP 连接以后,就标志着可以进行互联网接入服务的数据传输了。

发往互联网的报文在用户主机封装成 PPPoE 帧传送给访问服务器 RAS。RAS 拆除 PPPoE 报头后,换上 802.3 报头,封装成 802.3 帧传送给互联网接入路由器,送入互联网。来自互联网的数据报在 RAS 封装成 PPPoE 帧,传送给用户主机。

应用层程序将需要发送的数据交 TCP 程序、IP 程序进行数据报分段、报头封装后交 PPP 进程封装成 PPP 数据帧。PPP 帧被交给 PPPoE 程序,加上 PPPoE 报文类型码 (Code)、会话标识号、PPP 帧长度等信息。加上 6 个字节的 PPPoE 信息后,数据帧将最后送到 802.3 程序,封装上标准的 14 个字节的 802.3 报头,成为外表是 802.3 帧的 PPPoE 数据帧,发送给 ADSL Modem。

PPPoE 数据帧到达访问服务器 RAS 后,访问服务器 RAS 简单地更换报头,封装成 802.3 帧传送给互联网接入路由器。

会话标识号在 RAS 处是非常重要的。RAS 靠会话标识号、用户主机的 MAC 地址封装来自互联网的数据报。同时,会话标识号还为 RAS 生成计费信息提供标识。

在"接入服务器发现"阶段的 4 个数据报,其 PPPoE 报头中的报文码依次是:0x09、0x07、0x19、0x65。发现阶段结束,进入 PPP 会话阶段后,所有 PPPoE 报头中的报文码将填写为 0x00。

10.2.3 电缆调制解调器

我国与其他发达国家比较起来,有线电视的普及率最高,到 2003 年已经接近 1 亿用户,我国已经成为世界第一大有线电视网。这样一个城市最宝贵的资源用于互联网的宽带接入具有广泛的应用前景。

电缆调制解调器(Cable Modem)是一种可以通过有线电视网络进行高速数据接入的技术。有线电视使用的同轴电缆通常具有 550MHz 的频响特性,一些新建小区的电视电缆达到了 700MHz,甚至 900MHz,远远超过电话电缆 2kHz 的频带宽度,因此非常适合传输数据。

Cable Modem 技术在互联网接入中,提供双向的高速数据传输,而不影响电视节目的传送。Cable Modem 技术的下行速率可达 30Mbps,上行传输速率为 512kb/s~2.048Mbps。原来用 ISDN 需要 2min 从互联网下载的数据,使用 Cable Modem 只需要 2s 就可以完成。

1) Cable Modem 的体系结构

Cable Modem 是一种可以通过有线电视网络进行高速数据接入的装置。Cable Modem 在两个不同的方向上接收和发送数据,把连接互联网的上、下行数字信号用不同的调制方式调制在双向传输的某一个 8MHz(PAL-D)或 6MHz(NTSC)带宽的电视频道上,通过双向光纤电缆混合网(hybrid fiber coaxial,HFC)网络进行传输。

有线电视电缆通常为 750M 带宽,在 PAL 制式下,每个普通频道使用 8M 带宽。Cable Modem 可以占用其中的一个或多个频道传输数据信号。Cable Modem 把上行的数字信号转换成模拟射频信号,类似电视信号,所以能在有线电视网上传送。接收下行信号时,Cable Modem 把它转换为数字信号,以便计算机处理。

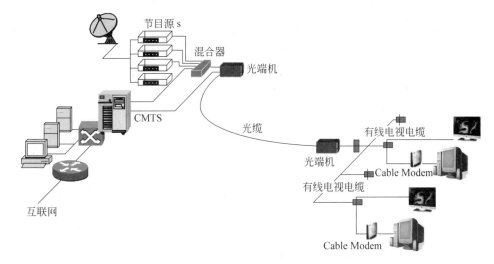

图 10.16　在有线电视 HFC 网中 Cable Modem 的体系结构

在有线电视前端,Cable Modem 终端系统(Cable Modem Terminate System,CMTS)接收来自互联网的下行数据,转换成模拟射频信号后,与电视节目信号混合,通过光发射机、光缆、光节点机、电视电缆,传送到用户的 Cable Modem。来自用户的上行数据,在用户小区的前端被滤波器件从电视电缆中取出,通过光节点机、光缆、反向光收机,送到 Cable Modem 终端系统 CMTS,解调后送入互联网。

Cable Modem 的传输速度一般可达 3～50Mbps,距离可以是 100km 甚至更远。Cable Modem 终端系统(CMTS)能和所有的 Cable Modem 通信,但是 Cable Modem 只能和 CMTS 通信。如果两个 Cable Modem 需要通信,那么必须由 CMTS 转播信息。

比较 Cable Modem 和 ADSL 两种不同的体系结构,ADSL 技术的用户与前端的通信为点对点方式,前端需为每一个拨入的用户提供一个接口电路,因此前端设备会随着用户数量的增加而增加。而用有线电视电缆传输数据,用户与前端的通信为总线方式,一台前端设备可为多个用户提供服务。例如,CMTS 前端是使用一个 8MHz 带宽作为500～2 000 个Cable Modem 用户的下行信道。因此我们强调,ADSL 体系结构采用点对点方式,在 Cable Modem 的体系结构中,采用总线共享的方式。

2) Cable Modem 的信号调制方法

如前所述,连接互联网的上、下行数字信号各占用一个或多个普通频道8M 带宽。Cable Modem 技术中,上、下行信号采用不同的调制方法。其下行信号采用 64QAM 调制,传输速率能达到 30.342Mbps。由于有线电视 HFC 网络的上行信号有噪声汇聚的问题,Cable Modem 技术的上行信号采用低速的 QPSK 或 16QAM 调制技术。如果使用

QPSK 四相相移键控(Quaternary Phase Shift Keying),上行传输速率为 320～512kb/s。如果使用 16QAM 调制技术,上行传输速率在 640kb/s～2.048Mbps 之间。

QPSK 或 16QAM 调制技术虽然传输速度远低于 64QAM,但是能大幅提高系统的抗干扰能力。GY/T106 广播电视技术规范行业标准规定,在有线电视 HFC 网中,5～65MHz 为上行频率配置;65～87MHz 为过渡频率带;87～108MHz 为调频广播范围;108～1 000MHz 为模拟、数字、数据业务下行带宽。在我国,108～1 000MHz 下行带宽里,有线电视公司通常使用 108～550MHz 传输模拟电视信号,550～650MHz 传输 VOD(视频点播)信号,650～750MHz 传输数据通信信号。

因此,Cable Modem 技术通常在 5～65MHz 频带内开辟一个 8MHz 带宽(比如 36～44MHz),传输向互联网的上行数据信号。来自互联网的下行数据信号在 108～750MHz 中使用 8MHz 带宽(如选择中心频率为 251MHz)进行传输。

3) DOCSIS 和 IEEE 802.14

Cable Modem 技术中,链路层标准通常使用 DOCSIS 或 IEEE 802.14,如图 10.17 所示。

图 10.17　在有线电视网上传输 IP 数据报

在互联网和用户终端之间的 TCP/IP 数据报,在 HFC 网络中,链路层的控制和数据帧封装使用的是 DOCSIS 协议标准或 IEEE 802.14 协议标准。DOCSIS 和 IEEE 802.14 协议标准是分别由 MCNS 和 IEEE 两个组织制定的链路层标准。

MCNS 是由北美的多个有线电视服务运营商(Multi Cable Service Operators)组成的一个协会,这些运营商包括 Comcast、Time Warner、TCI、MediaOne、Cox、Rogers Cablelabs 和 Cablesystems 等。由于 IEEE 802.14 工作组制定在有线电视网上传输 TCP/IP 数据数据的标准进展太慢,在耐心等待一年多以后,这些 Cable 服务运营商决定开发自己的标准,以加快市场的开拓。

4) 上、下行信道的使用方式

Cable Modem 技术中的下行信道采用队列的方式,将来自互联网的数据帧依次(或遵循 QoS 的策略)发送到共享下行信道中。通过 DOCSIS 报头中 802.3 报头部分的目标 MAC 地址指明了数据报是发给哪个 Cable Modem 的,由目标 Cable Modem 抄收。

Cable Modem 技术中上行信道的使用方式比较复杂。在上行通道中,Cable Modem 技术采用时分多路复用的方式,将整个通道分成多个时间片,轮流为各个用户传输数据使用。前端设备 CMTS 会根据用户的多少、需要传输的数据量,动态为每个 Cable Modem 用户分配时间片。每个 Cable Modem 会根据 CMTS 的通知,得知自己该使用哪些时间片传输上行数据。

上行带宽的分配机制是按 TDMA 方式,将上行传输时间轴分成很多时间片,每个时间片都是微隙的整数倍。也就是说,微时隙是上行传输中的颗粒单元,其长度是 DOCSIS 中规定的 6.25ms 增量的整数倍。

5）Cable Modem 启动时与 CMTS 建立连接的过程

图 10.18 显示的是 Cable Modem 的外观。

Cable Modem 上电后需要与 CMTS 建立起连接才能在两者之间传输数据。Cable Modem 在传输数据之间需要建立连接，称为 Cable Modem 的初始化。Cable Modem 的初始化是经过与CMTS 的一系列交互过程实现的。

Cable Modem 加电工作后并不知道前端电缆调制终端设备CMTS 使用哪个频道作为下行信道。CMTS 会周期性地向网络中播送开播信息上行信道描述符（upstream channel descriptor，UCD），以便 Cable Modem 找到下行频率。因此，Cable Modem 加电工作后，首先根据 CMTS 播送的开播信息 UCD 搜索下行频率。

图 10.18　Cable Modem
的外观

Cable Modem 有一个存储器（non volatile storage），其中存放上次的操作参数，包括上次找到的下行信道参数。Cable Modem 将首先尝试重新获得存储的那个下行信道。如果尝试失败，CM 将连续地对下行信道进行扫描，直到发现一个有效的下行信号。

Cable Modem 找到下行频率，就找到了本电视电缆网络使用的下行频道。根据CMTS 按周期性送来的 UCD 信息，确定 QAM 调制的定时同步，锁定数据频道。从下行的 UCD 信息中确定上行通道（上行通道的频率、上行电平数值、上行频道数据调制方式、纠错格式和符号率等）。然后，Cable Modem 扫描上行的空时间片，并利用空时间片向CMTS 发出连接申请报文。当 CMTS 接收到连接申请后，要对 Cable Modem 的 MAC 地址进行比较，以确认该 Cable Modem 是否已在 MAC 地址中登录（每一台 Cable Modem在使用前，都需在前端登记）。如果 Cable Modem 身份校验合格，CMTS 发出测距和功率校正信息，调整 CM 在上行传输中使用的功率和时间偏移。

再后，CMTS 向 Cable Modem 发连接信息报。发出的连接信息中分配了连接 ID、上行时间片数的分配、访问模式（争用/非争用（固定速率）/预订）。Cable Modem 使用动态主机配置协议（DHCP），从 DHCP 服务器上获得分配给它的 IP 地址。另外，DHCP 服务器的响应中还必须包括一个包含配置参数文件的文件名、放置这些文件的 TFTP 服务器的 IP 地址、时间服务器的 IP 地址等信息。

Cable Modem 也要发回连接响应信息，使 CMTS 确认 Cable Modem 收到了连接信息。

最后，Cable Modem 在受权的频道指定的时间片中发送数据。

10.2.4　3G 无线接入

"3G"是英文 3rd Generation 的缩写，指第三代移动通信技术，由国际电讯联盟在1985 年提出。我国的 3G 网络分为中国移动的 TD-SCDMA、中国电信的 CDMA2000 和中国联通的 WCDMA 三大网络。3G 网络组成的中国移动互联网（CMNET）通过网络交换点（NAP）与我国的其他互联网骨干网互联，成为我国互联网骨干网的重要组成部分。

通过 3G 无线信号传输，将计算机终端与 3G 网络连接，进而接入互联网，这种接入方式被称为 3G 无线接入。

如图 10.19 所示,在 3G 无线接入方式下,计算机通过 3G 无线网卡将报文发送给移动通信基站,传输到移动无线网络控制器 RNC(Radio Network Controller)。RNC 是第三代(3G)无线网络中的主要设备,是接入网络的组成部分。报文经 RNC 经 SGSN/GGSN(GPRS 网关)进入中国移动互联网(CMNET)。中国移动互联网(CMNET)与中国互联网(CHINANET)等骨干网是通过网络交换点 NAP 互联的,因此接入了互联网。

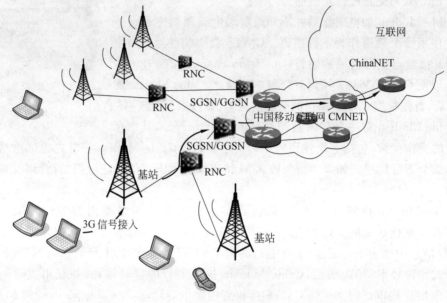

图 10.19　3G 无线接入

根据 IMT-2000 标准规范,3G 通信工作频段在 2 000 MHz 左右,最高业务速率为 2Gbps。因此,使用 3G 无线接入,接入的无线链路可获得 2Gbps 的传输速度。

3G 无线网卡采用 USB 接口与计算机连接,如图 10.20 所示。

图 10.20　3G 无线上网产品

目前,世界上有 4 种 3G 标准,分别是 WCDMA、CDMA2000、TD-SCDMA 和 WIMAX,我国准入的是前三种。3G 无线网卡也分为 WCDMA、CDMA2000 和 TD-SCDMA 三种标准,分别用于联通、电信和移动的网络接入。在 3G 无线网卡还需要放置资费卡(3G-SIM 卡)。3G 资费卡与手机资费卡的功能相同,用于在移动公司注册、结算,只不过 3G 资费卡只能用于上网,不能用于打电话。

由于 3G 的链路层技术种类较多,技术变迁频繁,涉及很多无线通信理论,所以本书不准备进行详细阐述。随着技术上的不断改进,3G 技术将越来越成熟。与此同时,随着中国移动互联网(CMNET)的建设,3G 互联网接入的市场、商业模式、产品成熟度和性能等方面也会不断发展,通过 3G 网络接入互联网将会成为非常普及的接入方式。

10.3 局域网的互联网接入

局域网通常需要通过光缆、ADSL 线路或 Cable Modem 线路接入互联网。可以通过三种方式实现这种接入:通过代理服务器;通过接入路由器;通过带路由器功能的 ADSL Modem 或 Cable Modem。

将一台安装了两块网卡的计算机安装上代理服务器软件,在局域网中构建一台互联网接入的代理服务器,其他客户机通过这台代理服务器上网。在这种方式下,代理服务器上的一块网卡通过 UTP 电缆连接 ADSL Modem,另外一块网卡接入局域网中。常见的代理服务器软件有 Wingate、Sygate 等。

由于专门为通过光缆宽带、ADSL 线路或 Cable Modem 线路接入互联网的路由器价格便宜,部署简单,功能完备,因此,大部分局域网都使用接入路由器接入互联网。

10.3.1 接入路由器

使用 ADSL/Cable 路由器将局域网接入互联网的方式如图 10.21 所示。

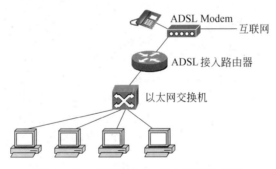

图 10.21 ADSL/Cable 路由器接入方式

ADSL/Cable 路由器扮演着为局域网中计算机接入互联网的数据转发代理服务器的功能。ADSL/Cable 路由器能够完成与 ISP 端的远程访问服务器 RAS 的 PPPoE 连接、注册认证等功能,而局域网中的计算机不再需要 PPPoE 的数据传输。局域网中的计算机只需要将自己的默认网关设置为 ADSL/Cable 路由器,采用 802.3 方式向 ADSL/Cable 路由器发送数据报或接收数据报。

1) ADSL/Cable 路由器的主要功能

(1) 为局域网与互联网之间的连接转发数据报;

(2) 建立防火墙防止黑客入侵;

(3) 可建立包过滤机制,控制对互联网的访问;

（4）可同时作为 DHCP 服务器和用户端；

（5）通常还内建多个 10/100M 交换机端口。

2）ADSL/Cable 路由器的基本构造

如前所述，ADSL/Cable 路由器通常都内装一个端口数量有限的小交换机，同时还安装了防火墙软件、DHCP 服务器软件。

如图 10.22 所示的 EA-2204 型 ADSL 路由器有一个广域网接口、四个以太网端口和一个 RS232 串行接口。广域网接口用于连接 ADSL Modem。四个以太网端口可以直接接入四台计算机，为其提供互联网接入服务。对于设备较多的网络，以太网端口需要用来接局域网内部的交换机。本例中的 EA-2204 型 ADSL 路由器还设计了一个 RS232 串行接口，用于电话 Modem 或 ISDN Modem 的连接（见图 10.23）。

图 10.22　中国台湾产 EA-2204 型 ADSL/Cable 路由器

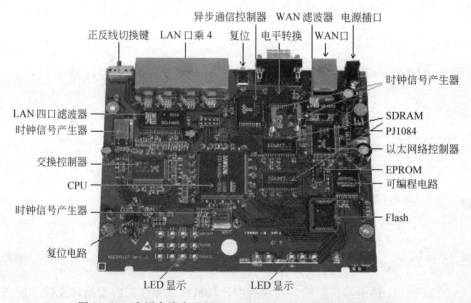

图 10.23　中国台湾产 EA-2204 型 ADSL/Cable 路由器的构造

3）ADSL/Cable 路由器的配置方法

ADSL/Cable 路由器通常都预设自己的局域网络 IP 地址。比如中国台湾的 EA-2204 将自己设为 192.168.2.1。因此，用户局域网内的主机的 IP 地址需要与 ADSL/Cable 路由器在同一个 IP 网络内。比如，如果 ADSL/Cable 路由器的出厂默认 IP 地址是 192.168.2.1，则局域网中的其他主机应该设置在 192.168.2.0 网络上，网关设置为：192.168.1.1，子网掩码为：255.255.255.0。

如果用户的局域网需要更换网络地址，可以先把某台计算机设置成 ADSL/Cable 路由器默认网络中的一台主机,进入路由器的设置页面更改路由器的 IP 地址为自己需要的网络上的 IP。

由于 ADSL/Cable 路由器通常采用 C 类地址,所以,通过 ADSL 路由器组建局域网,理论上最多可以连接 253 台计算机(255-网络地址-广播地址-路由器地址)。

ADSL/Cable 路由器都内置有 Web 界面的配置程序,用户通过浏览器输入路由器的 IP 地址(如 http://192.168.2.1),就可以打开配置 Web 页面,进行所需要的设置(见图 10.24)。

图 10.24　进入 ADSL/Cable 路由器的配置页面

路由器的配置页面中通常包含下列内容:

(1) 联网设置:局域网端口 IP 地址、ADSL 固定 IP、PPPoE/Cable 设置、拨号设置。

(2) 管理设置:DHCP 设置、防火墙设置、安全策略设置、静态和动态路由设置。

(3) 路由器管理工具:入侵检测、路由表显示、联机信息、存储器设定。

(4) 路由器信息。

(5) 帮助信息。

路由器的功能越多,路由器配置页面中的配置项和内容就越多,因路由器而定。下面介绍 ADSL/Cable 路由器的主要设置内容。

(1) PPPoE/Cable 设置

首先,在 PPPoE 设置中选择"Enable",声明启用 PPPoE 协议程序。

然后,输入 ISP 分配给的账号和密码。

有时候,在 PPPoE 设置中还需要选择身份认证方式:PAP 或 CHAP。选择哪种身份认证方式,需要询问连接服务商(ISP)。

(2) DHCP 设置

ADSL/Cable 路由器通常内置 DHCP 服务器程序,可以为网络提供 DHCP 服务。如果局域网中的主机设置成动态获取 IP 地址,ADSL/Cable 路由器的内置 DHCP 服务器可以提供网络中各主机的动态 TCP/IP 配置服务。

如果需要 ADSL/Cable 路由器开启 DHCP 服务,需要进入路由器的 DHCP 设置页面,输入可以分配给主机的 IP 地址范围(如 192.168.1.2-192.168.1.254)和 DNS 的地址。

(3) ADSL 固定 IP 设置

连接服务商 ISP 可能为一个 ADSL 线路用户端的 DTE(这里是 ADSL/Cable 路由器)动态分配 IP 地址,也可能给定一个固定 IP 地址。

ADSL/Cable 路由器出厂默认设置是动态获取 IP 地址。如果 ISP 为用户端给定一个固定 IP 地址,则需要在 Web 配置页面中设置这个地址。

(4) 局域网端口 IP 地址

ADSL/Cable 路由器出厂时都在 192.168.x.0 网络上预先设置一个自己的 IP 地址,

以便用户能够进入自己的 Web 设置页面。通过重新设置路由器的局域网端口 IP 地址，可以使 ADSL/Cable 路由器加入用户的局域网网段。

不过，一般的局域网都选择动态分配 IP 地址，因此对路由器的出厂默认地址不需要更改。

（5）防火墙设置

ADSL/Cable 路由器大多配备了防火墙，需要通过设置打开防火墙（见图 10.25）。

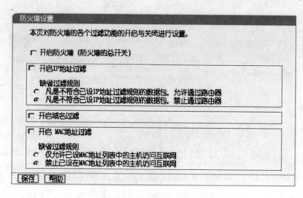

图 10.25　防火墙设置

（6）用户安全策略设置

可能出于不同的原因，需要对内部局域网的上网操作开放不同的权限。比如只允许登录某些网站、只能收发 E-mail、一部分有限制一部分不限制。用户在这方面的需求差异较大，有些通过路由器可以实现，有些用路由器是没办法完全实现的，比如"IP 地址和网卡地址绑定"这个功能，路由器不能完全做到。

数据包包含一些参数，如源 IP、目的 IP、源端口、目的端口等；路由器正是通过对这些参数的限制，来达到控制内部局域网的计算机不同上网权限的目的（见图 10.26）。

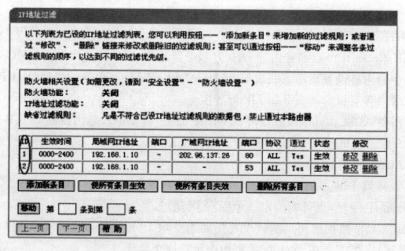

图 10.26　用户安全策略设置

10.3.2 网络地址转换

我们在第 5 章了解到,IP 地址分为内部 IP(私有 IP)和外部 IP(公共 IP)。内部 IP 地址用于局域网中,外部 IP 地址用于互联网中。RFC1918 文件分别在 A、B、C 类地址中指定了三个地址范围作为内部 IP 地址(1 个 A 类地址段,16 个 B 类地址段,256 个 C 类地址段),如图 10.27 所示。

RFC 1918留出的内部 IP 地址范围	
Class A	10.0.0.0-10.255.255.255
Class B	172.16.0.0-172.31.255.255
Class C	192.168.0.0-192.168.255.255

图 10.27　内部 IP 地址范围

但是,非注册的内部 IP 地址只能在局域网中使用,不能用在互联网中。互联网中的通信转发节点将丢弃使用内部 IP 地址的报文包。因此,内网中使用内部 IP 地址的主机在将报文发送至互联网时,需要将非注册的内部 IP 地址转换为互联网中可以识别的注册的外部 IP 地址。这个转换过程称为网络地址转换(network address translation,NAT),通常使用路由器来执行 NAT 转换。我们将在后面的章节介绍网络地址转换(NAT)。网络地址转换通常在内网与外网的交界处,边界路由器上进行,如图 10.28 所示。

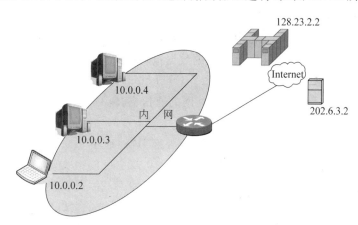

图 10.28　在边界路由器上加装地址转换(NAT)

如果在边界路由器上加装地址转换程序(network address translation,NAT),每当在内部网络的主机需要连接外网时,NAT 就会隐藏其源 IP 地址,并动态分配一个外部 IP 地址来取代。这样,外部用户就无法得知你的内部网络的地址,这个转换内部网络 IP 地址的动作就叫做网络地址转换(NAT)。

当内网主机 10.0.0.2 需要访问外网主机 202.6.3.2,数据报在流经路由器时,路由器中的 NAT 程序会将数据报头里的源 IP 地址 10.0.0.2 更换为某个外部的 IP 地址,如179.9.8.20。并将转换情况保存到自己内存中如表 10.1 所示的 NAT 表中。外部主机

202.6.3.2 发往内网主机 10.0.0.2 的数据报中,其目标 IP 地址会是 179.9.8.20,而不是 10.0.0.2,因为它不知道 10.0.0.2 这个真实地址。从外网来的数据报,路由器中的 NAT 程序通过查 NAT 表,会更换目标地址为内网 IP 地址 10.0.0.2,再发送到内网中。

表 10.1   NAT 表

外部全球 IP 地址	内部本地 IP 地址	外部全球 IP 地址	内部本地 IP 地址
179.9.8.20	10.0.0.2	179.9.8.22	
179.9.8.21	10.0.0.4	179.9.8.23	

通过表 10.1 还可以看到 10.0.0.4 主机的数据报,源 IP 地址 10.0.0.4 已经被更换为外部的 IP 地址 179.9.8.21。

地址转换 NAT 技术常用于没有足够外部 IP 地址的内网地址分配。例如,一个单位只申请到 100 个外部 IP 地址,可是内网中有数千台主机需要连接到互联网。使用 NAT 技术,就可以在内网中使用内部 IP 地址。当数据报需要流出内网时,由 NAT 负责将源 IP 地址更换为互联网中合法的外部 IP 地址。当连接结束后,外部 IP 地址将被 NAT 程序收回,以备其他主机在与互联网通信时使用。

使用 NAT 地址转换,内网对外隐藏了内部管理的 IP 地址。在局域网内部使用非注册的 IP 地址,需要访问互联网时,将它们转换为一小部分外部注册的 IP 地址,从而减少了 IP 地址注册的费用并节省了目前越来越缺乏的互联网地址空间。同时,NAT 隐藏了内部网络结构,从而降低了内部网络受到攻击的风险。可见,地址转换 NAT 技术的使用,也为网络提供了一种安全手段。

NAT 程序的工作,需要在路由器上为其配置一定的外部 IP 地址。当外部 IP 地址被全部占用的时候,无法分到外部 IP 地址的数据报将被终止传输。

一种名为端口地址转换(port address translation,PAT)的技术可以使用更少的外部 IP 地址,为更多的内网主机同时提供与外网的通信支持。极限的情况,用一个外部 IP 地址就可以为内网主机提供支持。

在表 10.2 的例子中,内网只配置了一个外部 IP 地址 179.9.8.20。内网的主机只能以这个注册了的外部地址连接互联网。当 10.0.0.2 主机的报文流出内网时,PAT 将 IP 报头中的源 IP 地址 10.0.0.2(内部地址)换为 179.9.8.20(外部地址),同时,将 TCP 报头中的端口地址 1331 重新编号为 4001。这时,若 10.0.0.3 主机同时访问外网,PAT 仍然使用 179.9.8.20 这个唯一的外部 IP 地址进行地址转换,但是 TCP 报头中的端口地址 3520 将被重新编号为 4002。可以想象,来自互联网的报文,IP 报头中的目标 IP 地址将都是 179.9.8.20。如何区分报文是发给内网哪台主机的呢?PAT 可以非常容易地通过 PAT 表查询得到。如收到的报文目标 IP 是 179.9.8.20,目标端口号是 4003,通过 PAT 表马上可以查出报文的目标主机是 100.0.0.3。PAT 会将目标 IP 地址 179.9.8.20(外部地址)还原回 10.0.0.3(内部地址),同时,将目标端口地址从 4003 还原为 1577。

可见,虽然一个局域网只配备了一个外部 IP 地址,PAT 仍能够很好地用端口地址来判断是哪一个主机的报文包。端口地址转换(PAT)最大限度地节省了互联网的 IP 地址。

表 10.2　PAT 地址转换

外部全球 IP 地址	内部本地 IP 地址	外部全球 IP 地址	内部本地 IP 地址
179. 9. 8. 20：4001	10. 0. 0. 2：1331	179. 9. 8. 20：4003	10. 0. 0. 3：1577
179. 9. 8. 20：4002	10. 0. 0. 4：3520		

小结

互联网技术可以说是最为热门的技术之一。互联网的概念由通信网络和内容与服务两个部分组成。我们可以把互联网的通信网络划分为两个部分：骨干网和接入线路。

接入线路是终端用户与骨干网络之间的连接部分。与骨干网速度的快速提升同步，接入线路建设也在高速进行中。目前，接入线路的建设投资约占互联网信息网络基础设施总投资的一半以上，接入技术有了很大的发展，宽带接入技术日趋成熟。无论是电讯运营商的电话线接入方式，还是有线电视运营商的 HFC 方式，或是 FTTB＋LAN 组网方式，都是实用的技术方案。在目前和今后的一段时间内，将出现三者并存、相互补充又相互竞争的局面。不同地区、不同用户、不同层次的互联网接入对象，在具体选择接入方案时，应视具体情况，全面地综合考虑现有的成熟技术和未来发展，选择并实施合理的接入方案。

本章介绍的网络地址转换技术(NAT)用于内网使用了内部 IP 地址的场合。使用网络地址转换 NAT 或 PAT，可以大大减少需要在互联网注册的外部 IP 地址，是现在使用非常普遍的技术。同时，通过地址转换，使得互联网对内部网络不可视，从而降低了内部网络受外部网络攻击的风险。

第 11 章　网络管理与网络安全

网络管理需要完成的主要任务是监视网络设备的运转、判断网络运行质量、进行故障诊断与排除和重新配置网络设备。一个高效工作的网络离不开有效的网络管理,网络管理是重要的网络技术之一。

在进行网络管理的同时,还需要使用专门的技术来确保网络安全,以防对网络的恶意攻击,避免数据信息泄露。本章将针对上述任务介绍常用的网络管理技术和网络安全技术。

11.1　网络管理

当前计算机网络的发展特点是规模不断扩大,复杂性不断增加,异构性越来越高。一个网络往往由若干个大大小小的子网组成,集成了多种网络系统(NOS)平台,并且包括不同厂家、公司的网络设备和通信设备等。同时,网络中还有许多网络软件提供各种服务,随着用户对网络性能要求的提高,如果没有一个高效的管理系统对网络系统进行管理,将很难保证用户获得令人满意的服务。

作为一种很重要的技术,网络管理对网络的发展具有重要的影响,并已成为现代信息网络技术中最重要的问题之一。

11.1.1　什么是网络管理

1. 网络管理

一般来说,网络管理就是通过某种方式对网络状态进行调整,使网络能正常、高效地运行。其目的很明确,就是使网络中的各种资源得到更加高效的利用,当网络出现故障时能及时做出报告和处理,并协调、保持网络的高效运行等。

网络系统规模的日益扩大和网络应用水平的不断提高,使得网络的维护成为网络管理的重要问题之一。一方面,人们对于如何保证网络的安全组织网络高效运行提出了迫切的要求;另一方面,计算机网络日益庞大,使管理更加复杂。这主要表现在如下几个方面:网络覆盖范围越来越大;网络用户数目不断增加;网络共享数据量剧增;网络通信量剧增;网络应用软件类型不断增加;网络对不同操作系统的兼容性要求不断提高。

2. 网络管理功能

国际标准化组织(ISO)为网络管理定义了 5 个最基本的功能:故障管理、配置管理、安全管理、性能管理和计费管理。

(1) 故障管理

故障管理是指对故障的检测、诊断、恢复或排除等措施进行管理,其目的是保证网络连续、可靠的服务。故障管理接收故障报告、发起纠正动作，但纠正动作一般是通过配置管理设施或操作员干预来实现的。

故障管理的内容包括检测被管理对象的差错、接收差错通知，利用空余设备或迂回路由提供新的网络资源用于服务、差错日志库的创建与维护，并对差错日志进行分析，决定检测到差错后应采取的动作，进行诊断、测试，以便跟踪和识别故障以及排除故障等。

（2）配置管理

配置管理就是用来定义、识别、初始化、控制和检测通信网中的被管理对象的功能集合。具体内容包括：鉴别所有的被管理对象，给每个被管理对象分配名字；定义新的被管理对象，删除不需要的被管理对象；设置被管理对象属性的初始值；处理被管理对象之间的关系；改变被管理对象的操作特性，报告被管理对象状态的变化。

（3）安全管理

安全管理主要是为了防止网络资源被非法使用。安全管理的主要内容包括：分发与安全措施有关的信息，如密钥的分发、访问优先权的设置等；发出与安全有关事件的通知，如网络有非法入侵、无权用户企图访问特定信息等；创建、控制和删除与安全有关的服务和设施；记录、维护和查询安全日志，以便对安全进行追查等事后分析。

（4）性能管理

性能管理是收集网络性能数据，分析、调整管理对象，其目的是在使用最少网络资源和具有最小延时的条件下，网络提供可靠、连续的通信能力。具体内容包括：从被管理对象中收集网络性能数据，记录和维护历史数据；对当前数据进行统计分析，检测性能故障，产生性能报警和报告性能事件；将当前数据统计分析结果与历史模型进行比较，进行趋势预测；形成和改进网络性能评价准则，以性能管理为目标，改进网络操作模式。

（5）计费管理

自动记录用户使用网络资源和时间的情况，并核收费用。用户使用网络资源的计费方法有多种，如主叫付费，或主叫和被叫分担费用。不同的资源收费标准也不一样，不同的用户对服务的要求也不相同。应该让用户能根据自己的需要和费用选择适当的服务。因此，需要自动化管理系统的支持。

3. 网络管理参考模型

在网络管理系统中，一般采用管理者—代理的管理模型，如图11.1所示。

管理者负责发出管理操作命令，并接收来自代理的信息。它可以是工作站、微机等。

代理是驻留在被管理设备中的软件模块，被管理设备可以是工作站、个人计算机、网络打印机、交换机、路由器、防火墙等。

管理者将管理要求通过管理操作指令传送给被管理系统中的代理，代理则接管被管理设备。代理根据管理者的命令完成对被管理设备的管理操作，代理也接受管理者的查询，代理还能够把自身系统中发生的特定事件主动地通知管理者。

4. 网络管理协议

网络管理协议是指管理者和代理者之间通信的标准。目前主流的网络管理协议有以下几个。

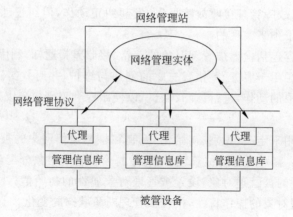

图 11.1　管理者—代理管理模型

（1）SNMP 协议

基于 TCP/IP 网络的简单网络管理协议（SNMP）为网络管理系统提供了底层网络管理框架。SNMP 是流传最广、应用最多、获得支持最广泛的一个网络管理协议。它的一个主要优点是简单性，因而比较容易在大型网络中实现。它代表了网络管理系统实现的一个很重要的原则，即网络管理功能的实现对网络正常功能的影响越小越好。扩展性是 SNMP 的又一个优点。由于其简单化的设计，用户可以很容易地对其进行修改来满足自己特定的需要。

SNMP 经历了两次版本升级，现在的最新版本是 SNMP v3。在前两个版本中，SNMP 的功能都得到了极大的增强，而在最新的版本中，SNMP 在安全性方面有了很大的改善，其缺乏安全性的弱点正逐渐得到克服。

（2）CMIS/CMIP 协议

公共管理信息服务/公共管理信息协议（CMIS/CMIP）是 OSI 提供的网络管理协议簇，它意在为所有设备在 OSI 参考模型的每一层提供一个公共网络结构。CMIS 定义了每个网络组成部分提供的网络管理服务，CMIP 则是实现 CMIS 服务的协议。

CMIS/CMIP 的功能和结构与 SNMP 不同。SNMP 是按照简单和易于实现的原则设计的，而 CMIS/CMIP 则能够提供支持一个完整网络管理方案所需的功能。作为一个分布式的网络管理解决方案，CMIP 最大的优点在于它的每一个变量不仅传递消息，还完成一定的网络管理任务，并且拥有验证、访问控制和安全日志等一整套安全管理方法。但是 CMIP 也有缺点，比如它的管理信息库太过复杂，对硬件要求高；另外，由于 CMIS/CMIP 构架在 OSI 之上，缺乏运行的基础。

（3）RMON 协议

RMON 是远程监控，是用于分布式监视网络通信的工业标准。RMON 协议广泛应用于路由器、网管型交换机等设备中。

RMON 探测器和 RMON 客户机软件结合在一起，就可以在网络环境中实施 RMON。这样就不需要管理程序不停地轮询才能生成一个有关网络运行状况的趋势图。当一个探测器发现一个网段处于一种不正常状态时，它会主动与在中心网络控制台的

RMON 客户应用程序联系,并转发描述不正常状况的信息。

(4) AgentX(扩展代理)协议

AgentX 协议为代理的扩展提供了一个标准的解决方法,使得各子代理将它们的职责信息通告给主代理。每一个符合 AgentX 的子代理运行在各自的进程空间里,因此比采用单个完整的 SNMP 代理具有更好的稳定性。另外,通过 AgentX 协议能够访问它们的内部状态,进而管理站随后也能通过 SNMP 访问到它们。通过 AgentX 技术,我们可以利用标准的 SNMP 管理工具来管理大型软件系统。

11.1.2 SNMP 协议与网络管理

SNMP 是由因特网工程任务组 IETF(the Internet Engineering Task Force)提出的面向互联网的管理协议,其管理对象包括网桥、路由器、交换机等内存和处理能力有限的网络互联设备。

1. SNMP 体系结构

SNMP 是一种标准的 manager-agent 体系结构,SNMP 定义了如下功能模块。如图 11.2 所示。

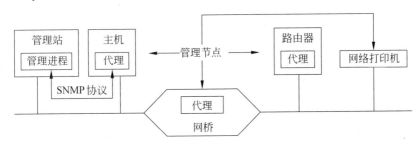

图 11.2 SNMP 功能模块

(1) SNMP 网管工作站

SNMP 网管工作站是网络管理员与网络管理系统的接口,它实际上是一台运行特殊管理软件(如 HP NetView、CiscoWorks 等)的计算机。SNMP 网管工作站运行一个或多个管理进程,它通过 SNMP 协议在网络上与网络设备中的 SNMP 代理程序通信,发送命令并接收代理的应答。网管工作站通过获取网络设备中需要监控的参数值来实现网络资源监视,也可以通过修改设备配置的值来使 SNMP 代理修改网络设备上的配置。许多SNMP 网管工作站的应用进程都具有图形用户界面,提供数据分析、故障发现的功能,网络管理者能方便地检查网络状态并在需要时采取行动。

(2) 代理软件(agent)

被管理设备运行协议嵌入代理软件(agent),负责执行指令,随时将网络设备的各种信息记录到 MIB 中。

网络中的主机、路由器、网桥和交换机等都可配置 SNMP 代理程序,以便 SNMP 网管工作站对它进行监控或管理。每个设备中的代理程序负责搜集本地的参数(如设备端口流量、错误包和错误包数量情况、丢包和丢包数量情况等)。SNMP 网管工作站通过轮询广播,向各个设备中的 SNMP 代理程序索取这些被监控的参数。SNMP 代理程序对来自 SNMP 网管工作站的信息查询和修改设备配置的请求作出响应。

SNMP 代理程序同时还可以异步地向 SNMP 网管工作站主动提供一些重要的非请求信息,而不等轮询的到来。这种名为 Trap 的方式,能够及时地将诸如网络端口失效、丢包数量超过警戒阈值等紧急信息报告给 SNMP 网管工作站。

SNMP 网管工作站可以访问多个设备的 SNMP 代理,接收来自多个代理的 Trap。因此,从操作和控制的角度看,网管工作站"管理"着许多代理。同时,SNMP 代理程序也能对多个网管工作站的轮询请求作出响应,形成一种一对多的关系。

（3）SNMP 通信协议

SNMP 通信协议规定了网管工作站与设备中的 SNMP 代理程序之间的通信格式,网管工作站与设备中的 SNMP 代理程序之间通过 SNMP 报文的形式来进行信息交换。SNMP 协议的通信分为:读操作 Get、写操作 Set 和报文操作 Trap 三种功能共五种报文,如表 11.1 所示。

表 11.1 SNMP 五种报文

SNMP 报文类型编号	SNMP 报文名称	用　　途
0	Get-request	网管工作站发出的轮询请求
1	Get-next-request	网管工作站发出的轮询请求
2	Get-response	SNMP 代理程序向网管工作站传送的配置参数和运行参数
3	Set-request	网管工作站向设备发出的轮询请求
4	rap	设备中的 SNMP 代理程序向网管工作站报告紧急事件

（4）管理信息库（MIB）

MIB 实际上是被管理对象（设备配置、性能等属性）的索引系统,记录了网络中各种管理对象的信息库。

MIB 是一个信息存储库,安装在网管工作站上。它存储了从各个网络设备的代理程序那里搜集的有关配置、性能和运行参数等数据,是网络监控与管理的基础。MIB 数据库中存储哪些参数以及数据库结构的定义在［RFCl212］、［RFCl213］等文件中都有详细的说明。

2. SNMP 工作原理

从被管理设备收集数据有两种方法:一种是轮询;另一种是基于中断方式。在轮询方式中,网管站通过向代理的管理信息库（MIB）发出查询信号可以得到相关信息。而在中断方式中,产生错误或自陷需要系统资源,如果自陷必须转发大量的信息,那么被管理设备可能不得不消耗更多的事件和系统资源来产生自陷。所以 SNMP 所采用的面向自陷的轮询方法可能是执行网络管理最有效的方法。

SNMP 为应用层协议,是 TCP/IP 协议族的一部分。它通过用户数据报协议（UDP）来操作。在分立的管理站中,管理者进程对位于管理站中心的 MIB 的访问进行控制,并提供网络管理员接口。管理者进程通过 SNMP 完成网络管理。SNMP 在 UDP、IP 及有关的特殊网络协议（如 Ethernet、FDDI、X. 25）之上实现。

每个代理者也必须实现 SNMP、UDP 和 IP。另外,还有一个解释 SNMP 的消息和控制代理者 MIB 的代理者进程。

图 11.3 描述了 SNMP 的协议环境。从管理站发出 3 类与管理应用有关的 SNMP 的消息 GetRequest、GetNextRequest、SetRequest。3 类消息都由代理者用 GetResponse 消息应答,该消息被上交给管理应用。另外,代理者可以发出 Trap 消息,向管理者报告有关 MIB 及管理资源的事件。

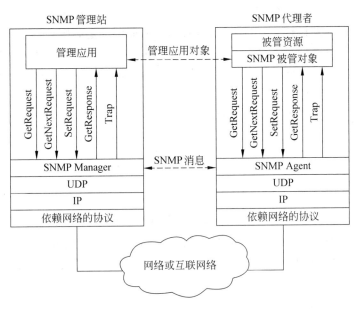

图 11.3　SNMP 协议环境

网络管理是一种分布式的应用。与其他分布式的应用相同,网络管理中包含由一个应用协议支持的多个应用实体的相互作用。在 SNMP 网络管理中,这些应用实体就是采用 SNMP 的管理站应用实体和被管理站的应用实体。

每个被管理站控制着自己的本地 MIB,同时必须能够控制多个管理站对这个本地 MIB 的访问。这里所说的控制有以下三个方面:认证服务将对 MIB 的访问限定在授权的管理站的范围内;访问策略对不同的管理站给予不同的访问权限;代管服务指的是一个被管理站可以作为其他一些被管理站(托管站)的代管,这就要求在这个代管系统中实现为托管站服务的认证服务和访问权限。

上述控制都是为了被管理系统保护它们的 MIB 不被非法访问。SNMP 通过共同体(community)的概念提供了初步和有限的安全能力。

SNMP 用共同体来定义一个代理者和一组管理者之间的认证、访问控制和代管的关系。共同体是一个在被管理系统中定义的本地概念。被管理系统为每组可选的认证、访问控制和代管特性建立一个共同体。每个共同体被赋予一个在被管理系统内部唯一的共同体名,该共同体名要提供给共同体内的所有管理站,以便它们在 get 和 set 操作中应用。代理者可以与多个管理站建立多个共同体,同一个管理站可以出现在不同的共同体中。

由于共同体是在代理者处本地定义的,因此不同的代理者处可能会定义相同的共同体名。共同体名相同并不意味着共同体有什么相似之处,因此,管理站必须将共同体名与代理者联系起来加以应用。

11.2 网络安全

网络安全是一门涉及计算机科学、网络技术、通信技术、密码技术、信息安全技术、应用数学、数论、信息论等多种学科的综合性学科。网络安全是指网络系统的硬件、软件及其系统中的数据受到保护，不由偶然的或者恶意的原因而遭到破坏、更改、泄露，系统连续可靠正常地运行，网络服务不中断。从其本质上来讲就是网络上的信息安全。从广义来说，凡是涉及网络上信息的保密性、完整性、可用性、真实性和可控性的相关技术和理论都是网络安全的研究领域。

网络安全是充分利用网络资源的基本保证，因此分析网络存在的各种安全隐患对于保证网络畅通和信息安全是十分重要的。本节从网络安全策略的角度出发，对计算机网络的安全问题进行了分析，并着重对网络安全威胁、安全策略进行探讨。

11.2.1 网络安全隐患

互联网的开放性以及其他方面因素导致了网络环境下的计算机系统存在很多安全问题。为了解决这些安全问题，各种安全机制、策略和工具被开发和应用。但是，即便是在这样的情况下，网络的安全依旧存在很大的隐患。网络的安全隐患主要包括以下几个方面：

1. 安全机制

每一种安全机制都有一定的应用范围和应用环境。防火墙是一种有效的安全工具，它可以隐藏内部网络结构，细致外部网络到内部网络的访问。但是对于内部网络之间的访问，防火墙往往无能为力，很难发觉和防范。

2. 安全工具

安全工具的使用受到人为因素的影响。一个安全工具能不能实现期望的效果，在很大程度上取决于使用者，包括系统管理员和普通用户，不正当的设置就会产生不安全因素。

3. 安全漏洞和系统后门

操作系统和应用软件中通常都会存在一些 BUG，黑客可能利用这些漏洞向网络发起进攻，导致某个程序或网络丧失功能。有甚者会盗窃机密数据，直接威胁网络和数据的安全。即便是安全工具也会存在这样的问题。几乎每天都有新的 BUG 被发现和公布，程序员在修改已知 BUG 的同时还可能产生新的 BUG。系统 BUG 经常被黑客利用，而且这种攻击通常不会产生日志，也无据可查。现有的软件和工具 BUG 的攻击几乎无法主动防范。

系统后门是传统安全工具难以考虑到的地方。防火墙很难考虑到这类安全问题，多数情况下，这类入侵行为可以经过防火墙而不被察觉。

4. 病毒、蠕虫、木马和间谍软件

这些是目前网络最容易遇到的安全问题。病毒是可执行代码，它们可以破坏计算机系统,通常伪装成合法附件通过电子邮件发送,有的还通过即时信息网络发送。

蠕虫与病毒类似,但比病毒更为普遍,蠕虫经常利用受感染系统的文件传输功能自动进行传播,从而导致网络流量大幅增加。

木马程序可以捕捉密码和其他个人信息,使未授权远程用户能够访问安装了特洛伊木马的系统。

间谍软件则是恶意病毒代码,它们可以监控系统性能,并将用户数据发送给间谍软件开发者。

5. 拒绝服务攻击

尽管网络的安全性在不断地强化,但黑客的攻击手段也在更新。拒绝服务就是在这种情况下诞生的。这类攻击会向服务器发出大量伪造请求,造成服务器超载,不能为合法用户提供服务。这类攻击也是目前比较常用的攻击手段。

6. 误用和滥用

在信息安全意识相对落后的情况下,操作人员不经意的行为就可能对信息资产造成严重的破坏。因为操作人员的误用甚至是滥用,导致了信息管理中存在着大量的安全盲点和误区。

总之,网络安全是一个系统工程,不能仅仅依靠防火墙等单个的系统,而需要仔细考虑系统的安全需求,并将各种安全技术结合在一起,与科学的网络管理结合在一起,才能生成一个高效、通用、安全的网络系统。

11.2.2 安全策略与流程

一个重要的网络安全任务,就是制定一个网络安全策略。制定安全策略的目的就是决定一个组织机构怎样来保护自己。一般来说,政策包括两个部分:一个总体的策略和具体的规则。总体的策略用于阐明公司安全政策的总体思想,而具体的规则用于说明什么活动是允许的,什么活动是被禁止的。

为了能制定出有效的安全策略,一个政策的制定者一定要懂得如何权衡安全性和方便性,并且这个政策应和其他的相关问题是相互一致的。安全策略中要阐明技术人员应向策略制者说明的网络技术问题,因为网络安全策略的制定并不只是高层管理者的事,工程技术人员也起着很重要的作用。

整体安全策略制定了一个组织机构的战略性安全指导方针,并为实现这个方针分配必要的人力物力。一般是由管理层的官员,如组织机构的领导者和高层领导人员来主持制定这种政策以建立该组织机构的计算机安全计划和其基本框架结构。它的作用如下:

(1) 定义这个安全计划的目的和在该机构中涉及的范围;

(2) 把任务分配给具体的部门和人员以实现这种计划;

(3) 明确违反该政策的行为及其处理措施。

上面的安全政策一般是从一个很广泛的角度来说明的,涉及公司政策的各个方面,和系统相关的安全策略正好相反,一般根据整体政策提出对一个系统具体的保护措施。总体性政策不会说明一些很细的问题,如允许哪些用户使用防火墙代理,或允许哪些用户用什么方式访问互联网,这些问题用于系统相关的安全策略说明。这种政策更着重于某一具体的系统,而且更为详细。实施安全策略应注意以下几个问题。

(1) 全局政策过于烦琐,而不是一个决定或方针。

(2) 安全政策并没有真正被执行,只是一张给审查者、律师或顾客看的纸,并没有真正影响该组织成员的行为。例如,一个公司制定了一项安全政策,规定公司每个职员都有义务保护数据的机密性、完整性和可用性。这个政策以总裁签名的形式发放给每个雇员,但这不等于政策就可以改变雇员的行为,使他们真正地按政策所说的那样做。关键是应该分配责任到各个部门,并分配足够的人力和物力去实现它,甚至去监督它的执行情况。

(3) 策略的实施不仅仅是管理者的事,而且也是技术人员的事。例如,一个管理员决定为了保证系统安全禁止用户共享账号,并且他的提议得到了经理的批准。但他可能没有向经理说明为什么要禁止共享账号,致使经理可能不会组织一个雇员培训计划来保证这个策略的完成,因为经理并不真正理解这个政策,结果导致用户也不能理解,而且他们在不共享账号的情况下,不知道怎样共享文件,所以用户会忽略这个政策。

一个网络安全性策略应包括如下内容。

(1) 网络用户的安全责任。该策略可以要求用户每隔一段时间就改变其口令;使用符合一定准则的口令;执行某检查,以了解其账户是否被别人访问过等。重要的是,凡是要求用户做到的,都应明确地定义。

(2) 系统管理员的安全责任。该策略可以要求在每台主机上使用专门的安全措施、登录标题报文、监测和记录过程等,还可列出在连接网络的所有主机中不能运行的应用程序。

(3) 正确利用网络资源,规定谁可以使用网络资源,他们可以做什么、他们不应该做什么等。如果用户的单位认为电子邮件文件和计算机活动的历史记录都应受到安全监视,就应该非常明确地告诉用户,这是其政策。

(4) 检测到安全问题时的对策。该策略规定当检测到安全问题时应该做什么、应该通知谁。这些都是在紧急的情况下容易忽视的事情。

连接互联网就会带来一定的安全责任,在 RFC 1281A Guideline for the secure Operation of the Internet 中,为用户和网络管理员提供了如何以一种保密和负责的方式使用互联网的准则。阅读 RFC 可以了解在安全策略文件中应包括哪些信息。

安全规划(评估威胁、分配安全责任和编写安全策略等)是网络安全性的基本模块,但一个规划必须实现以后才能发挥它的作用。

实现网络安全,不但靠先进的技术,而且要靠严格的安全管理、法律约束和安全教育。

(1) 先进的网络安全技术是网络安全的根本保证。用户对自身面临的威胁进行风险评估,决定其所需要的安全服务种类,选择相应的安全机制,然后集成先进的安全技术,形成一个全方位的安全系统。

(2) 严格的安全管理。各计算机网络使用机构、企业和单位应建立相应的网络安全管理办法,加强内部管理;建立合适的网络安全管理系统;建立安全审计和跟踪体系,提高整体网络安全意识。

(3) 制定严格的法律、法规。计算机网络是一种新生事物。因为它的好多行为无法可依、无章可循,所以导致网络上计算机犯罪处于无序状态。面对日趋严重的网络犯罪,必须建立与网络安全相关的法律、法规,使非法分子慑于法律,不敢轻举妄动。

11.3 网络安全防范的常用技术

在享受网络带来的进步与利益的同时,数据信息被窃取和针对网络设备的攻击等潜伏的安全威胁也随之而来。根据《2008年全国信息网络安全状况与计算机病毒疫情调查分析报告》统计,我国互联网用户的网络安全意识仍比较薄弱,对发生的网络安全事件未给予足够重视。因此,学习网络安全防范的常用技术对于保证网络畅通和信息安全是十分重要的。本节从网络安全防范的角度出发,将对恶意软件的防护、防火墙、入侵检测、公钥、加密、数字签名及Windows用户安全策略进行分析和探讨。

11.3.1 恶意软件防护

1. 特洛伊木马

特洛伊木马程序的名称来自古希腊神话故事。特洛伊木马程序在表面上是做一件事情,但实际上却是做另外的事情,它提供了用户所不希望的功能,而且这些额外的功能往往是有害的。这些程序通常包含在一段正常的程序中,借以隐藏自己。

特洛伊木马程序中包含了一些用户不知道的代码,而这类程序的危害是很大的,恶意用户可以获取系统根用户(ROOT)口令、读/写未授权文件、获取目标主机的所有控制权。例如,曾经给我国各类企业网络、校园网络安全带来严重问题的BO和BO2K就属于特洛伊木马程序。它们附带在某些程序或电子邮件中,用户在运行这些程序或阅读邮件时,就激活了BO,在用户机器上安装BO服务器程序,使入侵者能够远程控制目标主机。

解决特洛伊木马程序的基本思想是要发现正常程序中隐藏的特洛伊木马,常用的解决方法是使用数字签名技术为每个文件生成一个标识,在程序运行时通过检查数字签名发现文件是否被修改,从而保护已有的程序不被更换。这样的程序工具有MD5系统,它以一个任意长消息为输入,同时产生一个128位的摘要消息。目前很多发布操作系统安全补丁程序的站点都使用这种技术,以保证程序不被修改。

2. 拒绝服务攻击

拒绝服务(DoS)攻击是一种破坏性攻击,其主要目的是通过对目标主机实施攻击,占用大量的共享资源,降低目标系统资源的可用性,甚至使系统暂时不能响应用户的服务请求;另外攻击者还破坏资源,造成系统瘫痪,使其他用户不能再使用这些资源。虽然入侵者不会得到任何好处,但是拒绝服务攻击会给正常用户和站点的形象带来恶劣的影响。

有一些简单的手法来防止拒绝服务式的攻击。最为常用的一种当然是时刻关注安全信息以期待最好的方法出现,管理员应当订阅安全信息报告,实时关注所有安全问题的发展;还可以应用包过滤技术,主要是过滤对外开放的端口。这些手段主要是防止假冒地址的攻击,使得外部机器无法假冒内部机器的地址对内部机器发动攻击。

3. 邮件炸弹

邮件炸弹是指反复收到大量无用的电子邮件。过多的邮件会加重网络的负担;消耗大量的存储空间,造成邮箱的溢出,使用户不能再接收任何邮件;导致系统日志文件变得十分庞大,甚至造成文件系统溢出;同时,大量邮件的到来将消耗大量的处理器时间,妨碍系统正常的处理活动。

解决邮件炸弹的方法有:识别邮件炸弹的源头,跟踪信息来源;配置路由器;拒收源端主机发送的邮件,或保证外面的 SMTP 连接只能到达指定服务器,而不能影响其他系统。

4. SYN 淹没攻击

SYN 淹没攻击是一种拒绝服务攻击,它通常是进行 IP 欺骗和其他攻击手段的前序步骤。TCP 连接的建立包括 3 次握手过程。在 TCP/IP 的实现程序中,TCP 处理模块有一个处理并行 SYN 请求的最上限,它可以看做是存放多条连接的队列长度。其中,连接数目包括那些三步握手法没有最终完成的连接,也包括那些已成功完成握手,但还没有被应用程序所调用的连接。如果达到队列的最上限,TCP 将拒绝所有连接请求,直至处理了部分连接链路。攻击方法是,入侵者伪装一台不存在或已关机的主机地址,向被攻击主机发送 SYN 请求。目标主机接收到请求后,向被伪装的主机发送 SYN/ACK 消息,并等待 ACK 应答。显然,不会有 ACK 应答发送给它,因为该主机不存在或不活动,这时,目标主机会一直等待到超时。如果攻击者不断发送该 SYN 请求,就会导致请求队列的溢出,造成目标主机无法响应其他任何连接请求。

对 SYN 淹没攻击的解决办法是,定时检查系统中处于 SYN-Received 状态的连接。如果存在大量的连接线路处于 SYN-Received 状态,表示系统可能遭到攻击,如果连接数到达某个阈值,就可以拒绝其他请求,关闭这些连接,防止 SYN 队列溢出。

5. 过载攻击

过载攻击是使一个共享资源或者服务处理大量的请求,从而导致无法满足其他用户的请求。过载攻击包括进程攻击和磁盘攻击等几种方法。

进程攻击实际上就是产生大量的进程,而且这些进程处理的工作需要大量的 CPU 时间,这时系统就会处于非常繁忙的状态,不能迅速响应其他用户对 CPU 的需求。解决的办法有:限制单个用户能拥有的最大进程数,并观察系统的活动进程,杀死一些耗时的进程,以保证系统的可用性。

6. 入侵

(1) 缓冲区溢出

缓冲区溢出是程序编写时造成的错误,它是在操作系统中普遍存在的一个漏洞,同时也是一个非常危险的问题,给系统带来了巨大的威胁。利用 SUID 程序中的缓冲区溢出,用户可以获取超级用户权限,利用服务器程序中存在的这个问题可以造成拒绝服务攻击,因此对缓冲区溢出应该引起高度的重视。下面从原理上简单分析这类安全漏洞。

利用缓冲区溢出攻击,系统需要两个条件:第一是某个程序存在缓冲区溢出问题;第二是该程序是一个 SUID root 程序。所谓缓冲区溢出,是指程序没有检查复制到缓冲区的字符串长度,而将一个超过缓冲区长度的字符串复制到缓冲区,造成缓冲区空间的字符串覆盖了与缓冲区相邻的内存区域。这是编程的常见错误。SUID 程序是可以改变 UID 的程序,也就是说,进程的所有者在进程运行时具有的权限不同,SUID root 程序则是指程序在运行时具有根用户的权限。

进程在内存中的结构由正文区、数据区和堆栈区 3 部分组成,其中堆栈区包含调用该函数时传递的参数值、函数的返回地址和局部变量。如果调用该函数时传递的参数过长,那么参数值将覆盖函数的返回地址。经过精心设计,可以使函数的返回地址指向一个 Shell 程序,也就是说,函数不能正常返回,而是执行了一个 Shell 程序,如果被调用的程序是 SUID root 程序,那么在 Shell 程序中,用户将具有超级用户权限,这时用户就有很多方法可以获取实际的根用户权限。缓冲区溢出攻击方法的隐蔽性非常好,即使用户获取了超级用户权限,对系统还是表现为普通用户,系统管理员很难发现这类安全隐患。

(2) 口令破译

有两种方法可以破译口令。第一种称为字典遍历法。它的前提是已经获取了系统的口令文件,具体的破译方法是使用一个口令字典,按照口令的加密算法对字典中的每个项进行加密,然后逐一比较得到的加密数据和口令文件的加密项。如果二者相同,那么就有 80% 的概率可以肯定用户口令就是该数据项。这种方法的一个问题是字典需要有非常丰富的数据项,否则无法破译口令。另一种方法是根据算法解密,目前发明的加密算法绝大多数都能被破译。例如,人们通过寻找大数的素因子达到解密 RSA 算法的目的,在 1992 年利用普通计算机就可以分解 144 位的十进制数,现在为了加强保密性通常采用 1024 位,甚至是 2048 位的大数来提高解密的复杂性。

(3) 利用上层服务配置问题入侵

利用上层服务入侵非常普遍,包括利用 NFS、FTP、WWW 等服务设计和配置过程中存在的问题。

(4) 网络欺骗入侵

网络欺骗入侵包括 IP 欺骗、ARP 欺骗、DNS 欺骗和 WWW 欺骗四种方式,它们的实现方法有入侵者冒充合法用户的身份,骗过目标主机的认证,或者入侵者伪造一个虚假的上下文环境,诱使其他用户泄露信息。

7. 信息窃取

窥探是一种广泛使用的信息窃取方法。在广播式网络中,每个网络接口通常只响应两种数据帧,目的地址为本地网络接口的帧和目的地址是广播地址的帧。当网络接口发现数据帧地址与自己的 MAC 地址相同时,接收该帧,否则丢弃该帧。但是,有些网络接口支持一种称为混杂方式的特殊接收方式,在这种方式下,网络接口可以监视并接收网络上传输的所有数据报文。网络分析仪通常就是利用网络接口的这种接收方式来检测网络运行状况的。但是从另一个角度来说,恶意用户也可以利用这种混杂方式截获网络上传输的关键数据,如口令、账号、机密信息等,它将对计算机系统或关键部门等造成极大的威胁。

解决信息窥探的方法需要从两个层次考虑。第一个层次是保证恶意用户不能窥探到关键网络上传输的数据,解决的方法是设计合理的网络拓扑结构,将关键网络组成一个独立的网段,切断窥探器的信息获取来源,这样非法用户就无法获取该网段上的所有数据了。第二个层次是对传输的数据加密,保证即使数据被非法窃取,非法用户也不能有效地识别其中的内容,避免信息的泄露。

8. 病毒

病毒对计算机系统和网络安全造成了极大的威胁。病毒在发作时通常会破坏数据，使软件的工作不正常或瘫痪，有些病毒的破坏性更大，它们甚至能破坏硬件系统。随着网络的使用，病毒传播的速度更快、范围更广，造成的损失也更加严重。病毒实际上是一段可执行的程序，它常常修改系统中其他的程序，将自己复制到其他程序代码中，感染正常的文件。病毒可以分为以下3类。

（1）文件类病毒

文件类病毒使用可执行文件作为传播的媒介，感染系统中的 COM、EXE 和 SYS 文件。当用户或操作系统执行被感染的程序时，病毒将首先执行，并得到计算机的控制权，然后它立即开始寻找并感染系统中的其他可执行文件，或把自己建立为操作系统的内存驻留服务程序，随时感染其他的可执行文件。

（2）操作系统类病毒

操作系统类病毒的攻击目标是系统的引导程序，它们通常覆盖硬盘或软盘上的引导记录，当系统启动时，它们就完全控制了机器，并能感染其他文件，甚至造成系统瘫痪。

（3）宏病毒

宏病毒的感染目标是带有宏的数据文件，最常见的是带有模板的 doc 文件。当打开带宏的数据文件时，Word 会检查这个模板中是否包含局部宏，如果有局部宏，Word 就会自动执行该宏，并把它移到全局宏池中。当用户完成文档编写退出 Word 时，Word 会把对全局宏池所做的修改保存到 normal.dot 模板文件中。这个过程是自动的，没有与用户进行交互，因此，如果模板中有宏病毒，就会感染所有的模板文件。

9. 磁盘攻击

磁盘攻击包括磁盘满攻击、索引节点攻击、树结构攻击、交换空间攻击、临时目录攻击等几种方法。磁盘满攻击是对磁盘写入大量的信息，占用磁盘的所有空间。索引节点攻击是产生大量小的或空的文件，消耗磁盘索引节点，导致无法产生新的文件。树结构攻击则是指产生一系列很深的目录，并在这些目录中放置大量文件，消耗磁盘空间，这时删除文件将是一个很烦琐的工作。交换空间是一些大程序运行时所必需的，交换空间攻击就是占用交换空间，阻止这些程序的运行。临时目录攻击是用完临时目录空间，使某些程序不能运行。解决这些问题的方法是观察各个用户使用磁盘空间的情况，终止消耗大量磁盘空间的进程运行，删除无用文件，为用户提供更多的可用空间。

对用户来说，为了避免系统遭受病毒的攻击，应该定期对系统进行病毒扫描检查。另外，根据目前的病毒发展情况来看，病毒的发作对系统造成的损失是致命的。因此，还必须对病毒的侵入做好实时地监视，防止病毒进入系统，彻底避免病毒的攻击。

11.3.2 网络防火墙

一个机构将其内部网络与互联网连接之后，所关心的一个主要问题就是安全。内部网络上不断增加的用户需要访问互联网服务，如 WWW、E-mail、Telnet 和 FTP 服务器。当机构的内部数据和网络设施暴露在互联网上的时候，网络管理员越来越关心网络的安全。事实上，对一个内部网络已经连接到互联网上的机构来说，重要的问题并不是网络是否会受到攻击,而是何时会受到攻击。为了提供所需级别的保护,机构需要有安全策略来防止非法用户访问内部网络上的资源和非法向外传递内部信息。即使一个机构没有连接到互联网上,它也需要建立内部的安全策略来管理用户对部分网络的访问并对敏感或秘密数据提供保护。

1. 什么是防火墙

防火墙是这样的系统,它能用来屏蔽、阻拦数据报,只允许授权的数据报通过,以保护网络的安全性。

网络在防火墙上可以很方便地监控网络的安全性,并产生报警。防火墙负责管理外部网络和机构内部网络之间的访问。在没有防火墙时,内部网络上的每个节点都暴露给互联网上的其他主机,极易受到攻击。这就意味着内部网络的安全性要由每一个主机的坚固程度来决定,并且安全性等同于其中最弱的系统。

防火墙允许网络管理员定义一个中心"扼制点"来防止非法用户,如黑客、网络破坏者等进入内部网络。禁止存在安全脆弱性的服务进出网络,并抗击来自各种路线的攻击。防火墙的安装能够简化安全管理。网络安全性是在防火墙系统上得到加固,而不是分布在内部网络的所有主机上。

网络管理员必须审计并记录所有通过防火墙的重要信息。如果网络管理员不能及时响应报警并审查常规记录,防火墙就形同虚设。在这种情况下,网络管理员永远不会知道防火墙是否受到攻击。要使一个防火墙有效,所有来自和去往互联网的信息都必须经过防火墙,接受防火墙的检查。防火墙必须只允许授权的数据通过,并且防火墙本身也必须能够免于渗透。

2. 防火墙分类

通常,防火墙可以分为以下几种类型。

(1) 包过滤防火墙

这种防火墙是在路由器中建立一种名为访问控制列表的方法,让路由器识别哪些数据报是允许穿越路由器的,哪些是需要阻截的。包过滤防火墙如图 11.4 所示。

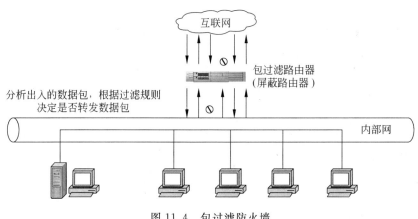

图 11.4　包过滤防火墙

包过滤防火墙位于内部网络和外部网络之间,除具有路由功能外,再装上分组过滤软件,利用分组过滤规则即可完成基本的防火墙功能。

这种配置的优点是:容易实现,费用少,如果被保护网络与外界之间已经有一个独立的路由器,那么只需简单地加一个分组过滤软件便可保护整个网络;分组过滤在网络层实现,不要求改动应用程序,也不要求用户学习任何新东西,用户感觉不到过滤服务器的存在,因而方便使用。

其缺点是:没有或只有很少的日志记录能力,因此网络管理员很难确定系统是否正在被入侵或已经被入侵;规则表随着应用的深化会很快变得很大而且复杂,这样不仅规则难以测试,而且规则结构出现漏洞的可能性也会增加;这种防火墙的最大弱点是依靠一个单一的部件来保护系统,一旦部件出现问题,会使网络的大门敞开,而用户可能还一无所知。

(2) 代理服务器

这种防火墙方案要求所有内网的主机需要使用代理服务器与外网的主机通信。代理服务是运行在防火墙主机上的一些特定的应用程序或者服务程序。防火墙主机可以是有一个内部网络接口和一个外部网络接口的双重宿主主机,也可以是一些可以访问互联网并可被内部主机访问的堡垒主机。这些程序接收用户对互联网服务的请求(诸如文件传输 FTP 和远程登录 Telnet 等),并按照安全策略转发。所谓代理就是一个提供替代连接并且充当服务的网关。

代理服务位于内部用户(在内部的网络上)和外部服务(在互联网上)之间。代理在幕后处理所有用户和互联网服务之间的通信以代替相互间的直接交谈。

代理过程如图 11.5 所示。代理服务有两个主要部件:代理服务器和代理用户。代理服务器运行在双重宿主主机上。具体运作过程是:代理用户(client)最终要获得外部主机(互联网)的数据,它首先与代理服务器(Proxy Server)建立连接。代理服务器接收到代理用户的数据请求后,与外部主机建立连接并下载代理用户所需要的外部主机的数据到本地,然后再传送给代理用户,完成代理。

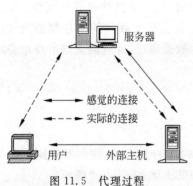

图 11.5　代理过程

代理服务器挡在内部用户和外部主机之间,从外部只能看见代理服务器,而看不到内部主机。外界的渗透要从代理服务器开始,因此增加了攻击内网主机的难度。

(3) 攻击探测防火墙

这种防火墙通过分析进入内网数据报中报头和报文中的攻击特征来识别需要拦截的数据报,以对付 SYN Flood、IP spoofing 等已知的网络攻击手段。攻击探测防火墙可以安装在代理服务器上,也可以做成独立的设备,串接在与外网连接的链路上,装在边界路由器的后面。

3. 防火墙体系结构

目前,防火墙的体系结构一般有 3 种:双宿主主机体系结构、主机过滤体系结构和子网过滤体系结构。

（1）双宿主主机体系结构

双宿主主机的防火墙体系结构是相当简单的，双宿主主机位于互联网和内部网络之间，并且被连接到互联网和内部的网络，如图 11.6 所示。

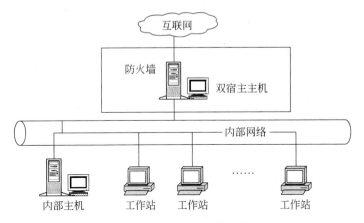

图 11.6　双宿主主机体系结构

双宿主主机体系结构是围绕具有双宿主的主体计算机而构筑的。该计算机至少有两个网络接口，这样的主机可以充当与这些接口相连的网络之间的路由器，并能够从一个网络到另一个网络发送 IP 数据包。然而，实现双宿主主机的防火墙体系结构禁止这种发送功能。因而，IP 数据包从一个网络并不是直接发送到其他网络。

双宿主主机可以用于把一个内部网络从一个不可信的外部网络分离出来。因为双宿主主机不能转发任何 TCP/IP 流量，所以它可以彻底堵塞内部和外部不可信网络间的任何 IP 流量。然后防火墙运行代理软件控制数据包从一个网络流向另一个网络，这样内部网络中的计算机就可以访问外部网络。

双宿主主机是防火墙体系的基本形态。建立双宿主主机的关键是要禁止路由，网络之间通信的唯一路径是通过应用层的代理软件。如果路由被意外允许，那么双宿主主机防火墙的应用功能就会被旁路，内部受保护网络就会完全暴露在危险中。

（2）主机过滤体系结构

在主机过滤体系结构中提供安全保护的主机仅仅与内部网相连。另外，主机过滤结构还有一台单独的路由器（过滤路由器）。在这种体系结构中，主要的安全由数据包过滤提供，其结构如图 11.7 所示。

主机屏蔽防火墙比双宿主主机防火墙更安全。主机屏蔽防火墙体系结构是在防火墙的前面增加了屏蔽路由器。换句话说，就是防火墙不直接连接外网，这样的形式提供了一种非常有效的、维护便捷的防火墙体系。

因为路由器具有数据过滤功能，路由器通过适当配置后，可以实现一部分防火墙的功能，因此，有人把屏蔽路由器也称为防火墙的一种。

实际上，我们常常把屏蔽路由器作为保护网络的第一道防线。根据内网的安全策略，屏蔽路由器可以过滤掉不允许通过的数据包。屏蔽路由器配置要根据实际的网络安全策略进行，如服务器提供 Web 服务就需要屏蔽路由器开放 80 端口。

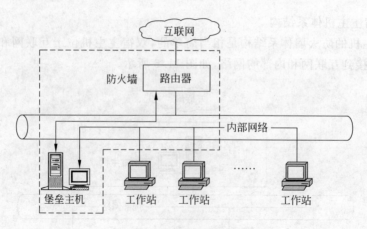

图 11.7　主机过滤体系结构

因为这种体系结构允许数据包从外网向内网移动,所以它的设计比没有外部数据流量的双宿主主机更有风险,但实际上双宿主主机体系结构在防备数据包流入内网时也会造成失败。总之,保护路由器比保护主机更容易实现,因为路由器提供非常有限的服务,漏洞要比主机少得多,所以主机屏蔽防火墙体系结构能提供更好的安全性和可用性。

（3）子网过滤体系结构

子网过滤体系结构在主机过滤体系结构中添加了参数网络,即通过添加参数网络,更进一步地把内部网络与互联网隔离开。子网过滤体系结构的最简单的形式是两个过滤路由器,每一个都连接到参数网,一个位于参数网络与内部的网络之间,另一个位于参数网络与外部网络之间,其结构如图 11.8 所示。

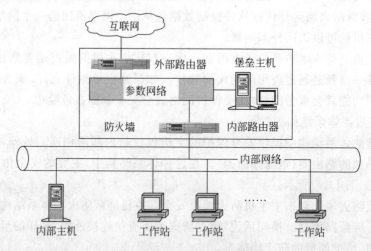

图 11.8　子网过滤体系结构

参数网络是在内外部网之间另加的一层安全保护网络层。如果入侵者成功地闯过外层保护网到达防火墙,参数网络就能在入侵者与内部网之间再提供一层保护。如果入侵者仅仅侵入参数网络的堡垒主机,他只能偷看到参数网络的信息流,而看不到内部网的信息,这层网络的信息流仅从参数网络往来于外部网或者从参数网络往来于堡垒主机。因为没有内部主机间互传的重要和敏感的信息在参数网络中流动,所以即使堡垒主机受到损害也不会让入侵者破坏内部网的信息流。

堡垒主机位于子网过滤结构中。我们将堡垒主机与参数网络相连,而这台主机是外部网服务于内部网的主节点。它为内部网服务的主要功能有:接收外来的电子邮件再分发给相应的站点;接收外来的 FTP,并连到内部网的匿名 FTP 服务器;接收外来的有关内部网站点的域名服务。

内部路由器的主要功能是保护内部网免受来自外部网与参数网络的侵扰。内部路由器完成防火墙的大部分包过滤工作,它允许某些站点的包过滤系统认为符合安全规则的服务在内外部网之间互传。根据各站点的需要和安全规则,可允许的服务是以下外向服务中的若干种:Telnet、FTP、WAIS、Archie、Gopher 或者其他服务。内部路由器可以设定,使参数网络上堡垒主机与内部网之间传递的各种服务和内部网与外部网之间传递的各种服务不完全相同。

外部路由器既可保护参数网络又可保护内部网。实际上,在外部路由器上仅做一小部分包过滤,它几乎让所有参数网络的外向请求通过,而外部路由器与内部路由器的包过滤规则是基本上相同的。外部路由器的包过滤主要是对参数网络上的主机提供保护。然而,一般情况下,因为参数网络上主机的安全主要通过主机安全机制加以保障,所以由外部路由器提供的很多保护并非必要。外部路由器真正有效的任务是阻断来自外部网上伪造源地址进来的任何数据包。这些数据包自称是来自内部网,而其实是来自外部网。

在构造防火墙体系时,一般很少使用单一的技术,通常都是多种解决方案的组合。这种组合主要取决于网管中心向用户提供什么服务,以及网管中心能接受什么等级的风险,还取决于投资经费、投资大小、技术人员的水平和时间等,一般包括下面几种形式:使用多个堡垒主机;合并内部路由器和外部路由器;合并堡垒主机和外部路由器;合并堡垒主机和内部路由器;使用多个内部路由器;使用多个外部路由器;使用多个周边网络;使用双宿主主机与屏蔽子网。

11.3.3　入侵检测

1. 入侵检测

防火墙是一种被动防御的网络安全工具,入侵检测技术则是一种主动防御技术。入侵检测系统 IDS(Intrusion Detection System)通过对计算机网络系统中的若干关键点进行信息收集和分析,检查网络中是否存在违反安全策略的行为和遭到袭击的迹象。入侵检测系统被认为是防火墙之后的第一道安全闸门,它能在入侵攻击对系统发生危害前检测到入侵攻击,并利用报警与防护系统驱逐入侵攻击;在入侵攻击过程中减少入侵攻击所造成的损失;在被入侵攻击后,收集入侵攻击的相关信息,作为防范系统的知识,添加到策略集中,增强系统的防范能力,避免系统再次受到同类型的入侵。

入侵检测技术的功能包括:监视、分析用户及系统活动,查找非法用户和合法用户的越权操作;检测系统配置的正确性和安全漏洞,并提示管理员修补漏洞;识别、反映已知进攻的活动模式,向相关人士报警,对异常行为模式进行统计分析;实时地对检测到的入侵行为进行反应;评估重要系统和数据文件的完整性。

2. 入侵检测分类

根据数据来源的不同,入侵检测系统可以分为基于主机的入侵检测、基于网络的入侵检测和混合型入侵检测系统。

(1)基于主机的入侵检测系统:通常安装在被保护的主机上,主要是实时监视该主机的网络连接以及对系统审计日志进行分析和检查,当发现可疑行为或安全违规事件时,向管理员报警,以便采取措施。

(2)基于网络的入侵检测系统:一般安装在需要保护的网段中,实时监视网段中的各种数据包,并对这些数据包进行分析和检测。如果发现入侵行为或可疑事件,入侵检测系统就会发出警报甚至切断网络连接。

(3)混合型入侵检测系统:基于网络和基于主机的入侵检测系统都有不足之处,会造成防御体系的不全面。综合了基于网络和基于主机的混合型入侵检测系统既可以发现网络中的攻击信息,也可以从系统日志中发现异常情况。

根据检测类型的不同,入侵检测系统分为异常检测模型和误用检测模型。

(1)异常检测模型:检测与可接受行为之间的偏差。如果可以定义每项可接受的行为,那么每项不可接受的行为就应该是入侵。首先总结正常操作应该具有的特征(用户轮廓),当用户活动与正常行为有重大偏离时即认为是入侵。

(2)误用检测模型:检测与已知的不可接受行为之间的匹配程度。如果可以定义所有的不可接受行为,那么每种能够与之匹配的行为都会引起报警。收集非正常操作的行为特征,建立相关的特征库,当监测的用户或系统行为与库中的记录相匹配时,系统就认为这种行为是入侵。

一般情况下,应当将入侵检测系统与防火墙配合使用,这样可以极大地提高网络的安全防御能力。

3. 入侵检测方法

入侵检测与其他检测技术的道理相同,主要是对各种事件的数据进行分析,从中发现违反安全策略的行为。常用的入侵检测方法有统计检测方法和基于规则的检测方法。

(1)统计检测方法

通过对事件统计进行异常行为的检测,包括收集一段时间内合法用户行为的相关数据,然后使用统计方法来考察用户行为,来判断这些行为是否符合合法用户的行为特征。统计检测方法用来定义正常或预期的行为,不需要预先知道安全缺陷。检测系统知道什么是"正常"的行为,它容易产生虚报。

(2)基于规则的检测方法

该方法通过观察系统中的事件,并且应用一个决定给定活动模式是否可疑的规则集来检测入侵行为,可以分成集中于异常检测或渗透标识两个方向。基于规则的异常检测使用基于规则的方法,分析历史的审计记录来识别使用模式,并自动生成描述这些模式的规则。规则可以表示用户、程序、权限、终端等过去的行为模式,然后观察当前的行为,每个事务都与规则集相匹配,以确定它是否符合任何观察的历史行为模式。基于规则的渗透标识采用的是基于专家系统技术的方法,规则是由"专家"生成的,而不是通过对审计记录的自动分析生成的。基于规则的检测技术能够识别相应事件的后果,然后根据相互联系发现渗透,它容易产生漏报。

4. 入侵检测过程分析

入侵检测过程分析分为下面三部分。

(1) 信息收集:入侵检测的第一步是信息收集,收集内容包括系统、网络、数据及用户活动的状态和行为。

(2) 信息分析:收集到的有关系统、网络、数据及用户活动的状态和行为等信息,被送到检测引擎,检测引擎驻留在传感器中,一般通过3种技术手段进行分析:模式匹配、统计分析和完整性分析。当检测到某种误用模式时,产生一个报警并发送给控制台。

(3) 结果处理:控制台按照报警产生预先定义的响应并采取相应措施,可以是重新配置路由器或防火墙、终止进程、切断连接、改变文件属性,也可以只是简单地报警。

11.3.4 网络安全隔离技术

面对新型网络攻击手段的出现和高安全度的网络对安全的特殊需求,全新安全防护防范理念的网络安全技术——"网络隔离技术"应运而生。网络隔离技术的目标是确保把有害的攻击隔离,在可信网络之外和保证可信网络内部信息不外泄的前提下,完成网络之间的数据安全交换。

我们所说的网络隔离技术,是指在需要信息交换的情况下,实现网络隔离的技术。人工拷盘就是在网络隔离的情况下实现文件交换。在拷盘的时候,当计算机操作人员在一台计算机里拷盘时,与另外一台计算机是完全断开的;当计算机操作人员把磁盘拿出的时候,与两台计算机都是完全断开的;当计算机操作人员把文件数据复制到目的计算机时,与原来的计算机是完全断开的。在任何时候,两台交换文件数据的计算机总是断开的。

通过不断的实践和理论相结合,网络隔离技术日趋完善,并出现了大量的隔离产品,大大提高了网络环境的安全度。隔离技术先后经历了完全隔离、硬件卡隔离、数据传播隔离、空气开关隔离和安全通道隔离发展历程。

安全隔离使得网络处于信息孤岛状态,做到了完全的物理隔离,但信息交流不便和成本较高;硬件卡隔离技术在客户端的硬盘和其他存储设备间增加了硬件卡,通过该卡控制客户端或其他存储设备,但是这种隔离技术需要把网络布线成双网结构;数据转播隔离利用分时复制文件实现隔离,但不支持常见的网络应用;空气开关隔离使用单刀双掷开关,使内外网络分时访问临时缓存器的方法实现数据交换,但在安全和性能上存在许多问题。

安全通道隔离通过专用通信设备、专有安全协议和加密验证机制及应用层数据提取和鉴别认证技术,进行不同安全级别网络之间的数据交换,彻底阻断了网络间的直接TCP/IP连接,同时对网间通信的双方、内容、过程施以严格的身份认证、内容过滤、安全审计等多种安全防护机制,从而保证了网络之间数据交换的安全、可控,杜绝了由于操作系统和网络协议自身漏洞带来的安全风险。安全通道隔离不仅很好地解决了数据传播隔离和空气开关隔离很难解决的速度"瓶颈"问题,并且先进的安全理念和设计思路,明显地提升了产品的安全功能,是一种创新的隔离防护手段。

11.3.5 公钥、文件加密与数字签名

数据加密是计算机网络安全很重要的一部分。由于互联网本身的不安全,为了确保安全,不仅要对口令进行加密,有时也对在网上传输的文件进行加密。为了保证电子邮件的安全,人们采用了数字签名的加密技术,并提供了基于加密的身份认证技术。

1. 公钥

1976 年,Whitfield Diffe 和 Martin Hellman 共同创建了公钥加密。公钥加密是重大的创新,因为它从根本上改变了加密和解密的过程。Diffe 和 Hellman 提议使用两个密钥,而不是使用一个共享的密钥。第一个密钥(称为"私钥")是保密的,它只能由一方保存,而不能各方共享。第二个密钥(称为"公钥")不是保密的,可以广泛共享。这两个密钥(称为"密钥对")在加密和解密操作中配合使用。密钥对具有特殊的互补关系,从而使每个密钥都只能与密钥对中的另一个密钥配合使用。这一关系将密钥对中的密钥彼此唯一地联系在一起,公钥与其对应的私钥组成一对,并且与其他任何密钥都不发生关联。

公钥密码系统可用于 3 个方面:通信保密,此时公钥作为加密密钥,私钥作为解密密钥,通信双方不需要交换密钥就可以实现通信保密;数字签名,将私钥作为加密密钥,可实现由一个用户对数据加密而使多个用户解读;密钥交换,通信双方交换会话密钥,以加密通信双方连接后所传输的信息。

(1) 公钥加密体制的模型

与对称密码体制相比,公钥密码体制有两个不同的密钥,它可以将加密功能和解密功能分开。一个密钥称为私钥,它被秘密保存;另一个密钥称为公钥,不需要保密。对于公开密钥加密,正如其名所言,公钥加密的加密算法和公钥都是公开的。算法和密钥可能公开发表在文章中。

公钥密码体制有两种基本的模型:一种是加密模型,如图 11.9(a)所示;另一种是认证模型,如图 11.9(b)所示。

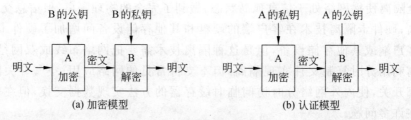

图 11.9　公钥加密体制模型

我们这里讨论公钥加密模型。公钥加密方案由 6 个部分组成,如图 11.10 所示。

其中:

明文:作为算法输入的可读信息或数据。

加密算法:加密算法对明文进行各种各样的转换。

公共的和私有的密钥:选用的一对密钥,一个用来加密,一个用来解密。

密文:作为输出生成的杂乱的信息,它取决于明文和密钥。对于给定的信息,两种不同的密钥会生成两种不同的密文。

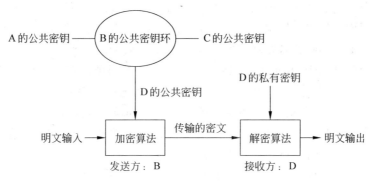

图 11.10 公钥加密体制模型

解密算法：这个算法以密文和对应的私有密钥为输入，生成原始明文。顾名思义，密钥中的公钥是要公开使用的，而私钥则只有所有者知道。通常公钥加密算法在加密时使用一个密钥，在解密时使用不同但相关的密钥。

公钥加密技术的基本步骤如下：

① 每个用户都生成一对加密和解密时使用的密钥。

② 每个用户都在公共寄存器或其他访问的文件中放置一个密钥，这就是公钥。另一个密钥为私钥。每个用户都要保持从他人那里得到的公钥集合。

③ 如果 B 想要向 D 发送私有信息，可以用 D 的公钥加密信息。

④ 当 D 收到信息时，她可以用自己的私钥进行解密。其他接收方不能解密信息，因为只有 D 知道自己的私钥。

用这种方法，所有的参与者都可以访问公钥，而生成的私钥却由每个参与者个人生成并拥有，不需传送。只要用户能够保护好自己的私钥，接收的信息就是安全的。用户可以随时改变私钥并发布新的公钥来替换旧的公钥。

（2）一些常用的公钥体制

RSA 公钥体制是 1978 年 Rlvest、Shamir 和 Adleman 提出的一个公开密钥密码体制，RSA 就是以其发明者姓名的首字母命名的。RSA 体制被认为是迄今为止理论上最为成熟完善的一种公钥密码体制。该体制的构造基于 Euler 定理，它利用了如下的基本事实：寻找大素数是相对容易的，而分解两个大素数的积在计算上是不可行的。

RSA 算法的安全性建立在难以对大数提取因子的基础上。所有已知的证据都表明，大数的因子分解是一个极其困难的问题。

与对称密码体制如 DES 相比，RSA 的缺点是加密、解密的速度太慢。因此，RSA 体制很少用于数据加密，而多用在数字签名、密钥管理和认证等方面。

1985 年 Elgamal 构造了一种基于离散对数的公钥密码体制，这就是 Elgamal 公钥体制。Elgamal 公钥体制的密文不仅依赖于待加密的明文，而且依赖于用户选择的随机参数，即使加密相同的明文，得到的密文也是不同的。这种加密又称为概率加密体制。在确定性加密算法中，如果破译者对某些关键信息感兴趣，他可事先将这些信息加密后存储起来，一旦以后截获密文，就可以直接在存储的密文中进行查找，从而求得相应的明文。概率加密体制弥补了这种不足，提高了安全性。

与既能做公钥加密又能做数字签名的 RSA 不同，Elgamal 签名体制是在 1985 年仅为数字签名而构造的签名体制。NIST 采用修改后的 Elgamal 签名体制作为数字签名体制标准。破译 Elgamal 签名体制等价于求解离散对数问题。

背包公钥体制是 1978 年由 Merkle 和 Hellman 提出的。背包算法的思路是假定某人拥有大量的物品，重量各不相同。此人通过秘密地选择一部分物品并将它们放到背包中来加密信息。背包中的物品总重量是公开的，所有可能的物品也是公开的，但背包中的物品却是保密的，附加一定的限制条件，给出重量，而要列出可能的物品，在计算上是不可实现的。这就是公开密钥算法的基本思想。

大多数公钥密码体制都会涉及高次幂运算，不仅加密速度慢，而且会占用大量的存储空间。背包问题是熟知的不可计算问题，背包体制以其加密、解密速度快而引人注目。但是，大多数一次背包体制均被破译了，因此很少有人使用它。

目前许多商业产品采用的公钥算法还有 Diffie—Hellman 密钥交换、数据签名标准 DSS 和椭圆曲线密码术等。

2. 文件加密

在现代社会里，电子邮件和网络上的文件传输已经成为人们生活的一部分，邮件的安全问题日益突出。在互联网上传输的数据是不加密的，如果自己不保护自己的信息，第三者就会轻易获得用户的隐私。还有信息认证问题，要让收信人确信邮件没有被第三者篡改，就需要使用数字签名技术。

PGP(Pretty Good Privacy)是一个基于 RSA 密钥加密体系的供众人使用的加密软件。它不但可以对用户的邮件保密，以防止非授权者阅读，还能对邮件加上数字签名让收信人确信邮件未被第三者篡改，让人们可以安全地通信。PGP 采用了审慎的密钥管理，一种 RSA 和传统加密的综合算法，用于数字签名的信息摘要算法、加密前压缩等。由于 PGP 功能强、速度快，而且源代码全免费，因此成为最流行的公用密钥加密软件包之一。下面通过介绍文件加密过程、公钥分发和密钥管理来介绍文件加密。

(1) 文件加密

PGP 通过使用对称加密算法 IDEA 对要传送的信息或在本地存储的文件进行加密。在 PGP 中，对于每一个要加密的消息，都会产生随机的 128 位新密钥。由于每个密钥仅使用一次，所以可以将会话密钥和消息绑定在一起进行传送。传送时为了保护会话密钥，再使用接收方的公钥将其加密。数据加密服务的步骤如下：

① 发送方生成所要发送的消息。

② 发送方产生仅适用于该信息的随机数字作为会话密钥。

③ 发送方使用会话密钥加密信息。

④ 发送方用接收方的公钥加密会话密钥，并附在加密信息后一起传输。

⑤ 接收方使用自己的私钥解密出会话密钥。

⑥ 接收方使用会话密钥解密出信息。

(2) 公钥的分发

公用密钥的安全性问题是 PGP 安全的核心，它的提出就是为了解决传统加密机制中密钥分配难以保密的缺点。对 PGP 来说，公用密钥本来就是公开的，不存在防偷窃的问题,但公用密钥在发布中仍然存在安全性问题,其中最大的漏洞是公用密钥被篡改。防止出现这种情况的最好办法是避免让任何人有机会篡改公用密钥。PGP的解决方案采用"认证权威",每个由其签字的公用密钥都被视为是真的。这样大家只要有一份它的公钥就行了。认证它的公钥是方便的,因为它广泛提供这一服务,它的公钥流传广泛,因此假冒它的公钥是很困难的。这样的"权威"适合由非个人控制组织或政府机构充当,现在已经有等级认证制度的机构存在。

PGP的这种密钥"转介"方式更能反映人们自然的社会交往而且人们能自由地选择信任的人来介绍。这种方式是使用以个人为中心的信任模型,采用一种具有传递性的"转介信任"方式进行密钥分发的。在这种方式下,用户可以自行决定对周围的联系人是否信任及信任度的高低。用户只接收信任者传送来的公钥,并且这些公钥都带有签名。

对于非常分散的用户,PGP更赞成使用私人方式的密钥转介方式,因为这样更能反映人们自然的社会交往,而且人们能自由地选择信任的人来介绍。每个公用密钥至少有一个"用户名"(USERID),应尽量用自己的全名,最好加上本人的E-mail地址。

在使用公用密钥时必须遵循的一条规则是:在使用任何一个公用密钥之前,一定要首先认证,使用自己与对方亲自认证的或熟人介绍的公用密钥。同样,也不要随便为别人签字认证其公用密钥。

(3) 私钥管理

私有密钥相对于公用密钥而言不存在被篡改的问题,但存在泄露的问题。对此,PGP的办法是让用户为随机生成的RSA私有密钥指定一个口令,只有通过给出口令才能将私有密钥释放出来使用。用口令加密私有密钥的方法加密程序与PGP本身是一样的。所以,私有密钥的安全性问题实际上首先是对用户口令的保密。当然,私有密钥文件本身的失密也是相当危险的,因为破译者只要用穷举法试探出用户的口令即可破译密钥。虽说这种做法很难实现,但也是一种风险,损失了一层安全性。

PGP在安全性问题上的考虑是很全面的,考虑了各个环节。它的程序对随机数的产生是很严格审慎的,关键的随机数,如RSA密钥的产生是从用户看键盘的时间间隔上取得随机数种子的。磁盘上的Randseed.bin文件是采用与邮件同样的强度加密的。这样就有效地防止了从Randseed.bin文件中分析出实际加密密钥的规律。

3. 数字签名

数字签名技术即进行身份认证的技术。接收者能够验证文档确实来自签名者,并且签名后文档没有被修改过,从而保证信息的真实性和完整性。完善的签名应满足以下三个条件:

(1) 签名者事后不能抵赖自己的签名;

(2) 其他任何人不能伪造签名;

(3) 如果当事人双方关于签名的真伪发生争执,能够在公正的仲裁者面前通过验证签名来确认其真伪。

数字签名是通过一个单向函数对要传送的报文进行处理得到的用来认证报文来源并核实报文是否发生变化的一个字母数字串。数字签名提供了一种鉴别方法,普遍用于银行、电子商业等,以解决下列问题。

（1）伪造：接收者伪造一份文件，声称是对方发送的。

（2）冒充：网上的某个用户冒充另一个用户发送或接收文件。

（3）篡改：接收者对收到的文件进行局部修改。

（4）抵赖：发送者或接收者最后不承认自己发送或接收了文件。

即：发送者事后不能否认发送的报文签名、接收者能够核实发送者发送的报文签名、接收者不能伪造发送者的报文签名、接收者不能对发送者的报文进行部分篡改、网络中的某一用户不能冒充另一用户作为发送者或接收者。

实现数字签名有很多方法，目前数字签名采用较多的是公钥加密技术，数字签名一般通过公开密钥实现。在公开密钥体制下，加密密钥是公开的，加密和解密算法也是公开的，保密性完全取决于解密密钥的秘密。只知道加密密钥不可能计算出解密密钥，只有知道解密密钥的合法解密者，才能正确解密，将密文还原成明文。

只有加入数字签名及验证才能真正实现在公开网络上的安全传输。加入数字签名和验证的文件传输过程如下：

（1）发送方首先用哈希函数从原文得到数字签名，然后采用公开密钥体系用发送方的私有密钥对数字签名进行加密，并把加密后的数字签名附加在要发送的原文后面；

（2）发送方选择一个秘密密钥对文件进行加密，并把加密后的文件通过网络传输给接收方；

（3）发送方用接收方的公开密钥对密秘密钥进行加密，并通过网络把加密后的秘密密钥传输给接收方；

（4）接收方用自己的私有密钥对密钥信息进行解密，得到秘密密钥的明文；

（5）接收方用秘密密钥对文件进行解密，得到经过加密的数字签名；

（6）接收方用发送方的公开密钥对数字签名进行解密，得到数字签名的明文；

（7）接收方用得到的明文和哈希函数重新计算数字签名，并与解密后的数字签名进行对比。如果两个数字签名是相同的，说明文件在传输过程中没有被破坏。

11.3.6　Windows 用户安全策略与配置方法

Windows Server 2003 是大家最常用的服务器操作系统之一。如何在充分利用 Windows Server 2003 提供的各种服务的同时，保证服务器的安全稳定运行，最大限度地抵御病毒和黑客的入侵？Windows Server 2003 SP1 中文版补丁包的发布，恰好解决这个问题，它不但提供了对系统漏洞的修复，还新增了很多易用的安全功能，如安全配置向导（SCW）功能。利用 SCW 功能的"安全策略"可以最大限度地增强服务器的安全。

Windows Server 2003 系统为增强其安全性，可手工安装"安全配置向导（SCW）"组件。安装过程如下：

进入"控制面板"后，运行"添加或删除程序"，然后切换到"添加/删除 Windows 组件"页。在"Windows 组件向导"对话框中选中"安全配置向导"选项，最后单击"下一步"按钮，即可轻松完成"安全配置向导"组件的安装。

在 Windows Server 2003 服务器中，单击"开始"→"运行"后，在运行对话框中执行 SCW.exe 命令，就会弹出"安全配置向导"对话框。也可以进入"控制面板"→"管理工具"

窗口,执行"安全配置向导"快捷方式来启用SCW。

1. 创建"安全策略"

如果首次使用"安全策略",首先要为Windows Server 2003服务器新建一个安全策略,安全策略信息是被保存在格式为XML的文件中的,并且它的默认存储位置是C:\WINDOWS\security\msscw\Policies。因此,Windows Server 2003系统可以根据不同需要,创建多个"安全策略"文件,并且可以对安全策略文件进行修改,但一次只能应用其中一个安全策略。

在"欢迎使用安全配置向导"对话框中单击"下一步"按钮,进入"配置操作"对话框,因为是第一次使用"SCW",这里要选择"创建新的安全策略"单选项,单击"下一步"按钮,开始配置安全策略。

2. 配置"角色"

首先进入"选择服务器"对话框,在"服务器"栏中输入要进行安全配置的Windows Server 2003服务器的机器名或IP地址,单击"下一步"按钮后,"安全配置向导"会处理安全配置数据库。

接着进入"基于角色的服务配置"对话框。在基于角色的服务配置中,可以对Windows Server 2003服务器角色、客户端角色、系统服务、应用程序以及管理选项等内容进行配置。

所谓服务器"角色",其实就是提供各种服务的Windows Server 2003服务器,如文件服务器、打印服务器、DNS服务器和DHCP服务器等。一个Windows Server 2003服务器可以只提供一种服务器"角色",也可以扮演多种服务器角色。单击"下一步"按钮后,进入"选择服务器角色"配置对话框,这时需要在"服务器角色列表框"中选中Windows Server 2003服务器所扮演的角色。

进入"选择客户端功能"标签页,来配置Windows Server 2003服务器支持的"客户端功能"。其实Windows Server 2003服务器的客户端功能也很好理解,服务器在提供各种网络服务的同时,也需要一些客户端功能的支持,如Microsoft网络客户端、DHCP客户端和FTP客户端等。根据需要,在列表框中选中所需的客户端功能。

接下来进入"选择管理和其他选项"对话框,在这里选择你所需要的Windows Server 2003系统提供的一些管理和服务功能。操作方法是一样的,只要在列表框中选中需要的管理选项,单击"下一步",还要配置一些Windows Server 2003系统的额外服务,这些额外服务一般都是第三方软件提供的服务。

然后进入"处理未指定的服务"对话框。"未指定服务"是指,如果此安全策略文件被应用到其他Windows Server 2003服务器中,而这个服务器中提供的一些服务没有在安全配置数据库中列出,那么这些没被列出的服务该在什么状态下运行呢?在这里就可以指定它们的运行状态,建议大家选中"不更改此服务的启用模式"单选项。最后进入"确认服务更改"对话框,对你的配置进行最终确认后,就完成了基于角色的服务配置。

3. 配置网络安全

以上完成了基于角色的服务配置。但Windows Server 2003服务器包含的各种服务都是通过某个或某些端口来提供服务内容的,为了保证服务器的安全,Windows防火墙默认是不会开放这些服务端口的。下面可以通过"网络安全"配置向导开放各项服务所需的端口。这种向导化配置过程与手工配置 Windows 防火墙相比,更加简单、方便和安全。

在"网络安全"对话框中,要开放选中的服务器角色、Windows Server 2003 系统提供的管理功能以及第三方软件提供的服务所使用的端口。单击"下一步"按钮后,在"打开端口并允许应用程序"对话框中开放所需的端口,如 FTP 服务器所需的 20 和 21 端口号,HTTP 服务所需的 80 端口号等。端口号的选取采用"最小化"原则,只选则在列表框中必须开放的端口选项,以免给 Windows Server 2003 服务器造成安全隐患。

4. 设置注册表

Windows Server 2003 服务器在网络中为用户提供各种服务,但用户与服务器的通信中很有可能包含恶意的访问,如黑客和病毒攻击。通过"注册表设置"向导来保证服务器的安全,最大限度地限制非法用户访问。

利用注册表设置向导,修改 Windows Server 2003 服务器注册表中某些特殊的键值,来严格限制用户的访问权限。用户只要根据设置向导提示,以及服务器的服务需要,分别对"要求 SMB 安全签名"、"出站身份验证方法"、"入站身份验证方法"进行严格设置,就能最大限度地保证 Windows Server 2003 服务器的安全运行,并且免去手工修改注册表的麻烦。

5. 启动"审核策略"

在"系统审核策略"配置对话框中要合理选择审核目标,因为日志记录过多的事件会影响服务器的性能,因此建议用户选择"审核成功的操作"选项。当然如果有特殊需要,也可以选择其他选项,如"不审核"或"审核成功或不成功的操作"选项。

6. 增强 IIS 安全

IIS 服务器是网络中应用最为广泛的一种服务,也是 Windows 系统中最易受攻击的服务。如何保证 IIS 服务器的安全运行,最大限度地免受黑客和病毒的攻击,也是 SCW 功能要解决的一个问题。利用"安全配置向导"可以增强 IIS 服务器的安全,保证其稳定、安全运行。

在"Internet 信息服务"配置对话框中,通过配置向导,来选择你要启用的 Web 服务扩展、要保持的虚拟目录,以及设置匿名用户对内容文件的写权限。这样 IIS 服务器的安全性将大大增强。

完成以上几步配置后,进入保存安全策略对话框。首先在"安全策略文件名"对话框中为你配置的安全策略起个名字,最后在"应用安全策略"对话框中选择"现在应用"选项,使配置的安全策略立即生效。

利用 SCW 增强 Windows Server 2003 服务器的安全性,所有的参数配置都是通过"向导"对话框完成的,免去了手工烦琐的配置过程,增强了 Windows Server 2003 服务器的易用性和安全性。

11.4　网络故障诊断

网络出现故障后首先要检查出故障的根源。在网络故障的诊断和排除过程中,通过网络管理工具诊断并解决故障,提高故障排除的效率。一般情况下,根据实际的工作情况,网络故障的诊断思路如下。

（1）收集症状。知道出了什么问题并能够及时识别,是成功排除故障最重要的步骤。为了与故障现象进行对比,网络管理员可以收集和记录网络、终端系统、用户设备的症状,包括网络管理系统的报告、控制台消息等,从而对问题和故障进行定位。

（2）隔离问题。网络管理员通过收集网络故障症状,分析、识别网络故障的原因,选择最有可能的原因,再进一步收集和记录更多症状,确定故障位置。虽然故障原因多种多样,但总的来讲不外乎就是硬件问题和软件问题,说得再确切一些,这些问题就是网络连接性问题、配置文件选项问题及网络协议问题。

（3）排除故障。找到故障后,针对问题原因,进行故障排除。处理完问题后,作为网络管理员,还必须搞清楚故障是如何发生的,是什么原因导致了故障的发生,以后如何避免类似故障的发生,拟订相应的对策,采取必要的措施,制定严格的规章制度。

11.4.1 常见的网络故障

1. 常见故障

（1）网络连接性

网络连接性是故障发生后首先应当考虑的原因。连通性的问题通常涉及网卡、跳线、信息插座、网线、Hub、Modem 等设备和通信介质。其中,任何一个设备的损坏,都会导致网络连接的中断。连通性通常可采用软件和硬件工具进行测试验证。

排除了由于计算机网络协议配置不当而导致故障的可能后,应该查看网卡和 Hub 的指示灯是否正常,测量网线是否畅通。

（2）配置文件和选项

服务器、计算机都有配置选项,配置文件和配置选项设置不当,同样会导致网络故障。如服务器权限的设置不当,会导致资源无法共享的故障。计算机网卡配置不当,会导致无法连接的故障。当网络内所有的服务都无法实现时,应当检查 Hub。

（3）网络协议

没有网络协议,网络设备和计算机之间就无法通信,从而无法访问互联网。

2. 排除方法

（1）确认连通性故障

当出现一种网络应用故障时,如无法接入互联网,首先尝试使用其他网络应用,如查找网络中的其他计算机,或使用局域网中的 Web 浏览等。如果其他网络应用可正常使用,如虽然无法接入互联网,却能够在"网上邻居"中找到其他计算机,或可 ping 到其他计算机,即可排除连通性故障原因。如果其他网络应用均无法实现,继续下面操作。

（2）看 LED 灯来判断网卡的故障

首先查看网卡的指示灯是否正常。正常情况下,在不传送数据时,网卡的指示灯闪烁较慢,传送数据时,闪烁较快。无论是不亮,还是常亮不灭,都表明有故障存在。如果网卡的指示灯不正常,需关掉计算机更换网卡。对于 Hub 的指示灯,凡是插有网线的端口,指示灯都亮。由于是 Hub,所以指示灯的作用只能指示该端口是否连接有终端设备,不能显示通信状态。

（3）用 ping 命令排除网卡故障

使用 ping 命令，ping 本地的 IP 地址或计算机名，检查网卡和 IP 网络协议是否安装完好。如果能 ping 通，说明该计算机的网卡和网络协议设置都没有问题。问题出在计算机与网络的连接上。因此，应当检查网线和 Hub 及 Hub 的接口状态，如果无法 ping 通，只能说明 TCP/IP 协议有问题。这时可以在计算机的"控制面板"的"系统"中，查看网卡是否已经安装或是否出错。如果在系统的硬件列表中没有发现网络适配器，或网络适配器前方有一个黄色"!"，说明网卡未安装正确，需将未知设备或带有黄色的"!"网络适配器删除，刷新后，重新安装网卡。并为该网卡正确安装和配置网络协议，然后进行应用测试。如果网卡无法正确安装，说明网卡可能损坏，必须换一块网卡重试。如果网卡安装正确，则故障原因是协议未安装。

（4）如果确定网卡和协议都正确的情况下，网络还是不通，可初步断定是 Hub 和双绞线的问题。为了进一步进行确认，可再换一台计算机用同样的方法进行判断。如果其他计算机与本机连接正常，则故障一定是出在先前的那台计算机和 Hub 的接口上。

（5）如果确定 Hub 有故障，应首先检查 Hub 的指示灯是否正常，如果先前那台计算机与 Hub 连接的接口灯不亮说明该 Hub 的接口有故障（Hub 的指示灯表明插有网线的端口，指示灯亮，指示灯不能显示通信状态）。

（6）如果 Hub 没有问题，则检查计算机到 Hub 的那一段双绞线和所安装的网卡是否有故障。判断双绞线是否有问题可以通过"双绞线测试仪"或用两块三用表分别由两个人在双绞线的两端测试，主要测试双绞线的 1、2 和 3、6 四条线（其中 1、2 线用于发送，3、6 线用于接收）。如果发现有一根不通就要重新制作。

通过上面的故障压缩，我们就可以判断故障究竟是出在网卡、双绞线还是 Hub 上。

11.4.2 常用的网络故障测试设备

在检测故障的过程中或多或少都要使用到一些测试工具或是测试命令，如果能够熟练地应用这些测试工具或命令，那么网络故障的排除将会大大提高。下面介绍网络故障排除的常用工具及常用命令。

1. 电缆测试仪

电缆测试仪也称电缆测试器，是一种专用网络测试工具。电缆测试器通常由两个部分组成：一个是主测试器，另一个是远程测试端。主测试器或远程测试端上有一组指示灯（有的电缆测试器主测试器和远程测试端各有一组指示灯）、RJ-45 接头的插口、BNC 接头的插口。检测时将 LAN 电缆两端的接头插入对应的插口中，打开电缆测试器电源，当网络传输介质 LAN 电缆导通正常时，主测试器或远程测试端上的对应指示灯发亮，表明 LAN 电缆导通正常；如果主测试器或远程测试端上的对应指示灯有不发亮的，则表明 LAN 电缆导通有问题。电缆测试器的部分功能也可以用万用表来模拟，但在检测 LAN 网线时，它比万用表好用多了。

2. 网络测试指令

在进行网络故障的测试排除时可以选用多种方法,通常可以使用网络分析仪等硬件设备或使用网络管理系统,以及一些网络测试命令等软件方法。由于硬件测试仪器的价格一般都较高而难以配置,所以使用软件测试方法是网络管理人员常用的选择。常用的网络测试命令如下。

(1) 网络连通测试命令 ping

ping 命令是各种网络操作系统中都含有的一个专用于 TCP/IP 协议的探测工具。可以使用该命令查看所测试的网络设备是否可达。ping 命令通过向所测试的设备发送网际控制报文协议(ICMP)回应报文并且监听回应报文的返回,以校验同远端网络设备或本地网络设备的连接情况。对于每个发送报文,ping 最多等待 1 秒并打印发送和接收报文的数量,比较每个接收报文和发送报文,以校验其有效性。

在 Windows 系统中 ping 命令的格式如下。

ping IP 地址或主机名[－t][－a][－n count][－l size] [－f][－i TTL][－v TOS][－r count]
[－s count][[－j computer－list]|[－k computer－list]][－w timeout]

命令参数说明如下。

-t 不断向指定的计算机发送报文,按 Ctrl＋Break 可以查看统计信息或继续运行,直到用户按 Ctrl＋C 键中断。

-a 将 IP 地址解析为计算机名。

-n count 发送由 count 指定数量的回应报文。

-l size 发送由 size 指定数据大小的回应报文。

-f 在包中发送"不分段"标志。该包将不被路由上的网关分段。

-i TTL 将"生存时间"字段设置为 TTL 指定的数值。

-v TOS 将"服务类型"字段设置为 TOS 指定的数值。

-r count 在"记录路由"字段中记录发出报文和返回报文的路由。指定的 count 值最小可以是 1,最大可以是 9。

-s count 指定由 count 指定的转发次数的时间戳。

-j computer-list 经过由 computer-list 指定的计算机列表的路由报文。

-k computer-list 经过由 computer-list 指定的计算机列表的路由报文。

-w timeout 以毫秒为单位指定超时间隔。

ping 命令经常用来对 TCP/IP 网络进行诊断。向目的计算机发送一个报文,让它将这个报文返送回来,如果返回的报文和发送的报文一致,那就说明 ping 命令成功了。如果在指定时间内没有收到应答报文,则 ping 就认为该计算机不可达,然后显示"Request time out"信息。通过对 ping 的数据进行分析,就能判断计算机是否开着,网络是否存在配置、物理故障。也可以使用 ping 实用程序测试计算机名和 IP 地址,如果能够成功校验 IP 地址却不能成功校验计算机名,则说明名称解析存在问题。当然,报文返回时间越短,Request time out 出现的次数越少,则意味着与此计算机的连接越稳定、速度越快。

如果 ping 命令执行不成功,则故障可能出现在以下几个方面:网线不连通,网络适配器配置不正确,IP 地址不可用等;如果 ping 命令执行成功而网络仍无法使用,那么问题很可能出在网络系统的软件配置方面。总之,ping 成功可以保证当前主机与目的主机之间存在一条连通的物理路径。

用 ping 命令检查网络中任意一台网络设备上的 TCP/IP 协议的工作情况时,只要在网络中其他任何一台计算机上 ping 该网络设备的 IP 地址即可。例如,要检查网络网关 61.48.43.238 上的 TCP/IP 协议工作是否正常,只要在开始菜单下的"运行"子项中输入 ping 61.48.43.238 就可以了。如果该设备的 TCP/IP 协议工作正常,即会以 DOS 屏幕方式显示如图 11.11 所示的信息。

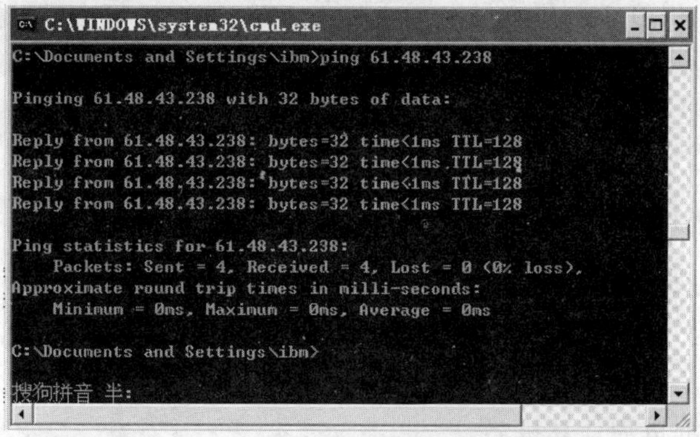

图 11.11 "ping 命令测试网络连接成功"对话框

以上返回了 4 个测试数据包,其中 bytes=32 表示测试中发送的数据包大小是 32 个字节;10 ms 表示与对方主机往返一次所用的时间小于 10ms,TTL=128 表示当前测试使用的 TTL(Time to Live)值为 128(系统默认值)。

如果网络有问题,则可能返回如图 11.12 所示的响应失败信息。

图 11.12 "ping 命令测试网络连接失败"对话框

出现此种情况时,要仔细分析网络故障出现的原因和可能有问题的网上节点。可以从以下几个方面来检查:首先检查被测试计算机系统是否已正确安装了 TCP/IP 协议;

然后检查被测试计算机的网卡安装是否正确且是否已经连通;最后检查被测试计算机的TCP/IP 协议是否有效地与网卡绑定;如果通过以上几个步骤的检查还没有发现问题的原因,那么可以重新安装并设置 TCP/IP 协议,如果确实是 TCP/IP 协议的问题,故障就可以排除。

(2) 路由分析诊断命令 traceroute/tracert

通过向目的网络设备发送具有不同生存时间的 ICMP 回应报文,路由分析诊断命令tracert 可以确定至目的网络设备的路由,即 tracert 命令可以用来跟踪一个报文从一台计算机到另一台计算机所经过的网络路径。当希望知道自己的计算机如何访问网络上的某台设备时,可在 DOS 方式下输入命令。

traceroute 主机名称或 traceroute IP 地址

tracert 主机名称或 tracert IP 地址

显示的信息将指出用户计算机与目的计算机在网络上的距离有多远,要经几步才能到达。

(3) IP 配置查询命令 ipconfig

ipconfig 命令可以在 Windows 窗口或 DOS 方式环境下显示网络 TCP/IP 协议的具体配置信息,如网络适配器的物理地址、主机的 IP 地址、子网掩码以及默认网关等,还可以查看主机的相关信息,如主机名、DNS 服务器、节点类型等。

ipconfig 命令的格式如下。

ipconfig[/命令参数 1][/命令参数 2]…

其中两个最实用的命令参数如下。

all:显示与 TCP/IP 协议相关的所有细节,包括主机名、节点类型、是否启用 IP 路由、网卡的物理地址和默认网关等。

Batch[文本文件名]将测试的结果存入指定的文本文件名,以便逐项查看。

其他参数可在 DOS 提示符下输入"ipconfig/?"命令来查看。

ipconfig 是了解系统网络配置的主要命令,特别是当用户网络中采用的是动态 IP 地址配置协议 DHCP 时,利用 ipconfig 可以让用户很方便地了解 IP 地址的实际配置情况。配置不正确的 IP 地址或子网掩码是接口配置的常见故障,其中配置不正确的 IP 地址有以下两种情况。

① 网号部分不正确。此时执行每一条 ipconfig 命令都会显示"no answer",这样,执行该命令后,就能发现错误的 IP 地址,修改即可。

② 主机部分不正确,如与另一主机配置的地址相同而引起冲突。这种故障只有当两台主机同时工作时才会出现间歇性的通信问题,建议更换 IP 地址中的主机号部分,该故障即能排除。

当主机通信能到达远程主机但不能到达本地子网中的其他主机时,常常是子网掩码设置有问题,进行修改后故障便不会再出现。

(4) 网络状态查询命令 Netstat

Netstat 命令可以帮助网络管理员了解网络的整体使用情况。它可以显示当前正在活动的网络连接的详细信息,例如,显示网络连接、路由表和网络接口信息。Netstat 可以让用户得知目前总共有哪些网络连接正在运行。使用不同的命令参数,还可以了解网络的其他信息,例如显示以太网的统计信息、显示所有协议的使用状态,这些协议包括 TCP 协议、UDP 协议,以及 IP 协议等。此外还可以选择特定的协议并查看其具体使用信息;显示所有主机的端口号及当前主机的详细路由信息。

Netstat 命令是可以运行于 Windows 95/98/NT 的 DOS 提示符下的命令,利用该命令网络管理员可以得到非常详尽的统计结果。当网络中没有安装特殊的网管软件,但要对网络的整个使用状况作详细的了解时,Netstat 是非常方便的工具。

Netstat 命令的格式如下。

Netstat[命令参数 1][命令参数 2]…

命令参数说明如下。

-a 显示所有与主机建立连接及正在监听的端口信息。

-e 显示以太网的统计数据,该参数一般与 S 参数共同使用。

-n 以数字格式显示地址和端口信息。

-s 显示每个协议的统计情况,这些协议主要有传输控制协议(TCP)、用户数据报协议(UDP)、网际控制报文协议(ICMP)和网际协议(IP)。

-p protocol 显示通过 protocol 参数指定的协议的连接,protocol 参数可以是 TCP、UDP 或 IP 协议。

-r 显示路由表信息。

其他参数可在 DOS 提示符下输入"Netstat/?"命令来查看。

(5) 地址解析协议命令 arp

arp 命令可以显示和设置互联网到以太网的地址转换表内容。这个表一般由 ARP 来维护。当仅使用一个主机名作为参数时,arp 命令显示这个主机的当前 ARP 表条目内容。如果这个主机不在当前 ARP 表中,ARP 就会显示一条说明信息。

arp 命令的格式如下。

arp[命令参数 1][命令参数 2]…

命令参数说明如下。

-a 列出当前 ARP 表中的所有条目。

-d host 从 ARP 表中删除某个主机的对应条目。

-s host address 使用以太网地址在 ARP 表中为指定的[temp][pub][trail]主机创建一个条目。如果包含关键字[temp],创建的条目就是临时的;否则这个条目就是永久的。[pub]关键字标识这个 ARP 条目将被公布。使用[trail]关键字表示将使用报尾封装。

-f file 读一个给定名字的文件,根据文件中的主机名创建 ARP 表的条目。

3. 操作系统的自动恢复程序

以 Windows XP 系统为例,在 Windows XP 的网络管理中,有一个自动修复的程序,当网络出现故障时,可以尝试使用这个修复程序对网络进行修复,它所能修复的内容一般包括清除 ARP 缓存、清除 NetBT、刷新 NetBT、清除 DNS 缓存与 DNS 注册等几个方面的内容(见图 11.13)。ARP 是一个地址解析命令,它可以将收到的 IP 地址解析出 MAC 地址,网络中的用户在与网络中其他的节点进行通信时,节点的 MAC 地址就会被保存在用户的 ARP 缓存中,为了避免发生 ARP 缓存中 MAC 地址过多而导致通信出现故障的情况,时常清理 ARP 缓存是维护网络性能的一种方法。

图 11.13　自动恢复程序

NetBT 也称 NetBIOS,它是局域网中使用的一种动态名字解析,它的主要作用是将局域网内计算机的名字解析为 IP 地址,以方便用户的访问。虽然动态的解析方式会给用户带来许多方便,但是其工作过程比较复杂,因此只能应用在小范围的局域网内,适当清除 NetBT 有利于提高网络的性能。

DNS 的主要作用是域名解析,当用户访问互联网时,DNS 缓存内就会存在一些解析记录。为了提高网络的性能,有必要适当清除 DNS 缓存。用户连接互联网一般情况下都是自动获取 DNS 服务器,如果获取到的 DNS 出现了故障,那么可能导致计算机不能访问互联网,因此重新注册 DNS 是解决计算机不能访问互联网的手段之一。

上面介绍的修复手段对于维护网络安全和提高运行效率都有着重要的作用。如果一步一步地去执行比较耗时且费力,Windows 充分考虑到用户的需求,将这些功能结合在一起,让用户一次性执行完成,既省时又省力。

在"网上邻居"上右键单击鼠标,执行"属性"命令,进入"网络连接"窗口,在"本地连接"上右击,执行"修复"命令进行网络修复,为提高网络性能奠定基础,如图 11.13 所示。

小结

本章详细介绍了网络管理、网络安全技术、网络安全防范技术。在具体实现过程中需要着重掌握的要点包括:

(1) SNMP 协议及工作原理;

（2）网络安全策略与原则；

（3）网络安全防范的常用技术；

（4）包过滤防火墙；

（5）入侵检测过程分析；

（6）网络隔离技术；

（7）公钥、加密与数字签名的原理；

（8）Windows 用户安全策略与配置方法。

参 考 文 献

[1] 雷震甲. 网络工程师教程. 第 2 版. 北京:清华大学出版社,2009

[2] 黄传河. 网络规划设计师教程. 北京:清华大学出版社,2009

[3] Yusuf Bhaiji. 网络安全技术与解决方案. 修订版. 北京:人民邮电出版社,2010

[4] Douglas E. Comer. 计算机网络与因特网. 原书第 5 版. 北京:机械工业出版社,2009

[5] Thomas A. Limoncelli,Christina J. Hogan,Strata R. Chalup. 系统管理与网络管理技术实践.
     第 2 版. 北京:人民邮电出版社,2010

[6] Andrew S,Tanenbaum. 计算机网络. 第 4 版. 北京:清华大学出版社,2008

[7] 严体华,张凡. 网络管理员教程. 第 3 版. 北京:清华大学出版社,2009

[8] 刘晓辉. 网络设备规划、配置与管理大全. 北京:电子工业出版社,2009

[9] 王达. 网络工程师必读:网络安全系统设计. 北京:电子工业出版社,2009

[10] Gast. M. S. 802.11 无线网络权威指南. 第 2 版. 南京:东南大学出版社,2007

[11] 乔正洪,葛武滇,严云洋. 北京:计算机网络技术与应用. 北京:清华大学出版社,2008

[12] 黄少宽,邱明辉,夏明春,钱国富. 网络信息资源开发与管理. 北京:清华大学出版社,2009

[13] 王公儒. 网络综合布线系统工程技术实训教程. 北京:机械工业出版社,2009

[14] 黄河. 计算机网络安全:协议、技术与应用. 北京:清华大学出版社,2008

[15] 刘江,宋晖. 计算机系统与网络技术. 北京:机械工业出版社,2008

[16] Dye. M. A. ,McDonald. R. ,Rufi. A. W. 网络基础知识. 北京:人民邮电出版社,2009

[17] Allan Reid,Jim Lorenz,Cheryl Schmidt. 企业中的路由和交换. 北京:人民邮电出版社,2009

[18] Graziani. R. 路由协议和概念. 北京:人民邮电出版社,2009

[19] Richard Froom,Sivasubramanian. B. ,Frahim. E. 组建 Cisco 多层交换网络(BCMSN). 第 4 版.
     北京:人民邮电出版社,2007